Android 应用程序设计（第3版）

王英强　张文胜◎编著

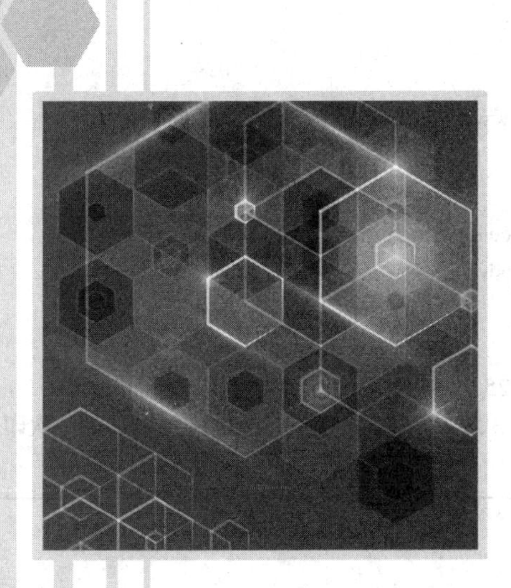

清华大学出版社
北　京

内 容 简 介

本书介绍了 Android 程序的开发设计，以培养学生的工程应用能力为目标，从基础知识到实际开发应用，由浅入深，通俗易懂，案例丰富，着重提高学生 Android 平台软件的开发能力。本书的每一个章节都配有针对性的案例供学生实践练习，可以提高学生的实践动手能力。本书包含的主要内容有 Android 开发环境的搭建、Android 布局管理、常用控件介绍、常见的 UI 设计、Activity 组件、菜单与消息提示、Android 事件处理、Android 程序调试、Android 数据存储与处理、网络编程、广播和服务等，最后提供一个基于高德地图的物流车辆轨迹 App 的综合案例，将高德地图与访问远程数据库相结合，提高学生综合应用程序的设计、开发能力。

本书既可以作为高等院校 Android 程序设计课程的教材，也可以作为高职高专院校相应课程的教材。

图书在版编目（CIP）数据

Android 应用程序设计/王英强，张文胜编著. —3 版. —北京：清华大学出版社，2021.1
ISBN 978-7-302-57307-4

Ⅰ.①A… Ⅱ.①王… ②张… Ⅲ.①移动终端—应用程序—程序设计—教材 Ⅳ.①TN929.53

中国版本图书馆 CIP 数据核字（2021）第 005884 号

责任编辑：邓 艳
封面设计：刘 超
版式设计：文森时代
责任校对：马军令
责任印制：杨 艳

出版发行：清华大学出版社
网 址：http://www.tup.com.cn，http://www.wqbook.com
地 址：北京清华大学学研大厦 A 座 邮 编：100084
社 总 机：010-62770175 邮 购：010-62786544
投稿与读者服务：010-62776969，c-service@tup.tsinghua.edu.cn
质量反馈：010-62772015，zhiliang@tup.tsinghua.edu.cn
印 装 者：三河市龙大印装有限公司
经 销：全国新华书店
开 本：185mm×260mm 印 张：21.25 字 数：517 千字
版 次：2013 年 10 月第 1 版 2021 年 3 月第 3 版 印 次：2021 年 3 月第 1 次印刷
定 价：69.00 元

产品编号：088237-01

前言

Preface

目前，各种智能设备已经普遍应用到人们生活的各个方面，如智能家居、智能家电、网络播放器、车载导航等，在这些设备中，主要使用的平台非 Android 莫属。这些智能设备的设计与产生给人们生活带来更大的方便以及更多的乐趣。同时，对于企业来说，以前的 PC 办公、管理系统已经不能完全满足实际的需求，随时随地地办公、交流沟通、访问公司的业务系统成为很强烈的需求，很多公司也逐渐将内部的业务系统移植到移动平台上。因此，基于 Android 平台的移动应用程序的设计与开发越来越受到软件公司的重视，开发人员的需求量也越来越大。

本书以培养学生的工程应用能力为目标，以提高学生智能手机软件开发能力为目的，从工程实际需求出发，合理安排知识结构，由浅入深，通俗易懂，循序渐进，案例丰富，以缩小高等院校人才培养和软件公司人才需求之间的差距。

本书在推出第 1 版和第 2 版后，受到了众多学校、教师、学生的欢迎与好评。随着 Android 开发平台的发展，Android 的开发平台由 Eclipse 逐渐转变为 Android Studio，第 2 版已不能满足当前的教学需要。因此，根据开发平台的更新以及读者反馈的意见，我们对第 2 版做了相应的调整与修改，但本书的基本原则与之前版本一样，保持以实际开发应用为主的特点，第 3 版主要的修改内容如下。

- 将 Android 程序的开发平台转变为 Android Studio，SDK 版本也更新为 Android 10.0。
- 对内容进行了更新，增加了常见的 UI 设计、事件处理等内容。
- 对原来部分章节的案例进行调整更新，使案例更加贴近实际应用。
- 对内容的组织安排进行了相应调整。

本书具有以下特色。

- 本书讲述从 Android 的基础知识到实际开发应用，结构清晰。以学生为主体，理论联系实际，每一章节都配有案例供学生练习、实践，最后以一个实际综合案例来提高学生的实际动手能力，同时让学生熟悉 Android 手机软件开发的过程。
- 本书在教学方法上采用案例驱动与综合实训相结合的方式，由案例程序得到基本知识点，再进行知识拓展，并让学生实际动手写程序来完成一个知识单元的学习任务。最后通过案例实训综合运用分散知识点，有利于学生把知识点贯穿起来，形成系统性、完整性的项目体系。
- 本书为立体化教材，提供教学用课件 PPT 和课程案例源代码等，方便教师教学和学生学习。

Note

本书共有 13 章，主要内容如下。

第 1 章　Android 概述：介绍 Android 的体系结构及基本组件、Android 开发平台搭建与设置、Android 程序的创建方法、Android 应用程序的项目结构。

第 2 章　Android 布局管理：介绍线性布局、表格布局、相对布局、帧布局、绝对布局、约束布局以及布局的嵌套。

第 3 章　常用基本控件：介绍文本控件、按钮控件、单选按钮、复选框、图片控件、日期时间控件、开关与切换按钮控件的使用。

第 4 章　高级控件：介绍自动完成文本控件、下拉列表控件、进度条与滑块、滚动视图、列表视图、网格视图、画廊控件的使用。

第 5 章　常见 UI 设计：介绍碎片、工具栏、底部导航栏、可扩展列表视图的使用。

第 6 章　Activity 组件：介绍 Activity 的生命周期、Activity 之间的调用及数据传送。

第 7 章　菜单与消息提示：介绍选项菜单、上下文菜单、Alert 对话框、Toast 消息提示、Notification 状态栏通知的使用。

第 8 章　Android 事件处理：介绍监听接口事件、回调机制事件处理。

第 9 章 Android 程序调试：介绍 Android 程序的调试方法，如 Android Device Monitor、模拟器控制、File Explorer 文件操作、程序日志 LogCat、模拟器程序调试。

第 10 章　Android 数据存储与处理：介绍文件存储、首选项、SQLite 存储、Content Provider 类的使用。

第 11 章　网络编程：介绍线程处理及 HTTP 网络访问等。

第 12 章　广播与服务：介绍广播的发送、接收及服务的使用。

第 13 章　基于高德地图的物流车辆轨迹 App：介绍物流轨迹跟踪 App 的开发及设计。

本书图文并茂，条理清晰，内容丰富，每个案例都提供相应的实例代码，并且对代码进行了详细的解释，方便读者学习、练习。本书主要由王英强、张文胜主持编写，第 1～9 章、第 13 章由王英强编写，第 10～12 章由张文胜编写。同时也得到了其他教师的大力支持，尤其感谢张卫钢教授为本书提供了部分素材。此外，在编写本书的过程中，清华大学出版社的邓艳老师也提了很多宝贵的意见，为本书的出版付出了很多努力。在此，编者对他们表示衷心的感谢。由于作者水平有限，本书难免有不足之处，欢迎广大读者批评指正。

编　者

目　录

第1篇　基础篇

Note

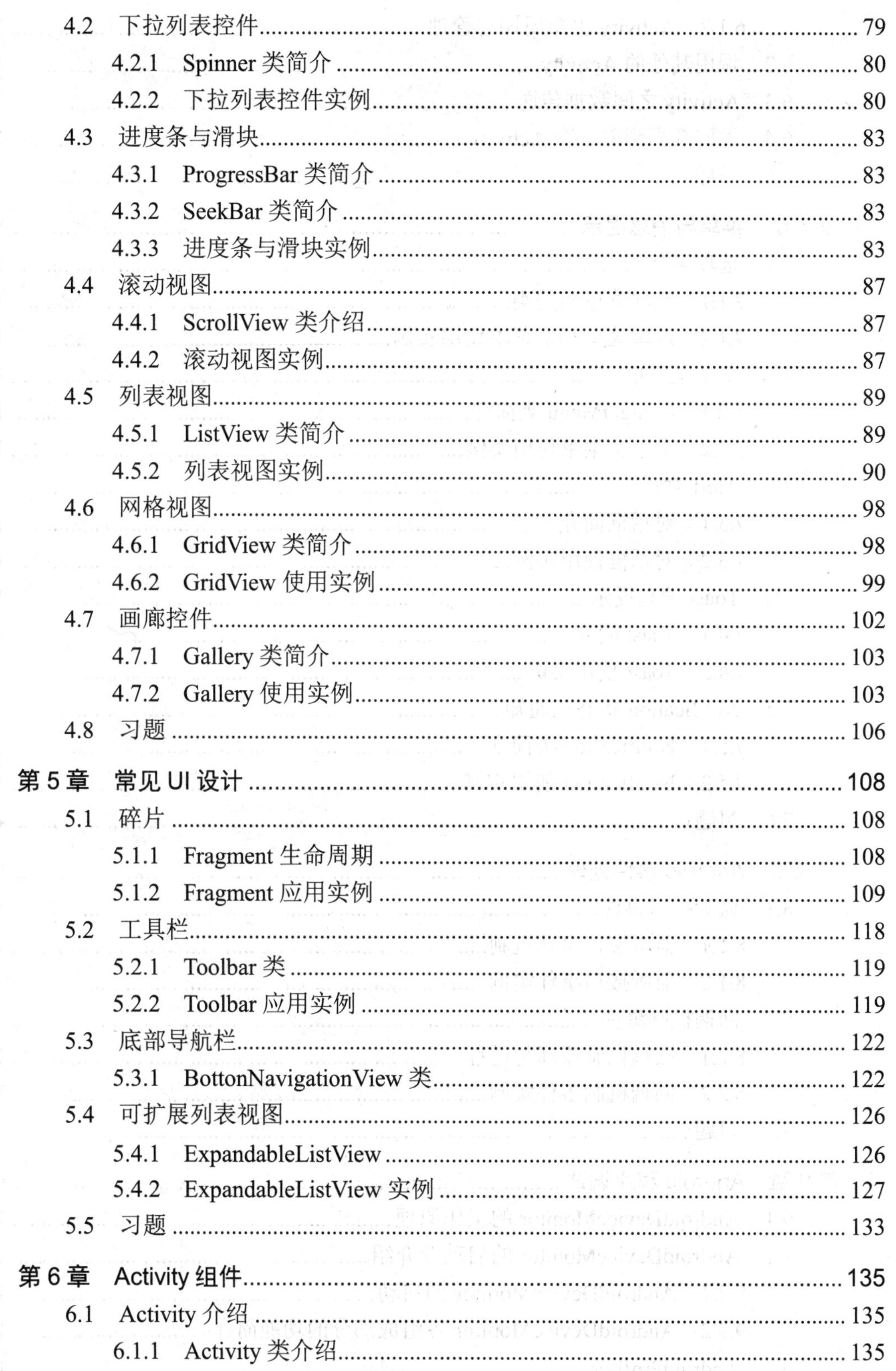

Note

第 2 篇 提高篇

Note

第 3 篇 综合篇

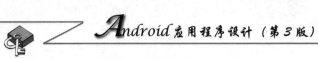

▶▶ 第1篇

基础篇

第1章 Android概述

【本章内容】

- ❑ Android 简介
- ❑ Android 平台架构
- ❑ Android 基本组件
- ❑ 搭建 Android Studio 开发环境
- ❑ 创建 Hello World 项目
- ❑ Android 项目目录结构

Android 是一种以 Linux 为基础的开放源代码的操作系统，主要使用于便携设备，是由 Google（谷歌）与开放手机联盟（Open Handset Alliance）共同提供的软件平台，为全球移动设备、智能设备带来了革命性的变化。据市场研究机构 IDC 统计，2019 年，Android 操作系统的智能手机市场份额从 2018 年的 85.1%上涨到 87%，市场占有率高居首位。随着 Android 智能设备的普及、5G 网络逐渐成熟并且市场化，Android 应用软件的需求势必会越来越大，这是一个潜力巨大的市场，吸引着广大的软件开发厂商和开发者投身其中。

1.1 Android 简介

Android 一词来源于法国作家利尔·亚当在 1886 年发表的科幻小说《未来的夏娃》，本意是“机器人”。虽然 Android 平台是由 Google 公司推出的，但更准确地说，Android 是开放手机联盟的产品。开放手机联盟是由 30 多家高科技公司和手机公司组成的，包括 Google、HTC（宏达电子）、T-Mobile、高通、摩托罗拉、三星、LG 以及中国移动等。开放手机联盟表示，Android 是本着成为第一个开放、完全免费、专门针对移动设备开发平台这一目标，完全从零开始创建的，因此 Android 是第一个完整、开放、免费的手机平台。

Android 系统具有以下特点。

（1）开放性。Google 通过与运营商、设备制造商、开发商等结成深层次的合作伙伴，通过建立标准化、开放式的移动电话软件平台，形成一个开放式的产业系统。

（2）平等性。在 Android 平台上，系统提供的软件和个人开发的应用程序是平等的，例如可以使用第三方开发的拨打电话程序来替代系统提供的拨打电话程序。

（3）应用程序之间的沟通很方便。在 Android 平台下开发的应用程序，可以很方便地

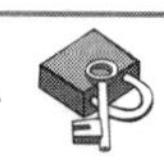

实现应用程序之间数据的共享，只需要进行简单的声明和操作，应用程序就可以访问或者调用其他应用程序的数据，或者将自己的数据提供给其他应用程序使用。例如，第三方的通讯录应用软件就可以访问手机自身的通讯录。

2005 年，Google 收购了成立仅 22 个月的高科技企业 Android，2007 年正式向外界展示了 Android 操作系统，2008 年 9 月 23 日，Google 发布 Android 1.0，从此就有了今天风靡全球的 Android。

在发布 Android 1.5 的时候，Android 使用甜点名称作为系统版本代号。作为每个版本代号的甜点尺寸越变越大，然后按照 26 个字母数序：纸杯蛋糕（1.5），甜甜圈（1.6），松饼（2.1），冻酸奶（2.2），姜饼（2.3），蜂巢（3.0），冰激凌三明治（4.0），果冻豆（4.1），奇巧巧克力（4.4），棒棒糖（5.0），棉花糖（6.0），牛轧糖（7.0），奥利奥（8.0），派（9.0）。从 Android 10 开始，Google 宣布 Android 系统的重大改变，不仅换了全新的 logo，命名方式也变了，2019 年的 Android Q 的正式名称是 Android 10。在 2019 年 Android 开发峰会中，Google 官方首次提到了 Android 11。在 Android 开放源代码项目（AOSP）中，Google 已经启用了代号 Android R，按照 Android 命名规则，Android R 应该就是下一代 Android：Android 11。

1.2　Android 平台架构

在上节介绍了 Android 平台的发展历史及其特征，本节将对 Android 的内部系统框架进行介绍。Android 平台框架如图 1-1 所示，各组成部分介绍如下。

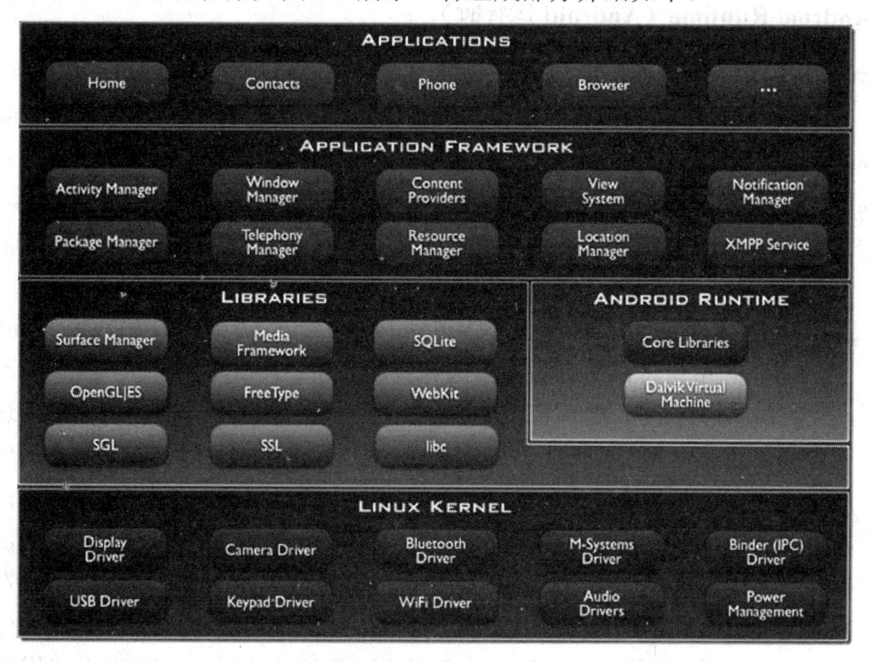

图 1-1　Android 平台应用程序框架图

Note

1．Linux Kernel（Linux 内核）

Android 基于 Linux 提供核心系统服务，例如安全、内存管理、进程管理、网络堆栈、驱动模型。Linux Kernel 作为硬件和软件之间的抽象层，隐藏了具体的硬件细节而为上层提供统一的服务。如果只是进行应用程序开发，则不需要深入了解 Linux Kernel 层。

2．Libraries（库）

Android 包含一个 C/C++库的集合，供 Android 系统的各个组件使用。这些功能通过 Android 的应用程序框架（Application Framework）展现给开发者。下面列出一些核心库。

- Libc：标准 C 系统库的 BSD 衍生，并为基于嵌入式 Linux 设备进行了优化。
- Media Framework：基于 PacketVideo 的 OpenCORE，该库支持播放和录制许多流行的音频和视频格式，以及静态图像文件，包括 MPEG4、H.264、MP3、AAC、AMR、JPG、PNG 等。
- Surface Manager：管理显示子系统、无缝组合多个应用程序的二维和三维图形层。
- WebKit：嵌入式设备的 Web 浏览器引擎，驱动 Android 浏览器和内嵌的 Web 视图。
- SGL：基本的 2D 图形引擎。
- OpenGL ES：专门面向嵌入式系统的 OpenGL API 子集。
- FreeType：位图和矢量字体渲染。
- SQLite：所有应用程序都可以使用的轻量级关系数据库引擎。
- SSL：为网络通信提供安全及数据完整性的一种安全协议。

3．Android Runtime（Android 运行时）

Android 是包含一个核心库的集合，提供大部分在 Java 编程语言核心类库中可用的功能。每一个 Android 应用程序都在它自己的进程中运行，都拥有一个独立的 Dalvik 虚拟机实例。Dalvik 虚拟机依赖于 Linux 内核提供基本功能，来实现进程、内存和文件系统管理等各种服务，可以在一个设备中高效地运行多个虚拟机，可执行文件格式是.dex。.dex 格式是专为 Dalvik 设计的一种压缩格式，占用内存非常小，适合内存和处理器速度有限的系统。

Google 于 2014 年 10 月 15 日发布了 Android 5.0。Android 5.0 系统彻底从 Dalvik 转换到 ART，为开发者和用户带来了有史以来最流畅的系统。ART 的机制与 Dalvik 不同。在 Dalvik 下，应用每次运行的时候，字节码都需要通过即时编译器转换为机器码，这会降低应用的运行效率，而在 ART 环境中，应用在第一次安装的时候，字节码就会预先编译成机器码，使其成为真正的本地应用。这个过程叫作预编译（Ahead-Of-Time，AOT），它使应用的首次启动和执行都变得更加快速。当然，预编译也会带来一些缺点。一方面，机器码占用的存储空间更大。字节码变为机器码之后，可能会增加 10%～20%，不过在应用包中，可执行的代码常常只是一部分，比如最新的 Google+ APK 大小是 28.3MB，但是代码只有 6.9MB。另一方面，应用的安装时间会变长，至于延长的时间，取决于应用本身，一

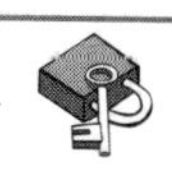

些复杂的应用（如 Facebook 和 Google+）需要更长的等待时间。

4. Application Framework（应用程序框架）

通过提供开放的开发平台，Android 使开发者能够编制极其丰富和新颖的应用程序，可以自由地利用设备的硬件优势、访问位置信息、运行后台服务、设置闹钟、向状态栏添加通知等。应用程序的体系结构简化了组件之间的重用，任何应用程序服从框架执行的安全限制，都能发布自己的功能。通过应用程序框架，开发人员可以自由地使用核心应用程序所使用的框架 API，实现自己程序的功能，替换系统应用程序。

所有的应用程序其实是一组服务和系统，主要包括如下内容。

- 视图系统（View System）：丰富的、可扩展的视图集合，可用于构建一个应用程序，包括列表、网格、文本框、按钮，甚至是内嵌的网页浏览器。
- 内容提供者（Content Providers）：使应用程序能访问其他应用程序（如通讯录）的数据，或向其他程序共享自己的数据。
- 资源管理器（Resource Manager）：提供访问非代码资源，如本地化字符串、图形和布局文件。
- 通知管理器（Notification Manager）：使所有的应用程序能够在状态栏显示自定义信息。
- 活动管理器（Activity Manager）：管理应用程序生命周期，提供通用的导航回退功能。

5. Application（应用程序）

Android 提供了一系列核心应用程序，包括电子邮件客户端、SMS 程序、拨打电话、日历、地图、浏览器、联系人和其他设置。这些应用程序都是用 Java 语言编写的，而开发人员可以开发出更有创意、功能更强大的应用程序。

1.3 Android 基本组件

Android 的一个主要特点是，一个应用程序可以利用其他应用程序的元素（假设这些应用程序允许）。相反，当需求产生时它只是启动其他应用的程序块。

对于这个工作，当应用程序的任何部分被请求时，系统必须能够启动一个应用程序的进程，并实例化该部分的 Java 对象。因此，不像其他大多数系统的应用程序，Android 应用程序没有一个单一的入口点（如没有 main()函数）。相反，系统能够实例化和运行需要几个必要的组件，主要有四种类型的组件。

- 活动（Activity）。
- 服务（Service）。
- 广播接收者（Broadcast Receiver）。
- 内容提供者（Content Provider）。

然而，并不是所有的应用程序都必须包含上面的四种组件，一种应用程序可以由上面的一种或几种组件来构成。本节将介绍 Android 平台的这四种基本组件。

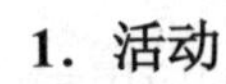

1．活动

活动是 Android 中最常用的组件，是应用程序的表示层，一般通过 View 来实现用户界面。一个活动表示一个可视化的用户界面，关注一个用户活动的事件。

一个应用程序可能只包含一个活动，也可能包含几个活动。这些活动是什么，以及有多少，取决于应用程序的设计。虽然它们一起工作形成一个整体的用户界面，但是每个活动是独立于其他活动的，每一个都是作为 Activity 类的一个子类。一般来讲，当应用程序被启动时，被标记为第一个的活动应该展示给用户，从一个活动移动到另一个活动由当前的活动完成。

窗口的可视内容由继承自 View 类的一个分层视图对象提供，每个视图控件是窗口内的一个特定的空间。同时，一个视图是活动与用户交互发生的地方。例如，一个视图可能显示一个小的图片或者当用户单击图片时发起一个行为。Android 提供了一些现成的视图可以使用，如按钮（Button）、文本域（TextView、EditText）、复选框（CheckBox）、列表视图（ListView）等。

2．服务

每个服务都继承自 Service 类，没有可视化用户界面，而可以在后台无期限地运行，如一个服务可能是播放背景音乐而用户做其他一些事情（如聊天、上网），或者从网络获取数据，或者计算一些东西并将结果提供给相应的活动。

一个典型的例子就是多媒体播放器播放列表中的歌曲，该播放器应用程序可能有一个或多个活动，允许用户选择歌曲和开始播放。然而，音乐播放本身不会被一个活动处理，因为当用户离开播放器时去做其他事情，希望保持音乐继续播放。为了保持音乐继续播放，媒体播放器活动可以启动一个服务在后台运行，甚至当媒体播放器离开屏幕时，系统将保持音乐播放服务继续运行。与活动和其他组件一样，服务运行在应用程序进程中的主线程中。因此，它们将不会阻止其他组件或用户界面，而是执行其他一些耗时的任务（如音乐播放）。

3．广播接收者

一个广播接收者接收广播公告时可以做出相应的反应。许多广播源自系统代码，如公告时区的改变、电池电量低、已采取图片、用户改变了语言设置。应用程序也可以发起广播，如通知其他程序数据已经下载到设备且可以使用这些数据。

一个应用程序可以有任意数量的广播接收者，用来处理它认为重要的任何公告。所有的接收者继承自 BroadcastReceiver 基类。广播接收者不显示一个用户界面，然而，它们可以启动一个活动去响应收到的信息，使用对话框或者 NotificationManager 通知用户。通知可以使用多种方式获得用户的注意，如闪烁的背光、振动设备、播放声音等，典型的方式

是放置一个持久的图标在状态栏，用户可以打开并获取信息。

4. 内容提供者

内容提供者可以将一个应用程序的指定数据集提供给其他应用程序使用，这些数据可以使用文件系统、SQLite 数据库或者其他任何合理的方式进行存储。内容提供者继承自 ContentProvider 类并实现一个标准的方法集合，使得其他应用程序可以检索和操作数据。

内容提供者是 Android 应用程序的主要组成部分之一，它们封装数据且通过 ContentResolver 接口提供给应用程序。只有需要在多个应用程序间共享数据时才使用内容提供者。例如，通讯录数据被多个应用程序使用，且必须存储在一个内容提供者中。如果不需要在多个应用程序间共享数据，可以直接使用 SQLite 数据库或者文件来保存数据。

1.4 搭建 Android 开发环境

Android 应用程序开发主要使用的语言是 Java。在进行 Android 应用程序开发时，除了 IDE 环境之外，还需要安装 Java 的 SDK。Android 开发常用的集成开发环境工具有 Eclipse 与 Android Studio。Android Studio 是 Google 官方推出的基于 IntelliJ IDEA 的 Android 应用程序集成开发环境，Android Studio 不仅是一个强大的代码编辑器和开发者工具，还具有更多可提高 Android 应用构建效率的功能，例如基于 Gradle 的灵活构建系统、快速且功能丰富的模拟器、可针对所有 Android 设备进行开发的统一环境、对各个版本的 SDK 具有良好的支持。鉴于 Android Studio 强大的功能，本书将以 Android Studio 为主，介绍 Android 应用程序开发环境的搭建过程。开发环境搭建步骤如下。

（1）安装 Java SDK。开发者可以在 Oracle 官网或者其他途径下载 Java SDK 的安装包。Java SDK 的安装非常简单，基本上就是默认选择“下一步”即可完成安装。在安装完毕后，需要设置系统的环境变量。

以 Windows 10 为例，假设 Java 的安装路径为 D:\Program Files\Java\jdk1.8.0_171\，设置系统环境变量的方法为：右击“计算机”桌面图标，选择“属性”命令，然后选择“高级”选项卡，单击“环境变量”按钮，弹出“环境变量”对话框。在环境变量中增加 CLASSPATH 变量，值为 D:\Program Files\Java\jdk1.8.0_171\lib；在 Path 变量的值后面增加 D:\Program Files\Java\jdk1.8.0_171\bin，如图 1-2 所示。

（2）安装 Android Studio。Android Studio 可以在官网（https://developer.android.google.cn/studio/）或者其他网站进行下载。开发者需要选择一个合适的版本（Windows 32 位版、64 位版，Mac 版，Linux 版）。Android Studio 的安装也很简单，基本上也是默认选择“下一步”即可完成安装。

（3）下载 Android SDK。Android SDK 即开发 Android 软件所要使用的工具包。在进行 Android 应用程序开发时，需要选择相应版本的 SDK。下载 SDK 的方法是：选择 Tools/SDK Manager 菜单命令或单击工具栏中相应的 SDK Manager 按钮。打开 Android SDK

Note

界面后，首先选择 Android SDK 的存储位置，然后在 SDK Platforms 选项卡中选择相应的 SDK 版本，单击 OK 按钮，如图 1-3 所示。

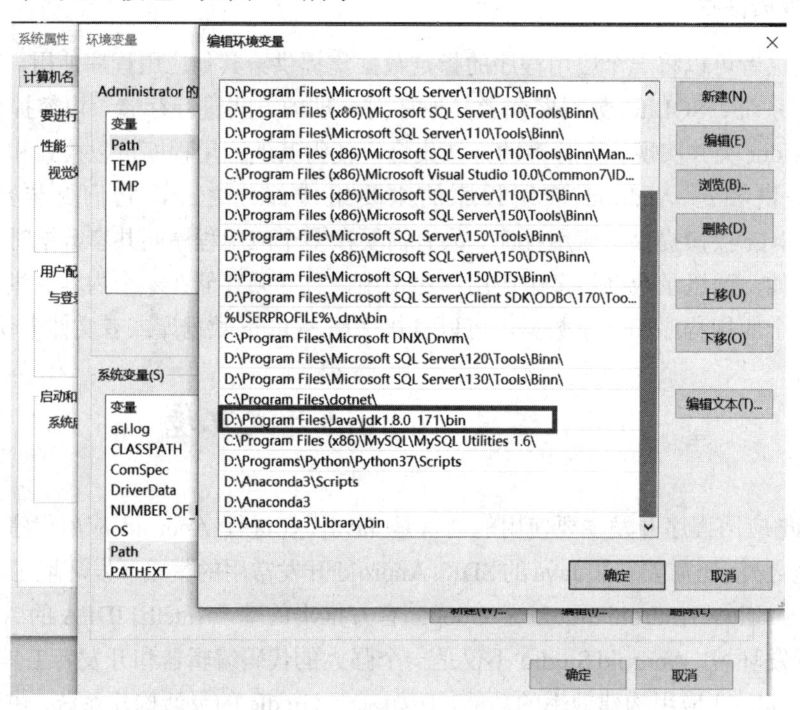

图 1-2　设置系统环境变量

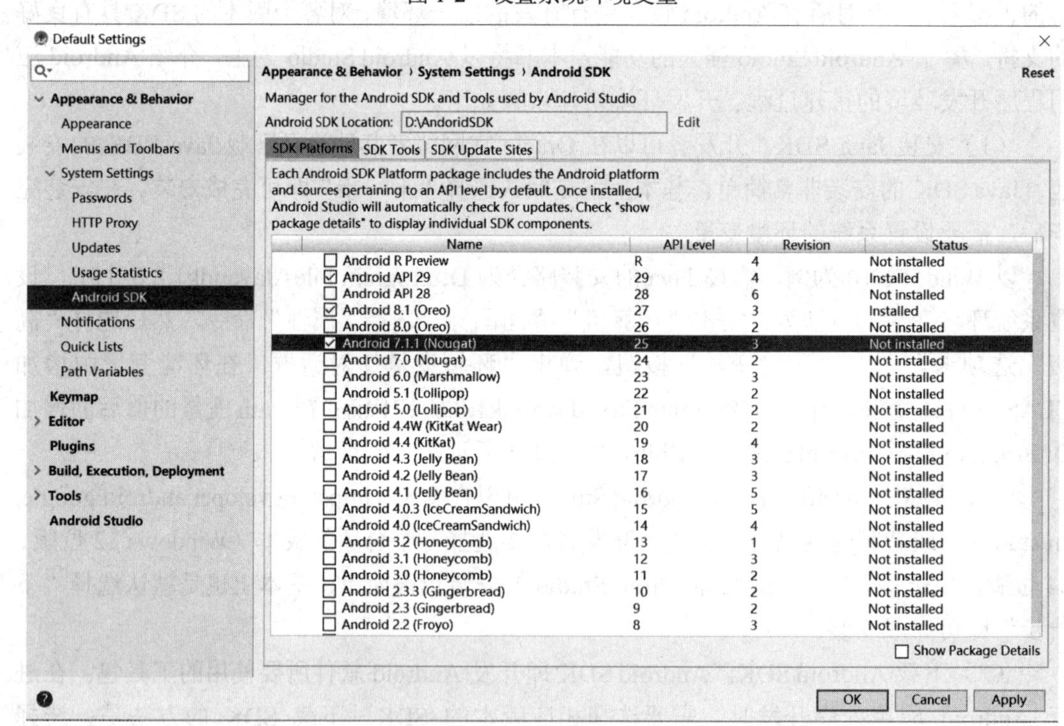

图 1-3　Android SDK 界面

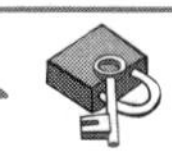

（4）创建虚拟设备。在编写完代码后，需要在模拟器或者手机中运行调试。如果要在虚拟设备中调试程序，则需要创建虚拟设备。创建虚拟设备的方法如下。

① 选择 Tools/AVD Manager 菜单命令或者单击工具栏中的 AVD Manager 按钮。

② 在弹出的窗口中，可以查看到已经创建的虚拟设备，也可以创建新的虚拟设备，如图 1-4 所示。

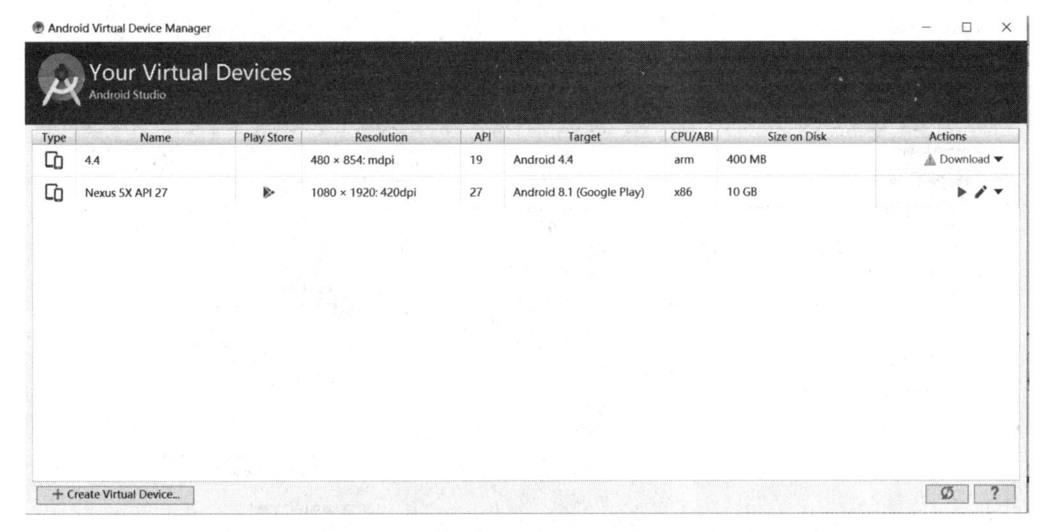

图 1-4　Android Virtual Device Manager 界面

③ 单击图 1-4 中的 Create Virtual Device 按钮，在 Virtual Device Configuration/Choose a device definition 中选择设备类型及模拟器的设备，然后单击 Next 按钮，如图 1-5 所示。

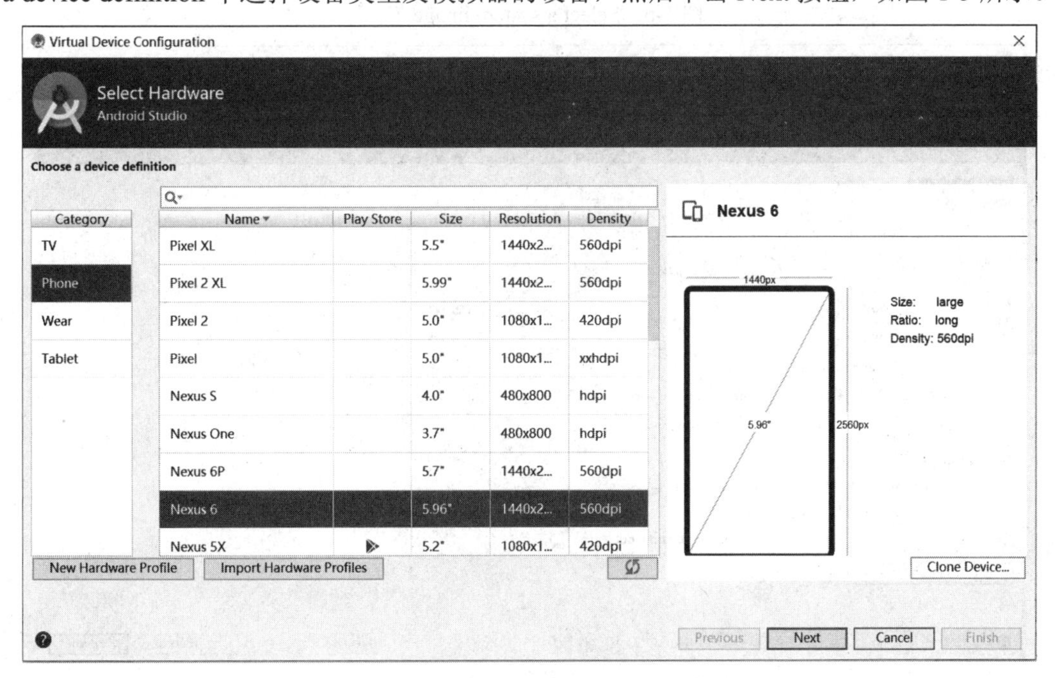

图 1-5　Choose a device definition 界面

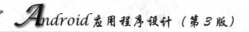

Note

④ 在 Virtual Device Configuration/Select a system image 中选择相应的镜像文件，然后单击 Download 进行下载，下载完毕后，单击 Next 按钮，如图 1-6 所示。

⑤ 在 Verify Configuration 界面中输入虚拟设备的名字，单击 Show Advanced Settings 可以对虚拟设备进行高级设置，例如手机方向、摄像头、网络、运行内存、机身内存、SD 卡等，如图 1-7 所示。

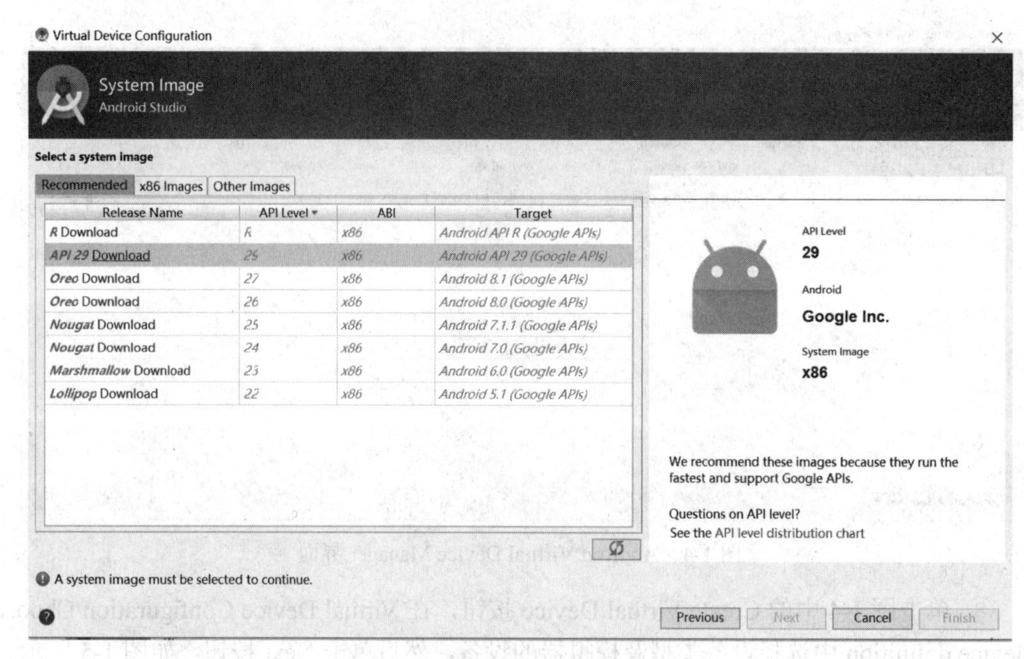

图 1-6　Select a system image 界面

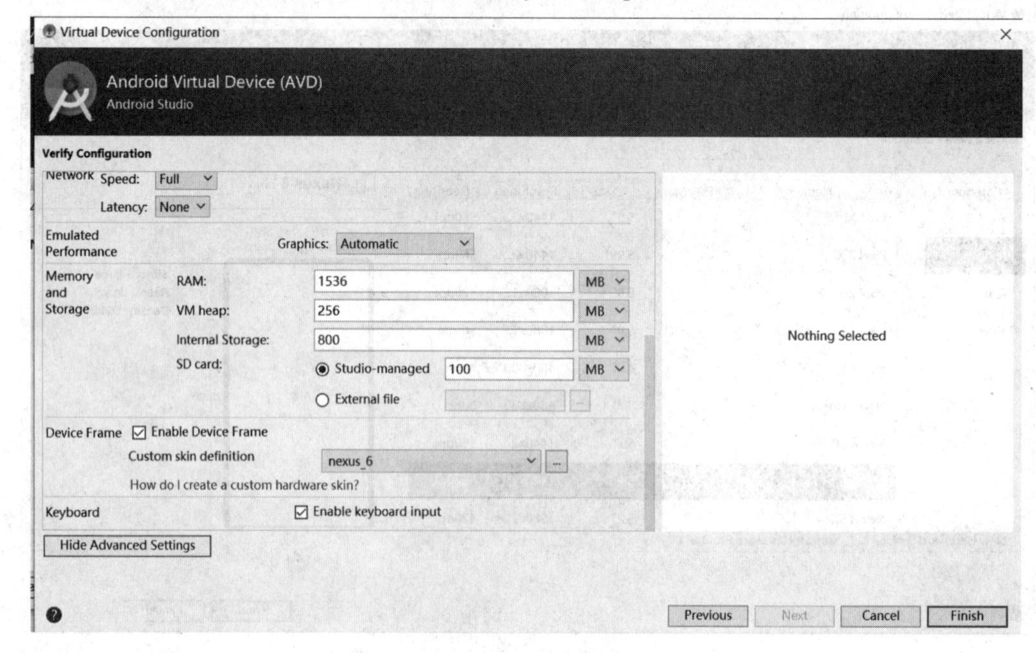

图 1-7　Verify Configuration 界面

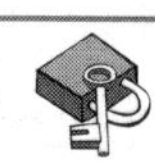

1.5 创建 HelloWorld 项目

完成 Android 开发环境的部署之后，就可以开始 Android 应用程序的开发之旅了。在本节，将创建第一个 Android 项目：Hello World。通过创建这个项目，主要介绍创建 Android 项目的过程。创建 Hello World 应用程序的步骤如下。

（1）启动 Android Studio，依次选择 File/New/New Project，将弹出创建新项目界面，输入 Application name（应用程序的名字）、Project location（项目保存位置），也可以对程序的包名进行编辑（或者采用默认），选择是否包括 C++、Kotlin 支持之后，单击 Next 按钮，如图 1-8 所示。

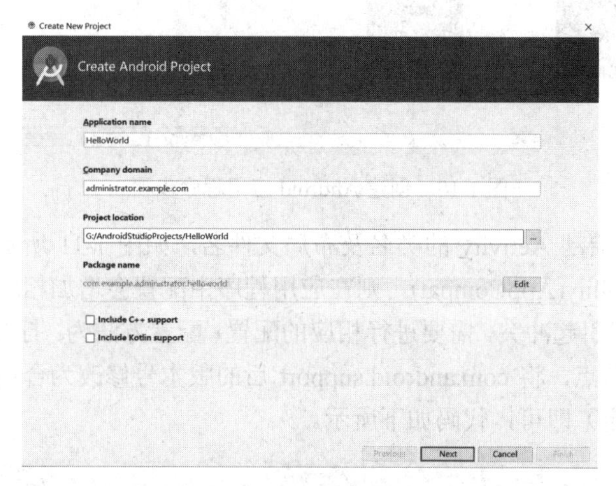

图 1-8　创建 Android 应用程序步骤 1

（2）选择目标设备及最低的 SDK 要求。设备类型包括手机与平板、穿戴设备、电视、Android 汽车设备、Android 物联网设备等，如图 1-9 所示。

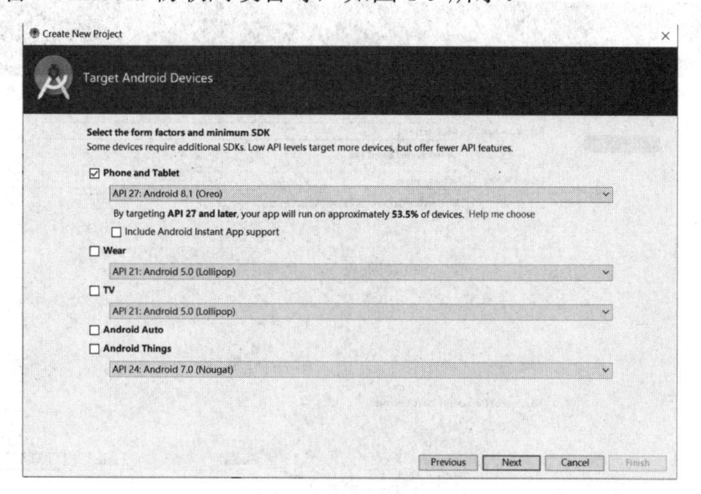

图 1-9　创建 Android 应用程序步骤 2

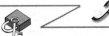

（3）为应用程序选择 Activity 类型，默认的为空 Activity，如图 1-10 所示。

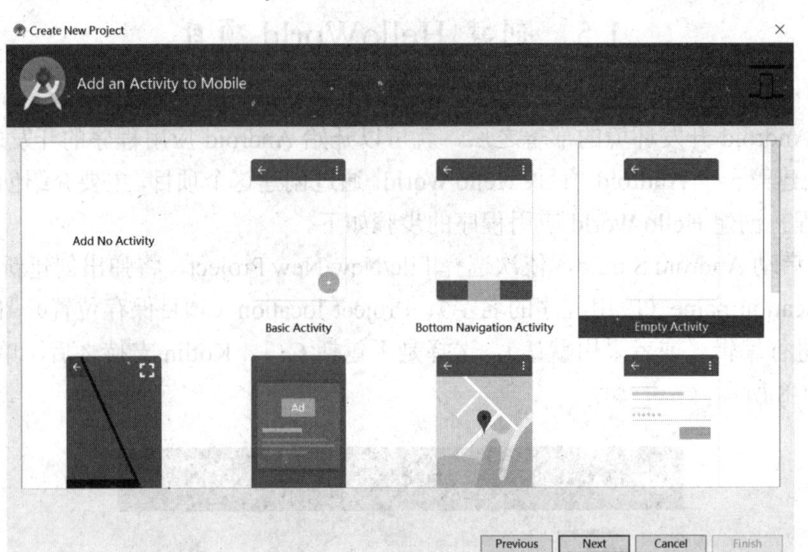

图 1-10　创建 Android 应用程序步骤 3

（4）输入默认启动 Activity 的类名及布局文件名，如图 1-11 所示。注意，如果选中 Backwards Compatibility(AppCompat)，则在应用程序中配置会增加相应的依赖，有可能会引起版本冲突。如果引起冲突，需要进行相应的配置，配置方法为：打开 build.gradle 文件，找到 dependencies 节点，将 com.android.support 后的版本号修改为合适的版本号（需要根据具体的情况来确定）即可，代码如下所示。

```
dependencies {
    implementation 'com.android.support:appcompat-v7:27.1.1+'
}
```

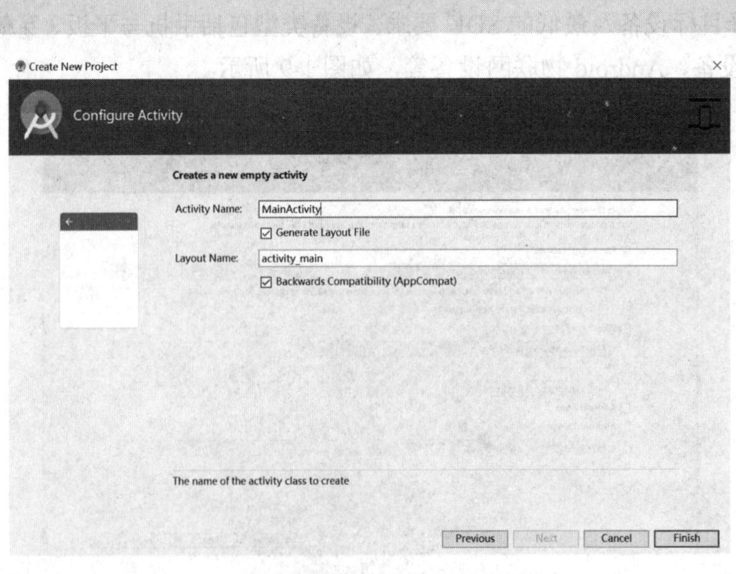

图 1-11　创建 Android 应用程序步骤 4

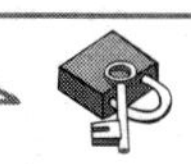

（5）创建完毕后，选择菜单栏中的 Run/Run App 命令或者单击工具栏中的绿色三角按钮▶，然后选择相应的运行设备，即可运行创建好的 Android 程序，如图 1-12 所示。

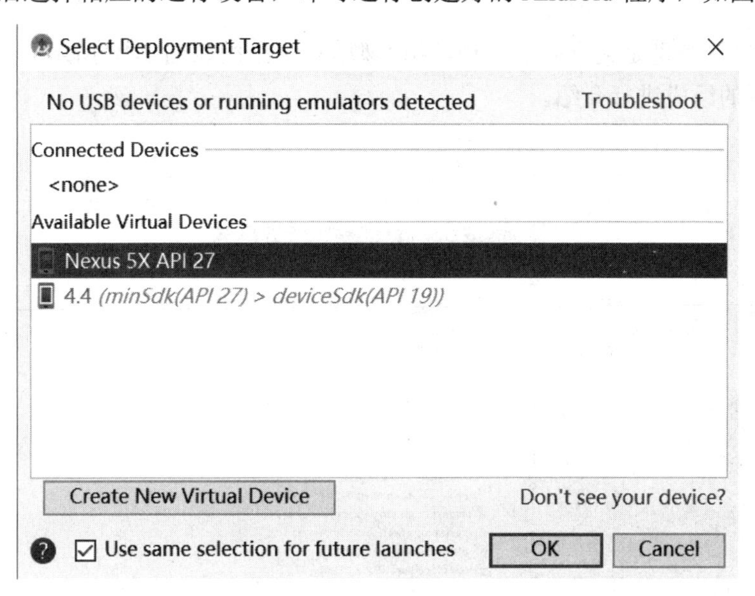

图 1-12　选择运行设备

1.6　Android 项目目录结构

在进行 Android 应用程序开发时，开发者需要了解 Android 项目的目录结构，这样才能明白在开发程序时需要在哪里编写代码、需要做什么工作、相应的文件需要存放在什么位置。下面以 1.5 节所创建的 HelloWorld 项目为例，介绍 Android 项目的目录结构。

在 Android Studio 中，提供了多种项目结构类型，但是最常用的有两种：Android 结构类型与 Project 结构类型，两者之间的区别在于查看项目结构的角度不同，切换两种结构类型的方法如图 1-13 所示，下面分别进行介绍。

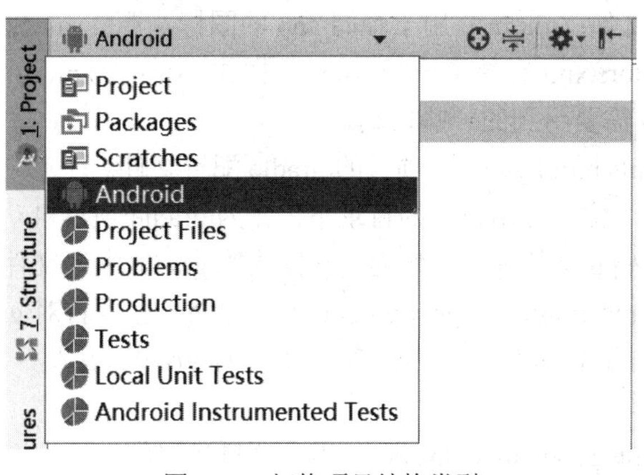

图 1-13　切换项目结构类型

Note

1.6.1 Android结构类型

Android结构类型是最常用的一种结构类型，目录结构如图1-14所示。下面对Android目录结构视图的组成进行介绍。

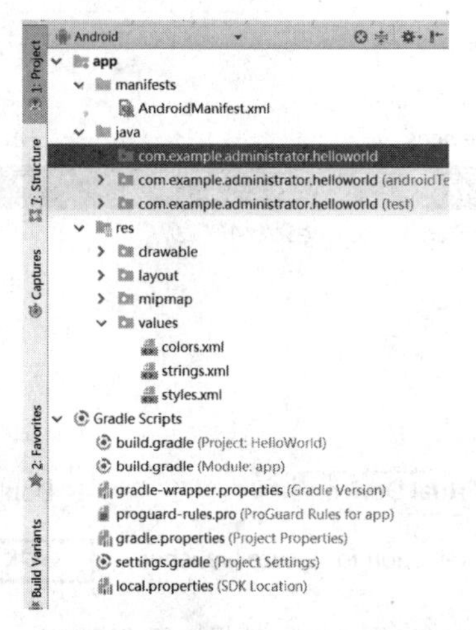

图1-14 Android目录结构视图

（1）app/manifests/AndroidManifest.xml：对应用程序进行配置，如声明应用程序所包含的Activity类、广播接收者、权限等。

（2）app/java：主要为应用程序的源代码和测试代码。在Java下面可以建立多个Package（包），在一个Package中可以建立多个Java类，主要用于实现应用程序的功能。在Java中包括三个包，即com.example.administrator.helloworld为创建的项目HelloWorld的包；androidTest、test为用来编写Android Test测试用例的包，可以对项目进行一些自动化测试。

（3）app/res：主要是资源目录包，存储项目使用的所有资源。drawable用于存储一些图片以及关于图片形状的.xml文件，*dpi表示存储分辨率的图片，用于适配不同的屏幕；layout用于存储布局文件；mipmap用于存储app的图标资源；values用于存储app引用的一些公共值，其中colors.xml存储了一些color的样式；strings.xml存储了引用的string值；styles.xml存储了app需要用到的一些样式。

（4）Gradle Scripts/build.gradle：项目的gradle配置文件。注意，在一个项目中有两个build.gradle文件，一个位于应用程序的目录下，作为gradle项目自动编译的配置文件；一个位于应用程序目录/app文件夹下，作为app模块的gradle编译文件。

（5）Gradle Scripts/gradle-wrapper.properties：存储一些项目对gradle的配置信息，声明了gradle的目录与下载路径以及当前项目使用的gradle版本。默认的路径一般不会更改。

（6）Gradle Scripts/proguard-rules.pro：指定项目代码的混淆规则，当代码开发完成后打成安装包文件，如果不希望代码被别人破解，通常会将代码混淆，从而让破解者难以阅读。

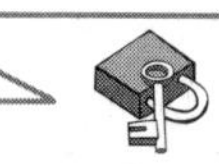

Note

（7）Gradle Scripts/gradle.properties：配置 gradle 运行环境的文件，如配置 gradle 运行模式，运行时 jvm 虚拟机的大小。

（8）Gradle Scripts/settings.gradle：指定项目中所有引入的模块。由于 HelloWorld 项目中就只有一个 app 模块，因此该文件中也就只引入了 app 这一个模块。通常情况下模块的引入都是自动完成的，需要开发者手动去修改这个文件的场景可能比较少。

（9）Gradle Scripts/local.properties：指定本机中的 Android SDK 路径，通常内容都是自动生成的，并不需要修改。除非本机中的 Android SDK 位置发生了变化，那么就将这个文件中的路径改成新的位置即可。

1.6.2 Project 结构类型

Android 项目另外一种常用结构类型就是 Project，目录结构如图 1-15 所示。下面对 Project 目录结构视图的组成进行介绍。

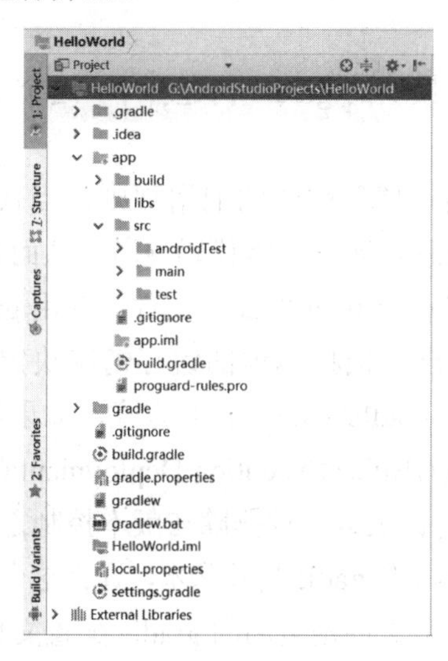

图 1-15 Project 目录结构视图

（1）.gradle 和.idea：这两个目录下放置的都是 Android Studio 自动生成的一些文件，开发者无须关心，也不要手动编辑。

（2）app：项目中的代码、资源等内容几乎都是放置在这个目录下，Android 应用程序的开发工作也基本都是在这个目录下进行的，因为这个目录比较重要，下面对这个目录单独展开进行讲解。

① build：这个目录和外层的 build 目录类似，主要包含了一些在编译时自动生成的文件，且它里面的内容会更多、更杂，开发者不需要过多关心。

② libs：如果项目中使用到第三方 jar 包，就需要把这些 jar 包都放在 libs 目录下，放在这个目录下的 jar 包都会被自动添加到构建路径。

③ src/androidTest：此处是用来编写 Android Test 测试用例的，可以对项目进行一些自动化测试。

Note

④ src/main/java：毫无疑问，java 目录是放置开发者所有 java 代码的地方，展开该目录，可看到 HelloWorld 项目的 MainActivity 文件。

⑤ src/main/res：这个目录下的内容比较多，在项目中使用的所有图片、布局、字符串等资源都要存放在这个目录的子目录下，如图片放在 drawable 目录下，布局放在 layout 目录下，字符串放在 values 目录下。

⑥ src/main/AndroidManifest.xml：整个 Android 项目的配置文件，在程序中定义的四大组件都需要在这个文件里注册，另外还可以在这个文件中给应用程序添加权限声明。

⑦ src/test：此处是用来编写 Unit Test 测试用例的，是对项目进行自动化测试的另一种方式。

⑧ .gitignore：将 app 模块内指定的目录或文件排除在版本控制之外，作用和外层的.gitignore 文件类似。

⑨ app.iml：IntelliJ IDEA 项目自动生成的文件，开发者不需要关心或修改这个文件中的内容。

⑩ build.gradle：这是 app 模块的 gradle 构建脚本，这个文件中会指定很多项目构建相关的配置。

⑪ proguard-rules.pro：指定项目代码的混淆规则，当代码开发完成后打成安装包文件，如果不希望代码被别人破解，通常会将代码混淆，从而让破解者难以阅读。

（3）gradle：包含了 gradle wrapper 的配置文件，使用 gradle wrapper 的方式不需要提前将 gradle 下载好，而是会自动根据本地的缓存情况决定是否需要联网下载 gradle。Android Studio 默认没有启动 gradle wrapper 的方式，如果需要打开，可以选择 Android Studio 导航栏中的 File /Settings /Build/Execution/Deployment/Gradle，进行配置。

（4）.gitignore：将指定的目录或文件排除在版本控制之外。

（5）build.gradle：项目全局的 gradle 构建脚本，通常这个文件的内容是不需要修改的。

（6）gradle.properties：这个文件是全局的 gradle 配置文件，在这里配置的属性将会影响到项目中所有的 gradle 编译脚本。

（7）gradlew 和 gradlew.bat：这两个文件用来在命令行界面中执行 gradle 命令，其中 gradlew 适用于 Linux 或 Mac 系统，gradlew.bat 适用于 Windows 系统。

（8）HelloWorld.iml：.iml 文件是所有 IntelliJ IDEA 项目都会自动生成的一个文件（Android Studio 是基于 IntelliJ IDEA 开发的），用于标识这是一个 IntelliJ IDEA 项目，开发者不需要修改这个文件中的任何内容。

（9）local.properties：指定本机中的 Android SDK 路径，通常内容都是自动生成的，开发者并不需要修改。除非 Android SDK 位置发生了变化，才将这个文件中的路径改成新的位置。

（10）settings.gradle：指定项目中所有引入的模块。由于 HelloWorld 项目中就只有一个 app 模块，因此该文件中也就只引入了 app 这一个模块。通常情况下模块的引入都是自动完成的，需要开发者手动修改这个文件的场景可能比较少。

1.7 习　　题

1. Android 系统的内核基础系统是（　　）。

   A．UNIX　　B．Windows　　C．Linux　　D．Dos

2. 下面的选项中，不属于 Android 应用程序组件的是（　　）。

   A．Activity　　B．Intent　　C．Service　　D．ContentProvider

3. 在 Android 中，使用的内置数据库是（　　）。

   A．SQL Server　　B．SQLite　　C．MySQL　　D．NoSQL

4. 简述 Android 平台的特点。
5. 简述 Android 的四种基本组件及其作用。
6. 简述 Android 平台架构的各组成部分及其作用。
7. 简述 Android 项目中各组成文件的作用。

第 2 章 Android 布局管理

【本章内容】

- ❒ View 布局概述
- ❒ 线性布局
- ❒ 表格布局
- ❒ 相对布局
- ❒ 帧布局
- ❒ 绝对布局
- ❒ 约束布局
- ❒ 布局的嵌套

对于一个软件，漂亮的用户界面（UI）总能给用户留下深刻的印象。对于 Android 手机应用软件而言，如何从众多的软件中脱颖而出，用户界面的设计是一个不可忽视的因素。在 Android 中，主要有五大布局方式，分别是 LinearLayout（线性布局）、TableLayout（表格布局）、RelativeLayout（相对布局）、FrameLayout（帧布局）、AbsoluteLayout（绝对布局）。此外，在 Android Studio 中还增加了一种新的布局方式：ConstraintLayout（约束布局）。对于各种布局方式，可以使用 XML 语言进行设计，也可以通过拖曳控件的方式进行设计，本章主要通过使用 XML 语言对布局方式进行设计。

2.1 View 布局概述

在学习 Android 的视图管理之前，首先需要了解 View 类。View 类是所有可视化控件的基类，主要提供控件绘制和事件处理的方法。View 类关系图显示了 View 类及其很多派生类的关系（没有包含 View 的全部派生类），如图 2-1 所示。ViewGroup 类是一个与布局相关的、View 类的子类。

结合使用 View 基类方法和子类方法，可以设置布局、填充、焦点、高度、宽度、颜色等属性。关于 View 及其子类的相关属性，既可以在布局 XML 文件中使用“android:属性名称”来设置，也可以通过该属性对应的成员方法在代码中进行设置。在进行 UI 设计时常用的属性及其对应方法如表 2-1 所示。

Note

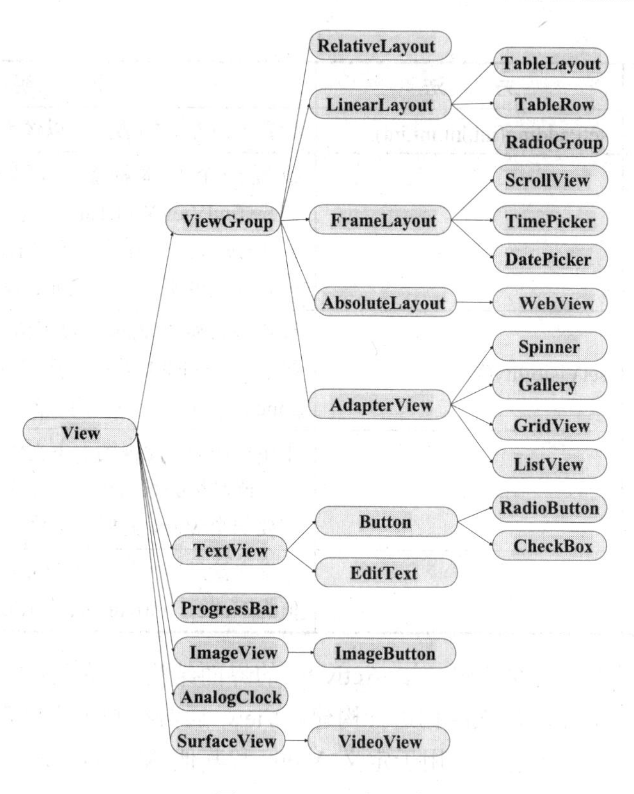

图 2-1 View 类关系图

表 2-1 View 类常用属性及对应方法

属　　性	方　　法	说　　明
android:layout_width		设置视图宽度。值可以为 fill_parent、match_parent、wrap_content。fill_parent 与 match_parent 含义相同，表示将强制性地使构件扩展，以填充布局单元内尽可能多的空间，从 2.2 版本以后主要使用 match_parent; wrap_content 表示设置一个视图的尺寸为 wrap_content，将强制性地使视图扩展以显示全部内容
android:layout_height		设置视图高度。值可以为 fill_parent、match_parent、wrap_content
android:text	setText(string)	设置视图内容
android:background	setBackgroundResource(int)	设置背景色/背景图片。可以通过以下两种方法设置背景为透明：@android:color/ transparent 和 @null
android:id	setId(int)	给当前 View 设置一个在当前 layout.xml 中的唯一编号，可以通过调用 findViewById()函数查找到对应的 View。不同的 layout.xml 之间定义相同的 id 不会冲突，格式如@+id/btnName

Note

续表

属　性	方　法	说　明
android:padding	setPadding(int,int,int,int)	设置上下左右的边距，以像素为单位填充空白
android:tag		设置一个文本标签。可以通过 getTag()或 View.findViewWithTag()检索含有该标签字符串的 View，但一般最好通过 ID 来查询 View，因为它的速度更快，并且允许编译时类型检查
android:visibility	setVisibility(int)	设置是否显示 View。设置值：visible（默认值，显示）；invisible（不显示，但是仍然占用空间）；gone（不显示，不占用空间）
android:onClick		单击视图时，此视图上下文中要调用的方法的名称。该名称必须对应于一个公共方法，该方法只需要一个 View 类型的参数
android:scrollbars		定义在滚动或不滚动时应显示哪些滚动条，设置值为 None、horizontal、vertical

布局可定义应用中的界面结构（如 Activity 的界面结构）。布局中的所有元素均使用 View 和 ViewGroup 对象的层次结构进行构建。View 通常绘制用户可查看并进行交互的内容，ViewGroup 是不可见容器，用于定义 View 和其他 ViewGroup 对象的布局结构，如图 2-2 所示。

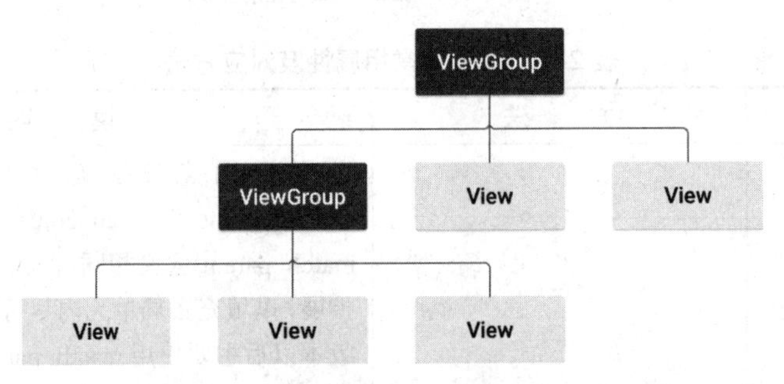

图 2-2　定义界面布局的视图层次结构图

2.2　线性布局

线性布局（LinearLayout）是最简单的布局之一，它提供了控件水平或者垂直排列的模型。本节将对线性布局进行介绍，首先介绍 LinearLayout 类的相关知识，然后通过一个实例说明 LinearLayout 的使用方法。

2.2.1　LinearLayout 类简介

LinearLayout 通过设置的垂直或水平的属性值来排列所有的子元素。所有的子元素都

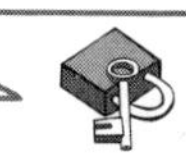

被堆放在其他元素之后，因此一个垂直列表的每一行只会有一个元素（不管它们有多宽），而一个水平列表只会有一个行高（高度为最高子元素的高度加上边框高度）。LinearLayout 保持子元素之间的间隔以及互相对齐（相对于另一个元素的左对齐、右对齐或者中间对齐）。

LinearLayout 的常用属性及对应设置方法如表 2-2 所示。

表 2-2 LinearLayout 的常用属性及对应设置方法

属 性	方 法	说 明
android:orientation	setOrientation(int)	设置线性布局的朝向，可设置为 horizontal、vertical 两种排列方式，默认为 horizontal
android:gravity	setGravity(int)	设置元素中内容在元素中的对齐方式
android:layout_gravity		设置元素在线性布局内的对齐方式
android:layout_weight		为各个子视图分配权重。在线性布局中，如果每个子视图使用大小相同的屏幕空间，将每个视图的 android:layout_height 设置为 0dp（针对垂直布局），或将每个视图的 android:layout_width 设置为 0dp（针对水平布局）。然后，将每个视图的 android:layout_weight 设置为 1。如果要不等分分布，则为每个视图设置不同的权重

1．orientation 属性

在线性布局中可以使用 orientation 属性来设置布局的朝向，可取的值及说明如下：

- Horizontal：定义横向布局。
- Vertical：定义纵向布局。

对于纵向布局与横向布局而言，控件的排列方式分别如图 2-3 和图 2-4 所示。

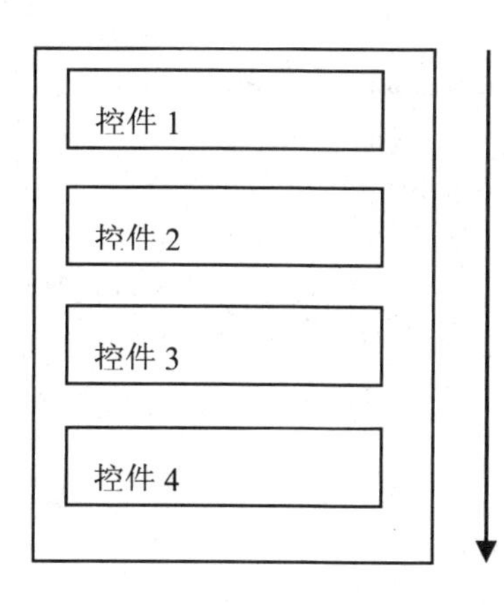

图 2-3 纵向布局

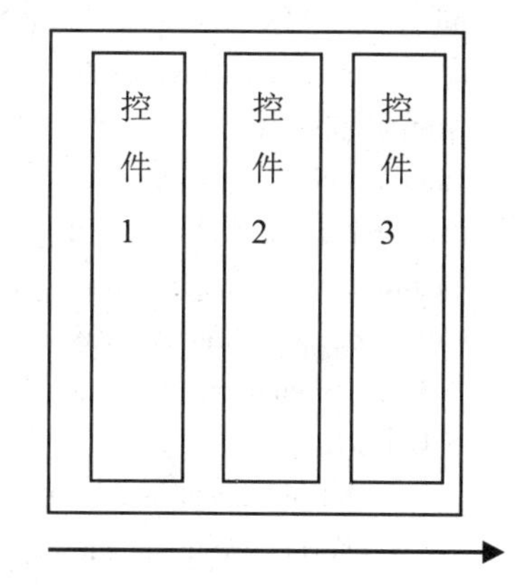

图 2-4 横向布局

2．gravity 属性

在线性布局中可以使用 gravity 属性设置控件中文字的对齐方式，可取的值及说明如表 2-3 所示。

表 2-3　gravity 属性及说明

属　　性	说　　明
top	不改变控件大小，对齐到容器顶部
bottom	不改变控件大小，对齐到容器底部
left	不改变控件大小，对齐到容器左侧
right	不改变控件大小，对齐到容器右侧
center_vertical	不改变控件大小，对齐到容器纵向中央位置
fill_vertical	纵向拉伸以填充满容器
center_horizontal	不改变控件大小，对齐到容器横向中央位置
fill_horizontal	横向拉伸以填充满容器
center	不改变控件大小，放置在容器的正中间
fill	横向和纵向同时拉伸以填充满容器

2.2.2　线性布局实例

本节将通过实现一个登录对话框实例来说明 LinearLayout 的使用方法。本实例案例的实现方法是在一个垂直的线性布局中，嵌套三个水平的线性布局；在嵌套的第一、二个水平线性布局中分别排放一个 TextView 控件与一个 EditText 控件，在第三个水平线性布局中排放两个 Button 按钮控件。本实例开发步骤如下。

（1）创建项目 EX02_1。

（2）修改主 Activity 的布局文件 activity_main.xml，编写代码如下：

```
1    <?xml version="1.0" encoding="utf-8"?>
2    <LinearLayout xmlns:android="http://schemas.android.com/apk/res/android"
3        xmlns:app="http://schemas.android.com/apk/res-auto"
4        xmlns:tools="http://schemas.android.com/tools"
5        android:layout_width="match_parent"
6        android:layout_height="match_parent"
7        tools:context=".MainActivity"
8        android:orientation="vertical">
9        <LinearLayout
10           android:layout_width="match_parent"
11           android:layout_height="wrap_content">
12           <TextView
13               android:layout_width="0dp"
14               android:layout_height=" wrap_content "
15               android:text="用户名："
16               android:textSize="20dp"
17               android:layout_weight="1"
```

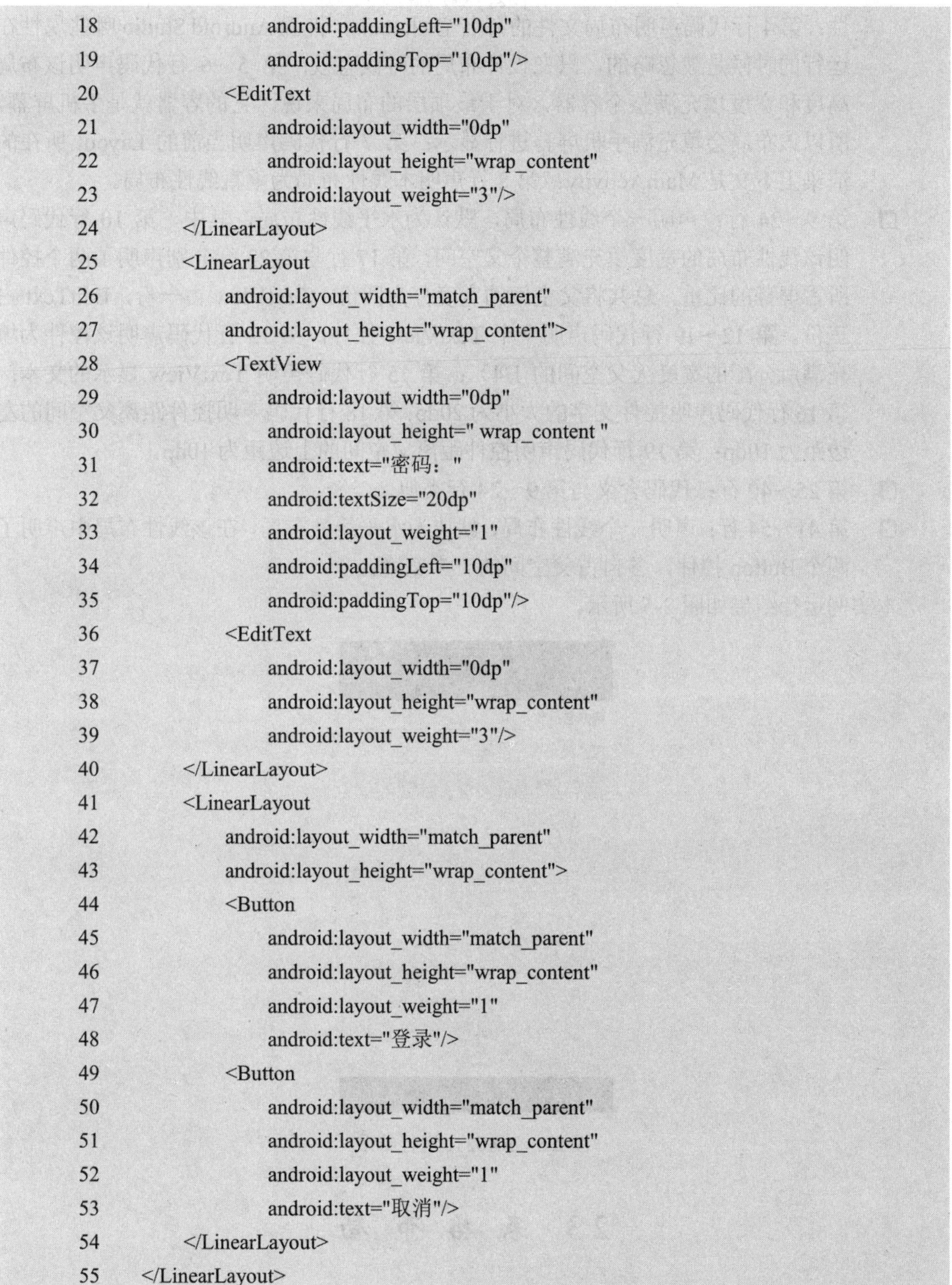

```
18                android:paddingLeft="10dp"
19                android:paddingTop="10dp"/>
20            <EditText
21                android:layout_width="0dp"
22                android:layout_height="wrap_content"
23                android:layout_weight="3"/>
24        </LinearLayout>
25        <LinearLayout
26            android:layout_width="match_parent"
27            android:layout_height="wrap_content">
28            <TextView
29                android:layout_width="0dp"
30                android:layout_height=" wrap_content "
31                android:text="密码："
32                android:textSize="20dp"
33                android:layout_weight="1"
34                android:paddingLeft="10dp"
35                android:paddingTop="10dp"/>
36            <EditText
37                android:layout_width="0dp"
38                android:layout_height="wrap_content"
39                android:layout_weight="3"/>
40        </LinearLayout>
41        <LinearLayout
42            android:layout_width="match_parent"
43            android:layout_height="wrap_content">
44            <Button
45                android:layout_width="match_parent"
46                android:layout_height="wrap_content"
47                android:layout_weight="1"
48                android:text="登录"/>
49            <Button
50                android:layout_width="match_parent"
51                android:layout_height="wrap_content"
52                android:layout_weight="1"
53                android:text="取消"/>
54        </LinearLayout>
55    </LinearLayout>
```

说明：

- 第 2～8 行：第 2 行代码声明布局文件的命名空间:android 用于 Android 系统定义的一些属性；第 3 行代码声明布局文件的命名空间: app 用于应用自定义的一些属

Note

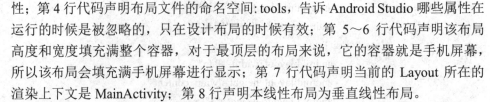

性；第 4 行代码声明布局文件的命名空间: tools，告诉 Android Studio 哪些属性在运行的时候是被忽略的，只在设计布局的时候有效；第 5～6 行代码声明该布局高度和宽度填充满整个容器，对于最顶层的布局来说，它的容器就是手机屏幕，所以该布局会填充满手机屏幕进行显示；第 7 行代码声明当前的 Layout 所在的渲染上下文是 MainActivity；第 8 行声明本线性布局为垂直线性布局。

- 第 9～24 行：声明一个线性布局，默认为水平线性布局，其中，第 10 行代码声明该线性布局的宽度填充满整个父空间，第 17 行与第 23 行分别声明了两个控件所占屏幕的比重，总共将父空间的宽度分为四份，TextView 占一份，EditText 占三份。第 12～19 行代码声明一个 TextView 控件，第 13 行代码声明该控件为填充满所分配的宽度（父空间的 1/4）；第 15 行代码声明 TextView 显示的文本；第 16 行代码声明控件文字的大小为 20dp；第 18 行代码声明控件距离父空间的左边距为 10dp；第 19 行代码声明控件距离父空间的上边距为 10dp。
- 第 25～40 行：代码含义与第 9～24 行类似。
- 第 41～54 行：声明一个线性布局，默认为水平线性布局，在该线性布局中声明了两个 Button 控件，各自占父空间的一半宽度。

本实例运行结果如图 2-5 所示。

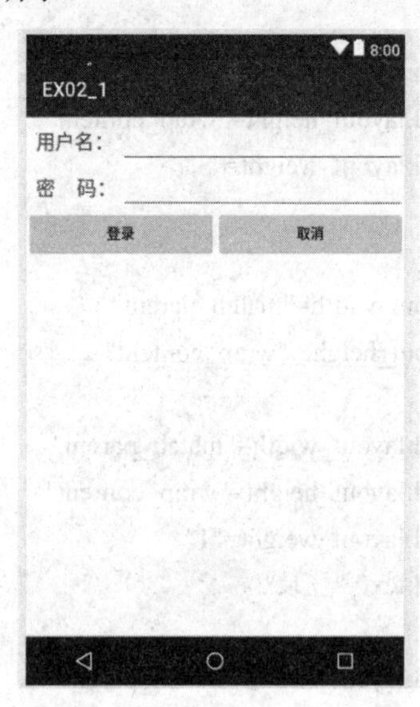

图 2-5　EX02_1 运行结果

2.3　表格布局

表格布局（TableLayout）是按照行列来组织子视图的布局，包含一系列的 TableRow 对象，用于定义行。本节将会对表格布局进行介绍，首先介绍 TableLayout 类的相关知识，然后通过一个实例说明 TableLayout 的使用方法。

Note

2.3.1　TableLayout 类简介

表格布局包含一系列的 TableRow 对象，每个 TableRow 定义表格一行，每个行可以包含 0 个以上（包括 0）的单元格，每个单元格可以设置一个 View 视图。表格布局不显示行、列和单元格的表格线。如果一个控件没有放在 TableRow 中，则该控件将占据表格布局的一行。

无论是在代码还是在 XML 布局文件中，单元格必须按照索引顺序加入表格行。列号从 0 开始，如果不为单元格指定列号，其将自动增值。虽然表格布局典型的子对象是表格行，但实际上可以使用任何视图类的子类作为表格视图的直接子对象，视图会作为一行并合并所有列的单元格显示。

列的宽度由该列所有行中最宽的一个单元格决定，而表格的总宽度由其父容器决定。在设计表格布局时，可以将某个列或者多个列设置为可伸缩列，那么该表格将自适应父空间的宽度，也可以将某些列进行隐藏。

注意

列可以同时具有可拉伸和可收缩标记，这一点是很重要的，这种情况下，该列的宽度将任意拉伸或收缩以适应父容器。如果想要所有列平均分配屏幕宽度，则将所有列都设置为可以拉伸或者收缩即可。

从图 2-1 中可以看到，TableLayout 继承自 LinearLayout 类，除了继承 LinearLayout 类的属性和方法，TableLayout 类中还包含表格布局自身的属性和方法。TableLayout 的常用属性及对应设置方法如表 2-4 所示。

表 2-4　TableLayout 的常用属性及对应设置方法

属　　性	方　　法	说　　明
android:collapseColumns	setColumnCollapsed(int,boolean)	隐藏从 0 开始的索引列。列号必须用逗号隔开：1, 2, ...非法或重复的设置将被忽略
android:shrinkColumns	setShrinkAllColumns(boolean) setColumnShrinkable(int columnIndex, boolean isShrinkable)	收缩从 0 开始的索引列。列号必须用逗号隔开：1, 2, ...非法或重复的设置将被忽略。可以通过“*”代替收缩所有列。注意一列能同时表示收缩和拉伸
android:stretchColumns	setStretchAllColumns(boolean) setColumnStretchable(int columnIndex, boolean isStretchable)	拉伸从 0 开始的索引列。列号必须用逗号隔开：1, 2, ...非法或重复的设置将被忽略。可以通过“*”代替拉伸所有列。注意一列能同时表示收缩和拉伸

2.3.2 表格布局实例

本节将通过一个模拟某 App 热门应用布局展示的实例来说明 TableLayout 的使用方法。在实例中，需要准备 12 张图片，放入 res/mipmap 文件夹。本实例开发步骤如下。

（1）创建项目 EX02_2。

（2）修改主 Activity 的布局文件 activity_main.xml，编写代码如下：

```
1   <?xml version="1.0" encoding="utf-8"?>
2   <TableLayout xmlns:android="http://schemas.android.com/apk/res/android"
3       xmlns:app="http://schemas.android.com/apk/res-auto"
4       xmlns:tools="http://schemas.android.com/tools"
5       android:layout_width="match_parent"
6       android:layout_height="match_parent"
7       tools:context=".MainActivity"
8       android:stretchColumns="*"
9       android:shrinkColumns="*">
10      <TextView
11          android:layout_width="wrap_content"
12          android:layout_height="wrap_content"
13          android:text="热门应用"
14          android:textSize="20dp"
15          android:textColor="@color/colorPrimary"/>
16      <TableRow
17          android:layout_weight="1">
18          <ImageView
19              android:layout_width="match_parent"
20              android:layout_height="match_parent"
21              android:src="@mipmap/a1"
22              android:scaleType="fitXY"/>
23          <ImageView
24              android:layout_width="match_parent"
25              android:layout_height="match_parent"
26              android:src="@mipmap/a2"
27              android:scaleType="fitXY"/>
28          <ImageView
29              android:layout_width="match_parent"
30              android:layout_height="match_parent"
31              android:src="@mipmap/a3"
32              android:scaleType="fitXY"/>
33      </TableRow>
34      <TableRow
35          android:layout_weight="1">
36          …
51      </TableRow>
52      <TableRow
```

```
53                android:layout_weight="1">
54              *
69          </TableRow>
70          <TableRow
71              *
87          </TableRow>
88      </TableLayout>
```

Note

说明：

- 第2～9行：定义一个表格布局。其中，第8行声明所有的列可以进行拉伸；第9行代码声明所有的列可以进行收缩。通过设置自动伸缩，该表格布局将自适应手机屏幕的大小，自动填充满整个手机屏幕。
- 第10～15行：声明一个TextView控件。其中，第15行设置该TextView的字体颜色。
- 第16～33行：声明一个TableRow，为表格布局中的一行。其中，第17行声明该TableRow在父空间占的比重，因为所有的TableRow的比重均为1，则所有的TableRow平分剩余屏幕空间的高度；第18～22行声明一个ImageView对象，用于显示一张图片，第21行声明ImageView所要显示的图片，第22行声明图片的伸缩类型。
- 其余行的代码因与第16～33行代码相似，此处省略，详细代码见实例代码。

本实例运行结果如图2-6所示。

图2-6　EX02_2运行结果

2.4　相对布局

相对布局（RelativeLayout）是指在这个容器内部的子元素可以使用彼此之间的相对位

置或者和容器间的相对位置来进行定位。本节将对相对布局进行介绍，首先介绍 Relative Layout 类的相关知识，然后通过一个实例说明 RelativeLayout 的使用方法。

Note

2.4.1 RelativeLayout 类简介

在相对布局中，控件的位置是相对其他控件或者父容器而言的。在进行设计时，需要按照控件之间的依赖关系排列，例如控件 B 的位置相对于控件 A 决定，则在布局文件中控件 A 需要在控件 B 的前面进行定义。

在设计相对布局时，会用到很多的属性，下面对属性分别进行说明，如表 2-5 所示。

表 2-5　RalativeLayout 属性

属　性	值	说　明
android:layout_alignParentTop	true 或 false	如果为 true，该控件的顶部与其父控件的顶部对齐
android:layout_alignParentBottom	true 或 false	如果为 true，该控件的底部与其父控件的底部对齐
android:layout_alignParentLeft	true 或 false	如果为 true，该控件的左部与其父控件的左部对齐
android:layout_alignParentRight	true 或 false	如果为 true，该控件的右部与其父控件的右部对齐
android:layout_alignWithParentIfMissing	true 或 false	参考控件不存在或不可见时参照父控件
android:layout_centerHorizontal	true 或 false	如果为 true，该控件置于父控件的水平居中位置
android:layout_centerVertical	true 或 false	如果为 true，该控件置于父控件的垂直居中位置
android:layout_centerInParent	true 或 false	如果为 true，该控件置于父控件的中央位置
android:layout_above	某控件的 id 属性	将该控件的底部置于给定 ID 控件的上方
android:layout_below	某控件的 id 属性	将该控件的底部置于给定 ID 控件的下方
android:layout_toLeftOf	某控件的 id 属性	将该控件的右边缘与给定 ID 的控件左边缘对齐
android:layout_toRightOf	某控件的 id 属性	将该控件的左边缘与给定 ID 的控件右边缘对齐
android:layout_alignBaseline	某控件的 id 属性	将该控件的 baseline 与给定 ID 的 baseline 对齐
android:layout_alignTop	某控件的 id 属性	将该控件的顶部边缘与给定 ID 的顶部边缘对齐
android:layout_alignBottom	某控件的 id 属性	将该控件的底部边缘与给定 ID 的底部边缘对齐

续表

属　　性	值	说　　明
android:layout_alignLeft	某控件的 id 属性	将该控件的左边缘与给定 ID 的左边缘对齐
android:layout_alignRight	某控件的 id 属性	将该控件的右边缘与给定 ID 的右边缘对齐

2.4.2 相对布局实例

本节将通过一个莲花布局的案例来说明相对布局的使用方法。本实例开发步骤如下。

（1）创建项目 EX02_3。

（2）修改主 Activity 的布局文件 activity_main.xml，编写代码如下：

```
1    <?xml version="1.0" encoding="utf-8"?>
2    <RelativeLayout xmlns:android="http://schemas.android.com/apk/res/android"
3        xmlns:app="http://schemas.android.com/apk/res-auto"
4        xmlns:tools="http://schemas.android.com/tools"
5        android:layout_width="match_parent"
6        android:layout_height="match_parent"
7        tools:context=".MainActivity">
8        <Button
9            android:id="@+id/bt_center"
10             android:layout_width="wrap_content"
11             android:layout_height="wrap_content"
12             android:layout_centerInParent="true"
13             android:text="中间"/>
14         <Button
15             android:id="@+id/bt_up"
16             android:layout_width="wrap_content"
17             android:layout_height="wrap_content"
18             android:layout_above="@id/bt_center"
19             android:layout_centerHorizontal="true"
20             android:text="向上"/>
21         <Button
22             android:id="@+id/bt_down"
23             android:layout_width="wrap_content"
24             android:layout_height="wrap_content"
25             android:layout_below="@id/bt_center"
26             android:layout_centerHorizontal="true"
27             android:text="向下"/>
28         <Button
29             android:id="@+id/bt_left"
30             android:layout_width="wrap_content"
31             android:layout_height="wrap_content"
32             android:layout_toLeftOf="@id/bt_center"
33             android:layout_centerVertical="true"
```

Note

```
34                 android:text="向左"/>
35             <Button
36                 android:id="@+id/bt_right"
37                 android:layout_width="wrap_content"
38                 android:layout_height="wrap_content"
39                 android:layout_toRightOf="@id/bt_center"
40                 android:layout_centerVertical="true"
41                 android:text="向右"/>
42     </RelativeLayout>
```

说明：

- 第2～7行：声明一个相对布局，大小充满整个屏幕。
- 第8～13行：声明一个ID为bt_center的Button控件。其中，第9行代码声明该Button的ID为bt_center；第12行代码声明该Button位于父空间的正中间。
- 第14～20行：声明一个ID为bt_up的Button控件。其中，第15行代码声明该Button的ID为bt_up；第18行代码声明该Button位于ID为bt_center控件的上方；第19行代码声明该控件位于父空间水平位置的正中间。
- 第21～27行：声明一个ID为bt_down的Button控件。其中，第22行代码声明该Button的ID为bt_down；第25行代码声明该Button位于ID为bt_center控件的下方；第26行代码声明该控件位于父空间水平位置的正中间。
- 第28～34行：声明一个ID为bt_left的Button控件。其中，第29行代码声明该Button的ID为bt_left；第32行代码声明该Button位于ID为bt_center控件的左侧；第33行代码声明该控件位于父空间垂直位置的正中间。
- 第35～41行：声明一个ID为bt_right的Button控件。其中，第36行代码声明该Button的ID为bt_right；第39行代码声明该Button位于ID为bt_center控件的右侧；第40行代码声明该控件位于父空间垂直位置的正中间。

本实例运行结果如图2-7所示。

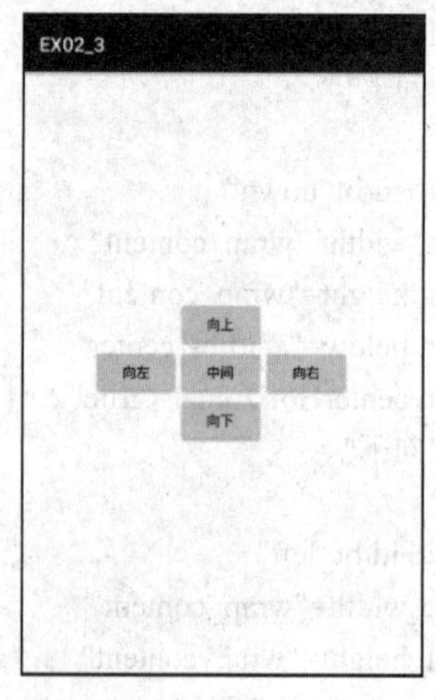

图2-7　EX02_3运行结果

2.5 帧　布　局

帧布局（FrameLayout）是五大布局中最简单的一个布局，整个界面被当成一块空白备用区域，所有的子元素都不能指定位置进行放置，它们全部放置于这块区域的左上角，并且后面的子元素直接覆盖在前面的子元素之上，将前面的子元素部分或全部遮挡。本节将会对帧布局进行介绍，首先介绍 FrameLayout 类的相关知识，然后通过一个实例说明 FrameLayout 的使用方法。

2.5.1 FrameLayout 类简介

帧布局把屏幕当作一块区域，在这块区域中可以添加多个子控件，但是所有的子控件都被对齐到屏幕的左上角。帧布局的大小由子空间中尺寸最大的控件来决定。

FrameLayout 类的常用属性及对应设置方法如表 2-6 所示。

表 2-6　FrameLayout 类的常用属性及对应设置方法

属　性	方　法	说　明
android:foreground	setForeground(Drawable)	设置帧布局容器的前景图像，设置该属性后，将会遮挡住其他控件的显示
android:foregroundGravity	SetForeground(int)	设置前景图像显示的位置

2.5.2 帧布局实例

本节将通过一个模拟霓虹灯效果的实例来说明 FrameLayout 的使用方法。本实例开发步骤如下。

（1）创建项目 EX02_4。

（2）修改主 Activity 的布局文件 activity_main.xml，编写代码如下：

```
1     <?xml version="1.0" encoding="utf-8"?>
2     <FrameLayout xmlns:android="http://schemas.android.com/apk/res/android"
3         xmlns:app="http://schemas.android.com/apk/res-auto"
4         xmlns:tools="http://schemas.android.com/tools"
5         android:layout_width="match_parent"
6         android:layout_height="match_parent"
7         tools:context=".MainActivity"
8         >
9         <TextView
10            android:layout_width="300dp"
11            android:layout_height="300dp"
12            android:background="@color/colorPrimaryDark"
```

Note

```
13              android:layout_gravity="center"/>
14          <TextView
15              android:layout_width="250dp"
16              android:layout_height="250dp"
17              android:background="@color/colorAccent"
18              android:layout_gravity="center"/>
19          <TextView
20              android:layout_width="200dp"
21              android:layout_height="200dp"
22              android:background="#00FF00"
23              android:layout_gravity="center"/>
24          <TextView
25              android:layout_width="150dp"
26              android:layout_height="150dp"
27              android:background="#FFFF00"
28              android:layout_gravity="center"/>
29      </FrameLayout>
```

说明：

- 第2～8行：定义一个帧布局。该布局大小充满整个手机屏幕。
- 第9～13行：定义一个TextView控件。其中，第10、11行代码定义该控件的高度和宽度分别为300dp；第12行代码定义该控件的背景颜色，该颜色为Android中预定义的三种颜色，可以在res/values/colors.xml中查看；第13行代码定义该控件位于帧布局的正中间。
- 其余代码类似，不再赘述。

本实例运行结果如图2-8所示。

图2-8　EX02_4运行结果

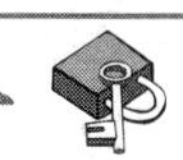

2.6 绝对布局

绝对布局（AbsoluteLayout）是指所有控件的排列由开发人员通过控件的坐标来指定，容器不再负责管理其子控件的位置。本节将会对绝对布局进行介绍，首先介绍AbsoluteLayout类的相关知识，然后通过一个实例说明AbsoluteLayout的使用方法。

2.6.1 AbsoluteLayout类简介

在绝对布局中，由于子控件的位置和布局都通过坐标来指定，所以在设计布局时，开发人员需要指定子元素精确的横坐标和纵坐标。

绝对布局缺乏灵活性，在没有绝对定位的情况下相比其他类型的布局更难维护，并且采用绝对布局设计的界面有可能在不同的手机设备上显示完全不同的结果。因此在选择设计布局时，不推荐使用绝对布局。

AbsoluteLayout类的常用属性及对应设置方法如表2-7所示。

表2-7 AbsoluteLayout类的常用属性及对应设置方法

属　性	方　法	说　明
android:layout_x	setX(float)	指定控件的x坐标
android:layout_y	setY(float)	制定控件的y坐标

注意

对于手机屏幕而言，坐标原点为屏幕左上角。当向右或者向下移动时，坐标值将变大。

2.6.2 绝对布局实例

本节将通过一个实例来说明AbsoluteLayout的使用方法。本实例开发步骤如下。

（1）创建项目EX02_5。

（2）修改主Activity的布局文件activity_main.xml，编写代码如下：

```
1	<?xml version="1.0" encoding="utf-8"?>
2	<AbsoluteLayout xmlns:android="http://schemas.android.com/apk/res/android"
3	    xmlns:app="http://schemas.android.com/apk/res-auto"
4	    xmlns:tools="http://schemas.android.com/tools"
5	    android:layout_width="match_parent"
6	    android:layout_height="match_parent"
7	    tools:context=".MainActivity">
8	    <EditText
```

```
9                android:text="本实例演示绝对布局"
10               android:layout_width="match_parent"
11               android:layout_height="wrap_content"
12           />
13           <Button
14               android:layout_x="300px"
15               android:layout_y="100px"
16               android:layout_width="200px"
17               android:layout_height="wrap_content"
18               android:text="Button"
19           />
20       </AbsoluteLayout>
```

说明：

- 第2～7行：定义一个绝对布局。该布局大小充满整个手机屏幕。
- 第8～12行：定义一个EditText控件。
- 第13～19行：定义一个Button控件。其中，第14行代码定义该控件的横坐标为300px，第15行代码定义该控件的纵坐标为100px，第16行代码定义该控件的宽度为200px。

本实例运行结果如图2-9所示。

图2-9　EX02_5运行结果

2.7　约束布局

约束布局（ConstraintLayout）是Android Studio 2.2中主要的新增功能之一，也是Google重点宣传的一个功能。在以前的Android应用程序开发过程当中，界面基本都是靠编写XML代码完成的，虽然Android Studio也支持可视化的方式来编写界面，但是操作起来并不方便，所以一直都不推荐使用可视化的方式来编写Android应用程序的界面。现在，

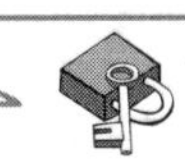

ConstraintLayout 非常适合使用可视化的方式来编写界面，但并不太适合使用 XML 的方式来进行编写。当然，可视化操作的背后仍然还是使用 XML 代码来实现的。

2.7.1　ConstraintLayout 类介绍

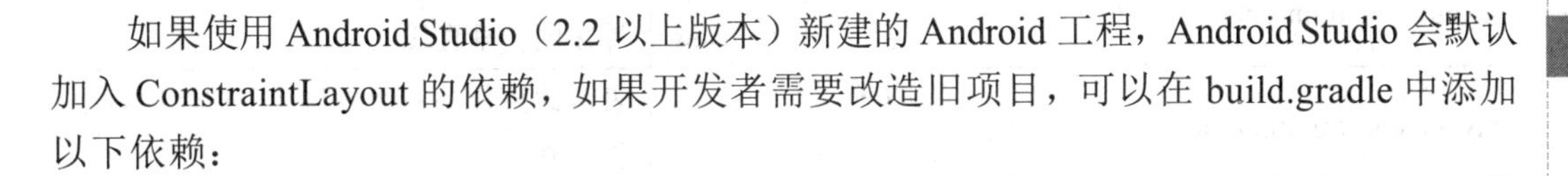

如果使用 Android Studio（2.2 以上版本）新建的 Android 工程，Android Studio 会默认加入 ConstraintLayout 的依赖，如果开发者需要改造旧项目，可以在 build.gradle 中添加以下依赖：

```
implementation 'com.android.support.constraint:constraint-layout:1.1.3',
```

对于使用 ConstraintLayout 进行可视化的设计界面，方法是从左侧的 Palette 区域拖一个相应的控件到布局中，然后设置控件与父空间或者与其他控件之间的位置相对关系即可。在本书中，无法体现拖动控件的过程，读者可以自行查找相应的资料。

ConstraintLayout 类的常用属性如表 2-8 所示。

表 2-8　ConstraintLayout 类的常用属性

属　　性	取　　值	说　　明
layout_constraintLeft_toLeftOf	这些属性的值既可以是 parent，也可以是某个 view 的 id	表示此控件的左边框与某个控件的左边框对齐
layout_constraintLeft_toRightOf		表示此控件的左边框与某个控件的右边框对齐
layout_constraintRight_toLeftOf		表示此控件的右边框与某个控件的左边框对齐
layout_constraintRight_toRightOf		表示此控件的右边框与某个控件的右边框对齐
layout_constraintTop_toTopOf		表示此控件的顶部边框与某个控件的顶部边框水平对齐
layout_constraintTop_toBottomOf		表示此控件的顶部边框与某个控件的底部边框水平对齐
layout_constraintBottom_toTopOf		表示此控件的底部边框与某个控件的顶部边框水平对齐
layout_constraintBottom_toBottomOf		表示此控件的底部边框与某个控件的底部边框水平对齐
layout_constraintBaseline_toBaselineOf		表示此控件与某个控件水平对齐
layout_constraintStart_toEndOf		表示此控件的左边界在某个控件右边界的右边，以及表示此控件在某个控件的右边

续表

属　　性	取　　值	说　　明
layout_constraintStart_toStartOf	这些属性的值既可以是 parent，也可以是某个 view 的 id	表示此控件的左边界与某个控件的左边界在同一垂直线上
layout_constraintEnd_toStartOf		表示此控件的右边界与某个控件的左边界在同一垂直线上
layout_constraintEnd_toEndOf		表示此控件的右边界与某个控件的右边界对齐

2.7.2　约束布局实例

本节将通过一个实例来说明 ConstraintLayout 的使用方法，在本实例中，演示了九个 Button 控件在约束布局中的排放。本实例开发步骤如下。

（1）创建项目 EX02_6。

（2）修改主 Activity 的布局文件 activity_main.xml，编写代码如下：

```
1    <?xml version="1.0" encoding="utf-8"?>
2    <android.support.constraint.ConstraintLayout
3        xmlns:android="http://schemas.android.com/apk/res/android"
4        xmlns:app="http://schemas.android.com/apk/res-auto"
5        xmlns:tools="http://schemas.android.com/tools"
6        android:layout_width="match_parent"
7        android:layout_height="match_parent">
8        <Button
9            android:id="@+id/button1"
10           android:layout_width="wrap_content"
11           android:layout_height="wrap_content"
12           android:text="顶部左对齐"
13           app:layout_constraintLeft_toLeftOf="parent"
14           app:layout_constraintTop_toTopOf="parent"/>
15       <Button
16           android:id="@+id/button2"
17           android:layout_width="wrap_content"
18           android:layout_height="wrap_content"
19           android:text="顶部水平居中"
20           app:layout_constraintLeft_toLeftOf="parent"
21           app:layout_constraintRight_toRightOf="parent"/>
22       <Button
23           android:id="@+id/button3"
24           android:layout_width="wrap_content"
25           android:layout_height="wrap_content"
26           android:text="顶部右对齐"
27           app:layout_constraintRight_toRightOf="parent"
```

```
28            app:layout_constraintTop_toTopOf="parent" />
29        <Button
30            android:id="@+id/button4"
31            android:layout_width="wrap_content"
32            android:layout_height="wrap_content"
33            android:text="垂直居中左对齐"
34            app:layout_constraintBottom_toBottomOf="parent"
35            app:layout_constraintTop_toTopOf="parent" />
36        <Button
37            android:id="@+id/button5"
38            android:layout_width="wrap_content"
39            android:layout_height="wrap_content"
40            android:text="水平居中+垂直居中"
41            app:layout_constraintBottom_toBottomOf="parent"
42            app:layout_constraintLeft_toLeftOf="parent"
43            app:layout_constraintRight_toRightOf="parent"
44            app:layout_constraintTop_toTopOf="parent" />
45        <Button
46            android:id="@+id/button6"
47            android:layout_width="wrap_content"
48            android:layout_height="wrap_content"
49            android:text="垂直居中右对齐"
50            app:layout_constraintRight_toRightOf="parent"
51            app:layout_constraintBottom_toBottomOf="parent"
52            app:layout_constraintTop_toTopOf="parent" />
53        <Button
54            android:id="@+id/button7"
55            android:layout_width="wrap_content"
56            android:layout_height="wrap_content"
57            android:text="底部左对齐"
58            app:layout_constraintBottom_toBottomOf="parent"
59            app:layout_constraintLeft_toLeftOf="parent" />
60        <Button
61            android:id="@+id/button8"
62            android:layout_width="wrap_content"
63            android:layout_height="wrap_content"
64            android:text="底部居中"
65            app:layout_constraintBottom_toBottomOf="parent"
66            app:layout_constraintLeft_toLeftOf="parent"
67            app:layout_constraintRight_toRightOf="parent"/>
68        <Button
69            android:id="@+id/button9"
70            android:layout_width="wrap_content"
71            android:layout_height="wrap_content"
72            android:text="底部右对齐"
73            app:layout_constraintBottom_toBottomOf="parent"
```

```
74              app:layout_constraintRight_toRightOf="parent"/>
75      </android.support.constraint.ConstraintLayout>
```

说明：

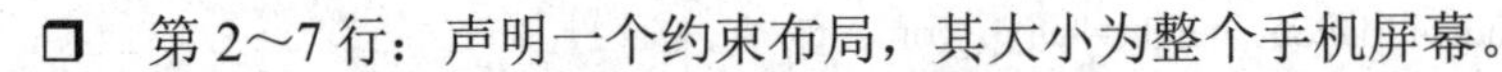

- 第 2～7 行：声明一个约束布局，其大小为整个手机屏幕。
- 第 8～14 行：声明一个 Button 按钮。其中，第 13 行声明按钮位于父空间的左侧；第 14 行声明按钮位于父空间的顶部。
- 其余代码与第 8～14 行代码类似，具体属性含义请查看表 2-8。

本实例运行结果如图 2-10 所示。

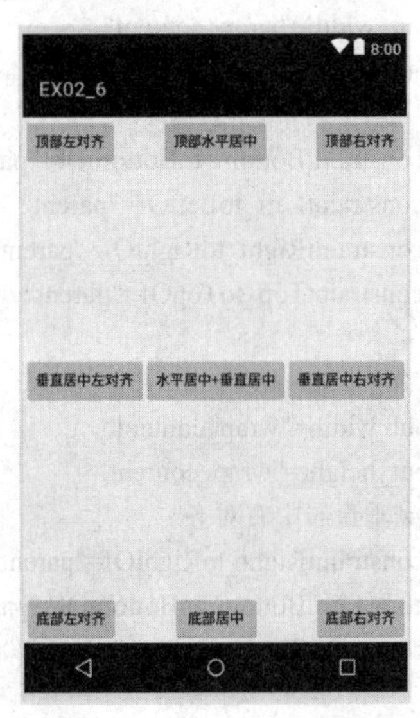

图 2-10　EX02_6 运行结果

2.8　布局的嵌套

前面讲述了 Android 的五大布局，在进行 Android 应用程序的界面设计时，开发人员可以根据界面的需要选择相应布局。此外，Android 的五大布局还可以进行相互嵌套，以满足复杂界面的设计要求。

本节将用一个计算器的实例来说明布局的嵌套使用方法。在本实例中，实现计算器的界面时，将采用线性布局嵌套线性布局的方式来完成。比较特殊的地方主要在于最下方的“=”按钮与数字“0”的按钮尺寸与其他的按钮不相同。针对此种情况，解决的方法是将最下面的两行按钮放到一个水平方向线性布局中作为一个整体，在此线性布局中再嵌套一个垂直的线性布局与一个 Button；然后在垂直的线性布局中嵌套两个水平的线性布局，如图 2-11 所示，箭头方向表示该布局的方向。通过设置 layout_weight 属性，来控制每个按钮在屏幕中所占的大小（layout_weight 属性的设置详见 2.2 节内容）。本实例的开发步骤如下。

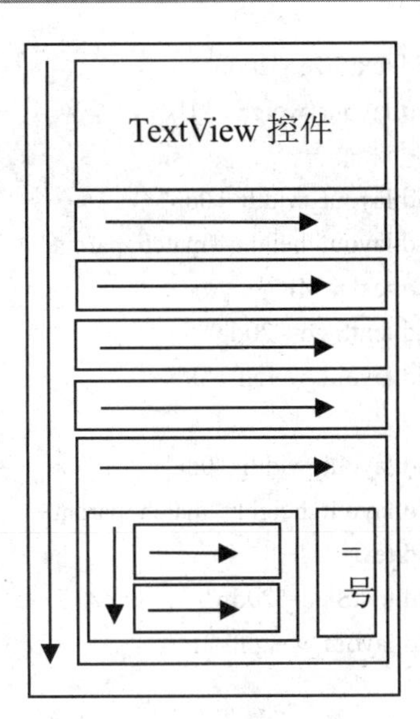

图 2-11 计算器布局设计图

（1）创建项目 EX02_7。

（2）修改主 Activity 的布局文件 activity_main.xml，编写代码如下：

```
1   <?xml version="1.0" encoding="utf-8"?>
2   <LinearLayout xmlns:android="http://schemas.android.com/apk/res/android"
3       xmlns:app="http://schemas.android.com/apk/res-auto"
4       xmlns:tools="http://schemas.android.com/tools"
5       android:layout_width="match_parent"
6       android:layout_height="match_parent"
7       tools:context=".MainActivity"
8       android:orientation="vertical">
9       <TextView
10          android:layout_width="match_parent"
11          android:layout_height="80dp"
12          android:text="0"
13          android:textSize="50dp"
14          android:background="#A0B0C0"
15          android:gravity="center_vertical|right"
16          android:layout_weight="1"/>
17        <LinearLayout
18          android:layout_width="match_parent"
19          android:layout_height="0dp"
20          android:layout_weight="1">
21          <Button
22              android:layout_width="0dp"
23              android:layout_height="match_parent"
24              android:text="MC"
```

Note

```
25                  android:textSize="20dp"
26                  android:layout_weight="1"/>
27              <Button
28                  android:layout_width="0dp"
29                  android:layout_height="match_parent"
30                  android:text="MR"
31                  android:textSize="20dp"
32                  android:layout_weight="1"/>
33              <Button
34                  android:layout_width="0dp"
35                  android:layout_height="match_parent"
36                  android:text="M+"
37                  android:textSize="20dp"
38                  android:layout_weight="1"/>
39              <Button
40                  android:layout_width="0dp"
41                  android:layout_height="match_parent"
42                  android:text="M-"
43                  android:textSize="20dp"
44                  android:layout_weight="1"/>
45          </LinearLayout>
46          <LinearLayout
                ...
74          </LinearLayout>
75          <LinearLayout
                ...
103          </LinearLayout>
104          <LinearLayout
                ...
132          </LinearLayout>
133          <LinearLayout
134              android:layout_width="match_parent"
135              android:layout_height="0dp"
136              android:layout_weight="2">
137              <LinearLayout
138                  android:layout_width="0dp"
139                  android:layout_height="match_parent"
140                  android:layout_weight="3"
141                  android:orientation="vertical">
142                      <LinearLayout
143                          android:layout_width="match_parent"
144                          android:layout_height="0dp"
145                          android:layout_weight="1">
146                          <Button
```

```
147                 android:layout_width="0dp"
148                 android:layout_height="match_parent"
149                 android:text="7"
150                 android:textSize="20dp"
151                 android:layout_weight="1"/>
152             <Button
153                 android:layout_width="0dp"
154                 android:layout_height="match_parent"
155                 android:text="8"
156                 android:textSize="20dp"
157                 android:layout_weight="1"/>
158             <Button
159                 android:layout_width="0dp"
160                 android:layout_height="match_parent"
161                 android:text="9"
162                 android:textSize="20dp"
163                 android:layout_weight="1"/>
164         </LinearLayout>
165         <LinearLayout
166             android:layout_width="match_parent"
167             android:layout_height="0dp"
168             android:layout_weight="1"
169             >
170             <Button
171                 android:layout_width="0dp"
172                 android:layout_height="match_parent"
173                 android:text="0"
174                 android:textSize="20dp"
175                 android:layout_weight="2"/>
176             <Button
177                 android:layout_width="0dp"
178                 android:layout_height="match_parent"
179                 android:text="."
180                 android:textSize="20dp"
181                 android:layout_weight="1"/>
182         </LinearLayout>
183     </LinearLayout>
184     <Button
185         android:layout_width="0dp"
186         android:layout_height="match_parent"
187         android:layout_weight="1"
188         android:text="="/>
189   </LinearLayout>
190 </LinearLayout>
```

说明：

- 第2～8行：声明一个线性布局。其中，第5、6行代码声明该线性布局布满整个手机屏幕，第8行代码声明该线性布局的朝向为纵向布局。
- 第9～16行：声明一个TextView控件。其中，第11行代码设置TextView的高度为80dp；第14行代码声明控件的背景颜色。
- 第17～45行：声明一个水平的线性布局，在该布局中声明了四个Button控件，分别设置每个Button代码的layout_weight属性为1，则四个Button控件平分该线性布局的宽度。
- 第46～74行、75～103行、104～132行代码与17～45行代码类似，不再赘述。需要注意的是后退按钮的Text为“<--”，因为“<”在.xml文件中有特殊含义，需要使用其所对应的HTML代码表示。
- 第133～189行：声明了一个线性布局，默认为水平方向。其中，第137～183行代码声明一个垂直线性布局，占有父空间宽度的3/4，在该线性布局中又嵌套了两个水平方向的线性布局（第142～164行和第165～182行），在每个水平线性布局中声明了几个Button控件；第184～188行代码声明一个Button控件，占有父空间宽度的1/4。

本实例运行结果如图2-12所示。

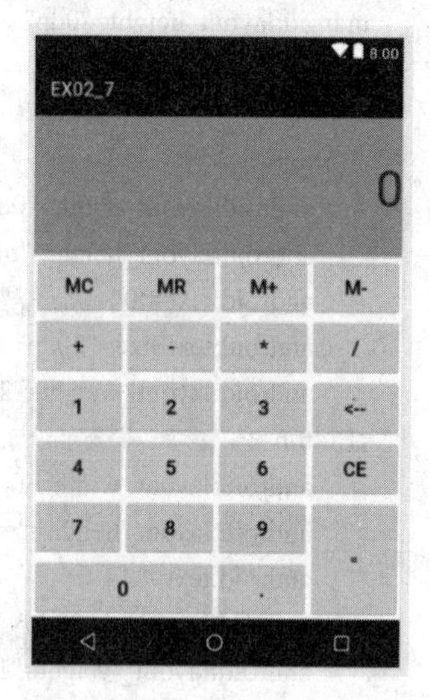

图2-12　EX02_7运行结果

2.9　习　　题

1．如果使用LinearLayout实现组件垂直排列，那么应该添加（　　）属性进行设置。

A．android:orientation="vertical"　　B．android:vertical="true"

C．android:orientation="horizontal"　　D．android:horizontal="true"

2．为了使手机 App 能够自适应屏幕的宽度，应该使用的属性设置是（　　）。

　A．android:layout_width="wrap_content"

　B．android:layout_width="match_parent"

　C．android:layout_height="wrap_content"

　D．android:layout_height="match_parent"

3．简述 Android 中常用的五种布局方式。

4．简述 View 类。

5．在 Android 项目中使用线性布局方式实现如图 2-13 和图 2-14 所示的界面。

图 2-13　纵向线性布局界面

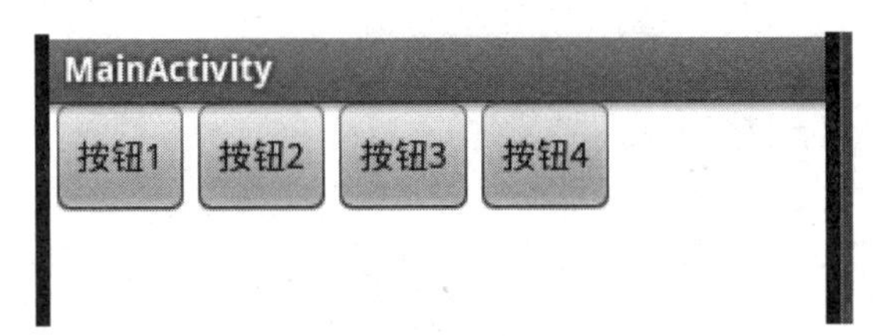

图 2-14　横向线性布局界面

6．在 Android 项目中使用表格布局方式实现如图 2-15 所示的界面。

7．在 Android 项目中使用相对布局方式实现如图 2-15 所示的界面。

图 2-15　布局界面

8．在 Android 项目中使用帧布局方式实现如图 2-16 所示的界面。

图 2-16　帧布局界面

Note

9．在 Android 项目中使用布局相互嵌套方式设计简单运算器的界面，如图 2-17 所示，并实现该运算器程序。在该程序中，输入运算数字，然后点击下面的运算符，再点击“计算”按钮，得到运算结果。

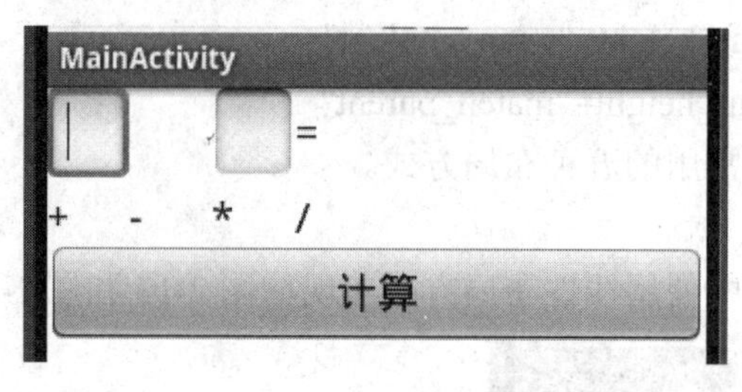

图 2-17　运算器界面

第 3 章 常用基本控件

【本章内容】

- ❒ 文本控件
- ❒ 按钮控件
- ❒ 单选按钮
- ❒ 复选框
- ❒ 图片控件
- ❒ 日期时间控件
- ❒ 开关与切换按钮控件

应用程序的界面一般由很多控件构成，Android 应用程序同样如此。Android 平台提供了许多简单、易用的控件。本章将对常用的 Android 基本控件进行介绍。

3.1 文本控件

在 Android 中，文本控件主要包括 TextView 和 EditText 两种，本节将对这两种控件的用法进行详细介绍。

3.1.1 TextView 类简介

TextView 控件的主要功能是向用户显示文本内容。一个 TextView 其实是一个文本编辑器，只不过被设置为不允许编辑，而其子类 EditText 被设置为允许用户对内容进行编辑。

TextView 控件中包含许多属性，这些属性可以在 XML 文件中设置，也可以在代码中动态设置。TextView 常用属性及对应方法如表 3-1 所示。

表 3-1 TextView 常用属性及对应方法

属 性	方 法	说 明
android:text	setText(CharSequence)	设置 TextView 显示的内容
android:textColor	setTextColor(ColorStateList)	设置 TextView 的文本颜色
android:textSize	setTextSize(float)	设置 TextView 的文本大小

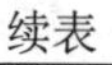

续表

属　性	方　法	说　明
android:autoLink	setAutoLinkMask(int)	设置是否将指定格式的文本转换为可单击的超链接提示。其值可取 Linkify.web、email、phone、map、all
android:gravity	setGravity(int)	定义 TextView 在 x 轴和 y 轴方向上的显示方式
android:hint	setHint(int)	当 TextView 中显示的内容为空时，显示该文本
android:ellipsize	setEllipsize(TextUtils.TruncateAt)	如果设置了该属性，当 TextView 中要显示的内容超过了 TextView 的长度时，会对内容进行省略。其值可取 start、middle、end、marquee

3.1.2　EditText 类简介

EditText 允许用户输入或者编辑内容，同时还可以为 EditText 控件设置监听器，用来检测用户输入状态等，EditText 常用属性及对应方法如表 3-2 所示。

表 3-2　EditText 常用属性及对应方法

属　性	方　法	说　明
android:cursorVisible	setCursorVisible(boolean)	设置光标是否可见，默认可见
android:lines	setLines(int)	通过设置固定的行数来决定 EditText 的高度
android:password	setTransformationMethod(TransformationMethod)	设置文本框中的内容是否显示为密码
android:phoneNumber	setInputType(InputType.TYPE_CLASS_PHONE)	设置文本框中的内容只能是电话号码
android:scrollHorizontally	setHorizontallyScrolling(boolean)	设置文本框是否可以进行水平滚动
android:singleLine	setSingleLine(boolean)	设置文本框为单行模式
android:textStyle	setTypeface(Typeface)	设置字形：bold（粗体）0，italic（斜体）1，bolditalic（粗体和斜体）2，可以设置一个或多个，用“|”隔开

在 EditText 的使用过程中，经常需要监听文本框中内容的变化，以便做出相应的提示、操作，这就需要用到 EditText 一些常用的事件监听方法。表 3-3 列出了 EditText 常用的事件监听方法。

表 3-3　EditText 常用事件监听方法及说明

方　法	说　明
addTextChangedListener(TextWatcher watcher)	对 EditText 中文本的变化进行监听
setOnKeyListener	对键盘事件进行监听

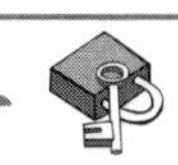

3.1.3　文本控件使用实例

本节将通过一个在 TextView 中实时显示文本框所输内容的实例来介绍文本控件的使用方法。本实例所完成的功能比较简单，在用户没有任何输入的时候 EditText 的默认显示为“请输入 Email：”，TextView 的显示为空，而当用户输入数据时，程序会将用户输入 EditText 中的数据自动显示到 TextView 中，并且通过 addTextChangedListener()方法来监听 EditText 中文本的变化情况。本实例的开发步骤如下。

（1）新建项目 EX03_1。

（2）修改主 Activity 的布局文件 activity_main.xml，编写代码如下：

```
1    <?xml version="1.0" encoding="utf-8"?>
2    <LinearLayout xmlns:android="http://schemas.android.com/apk/res/android"
3        xmlns:app="http://schemas.android.com/apk/res-auto"
4        xmlns:tools="http://schemas.android.com/tools"
5        android:layout_width="match_parent"
6        android:layout_height="match_parent"
7        tools:context=".MainActivity"
8        android:orientation="vertical">
9        <EditText
10           android:id="@+id/my_et"
11           android:layout_width="match_parent"
12           android:layout_height="wrap_content"
13           android:hint="请输入 Email：" />
14       <TextView
15           android:id="@+id/my_tv1"
16           android:layout_width="match_parent"
17           android:layout_height="50dp"
18           android:background="#A0B0C0"
19           android:textSize="20dp"/>
20       <TextView
21           android:id="@+id/my_tv2"
22           android:layout_width="match_parent"
23           android:layout_height="50dp"
24           android:background="#A0B0C0"
25           android:layout_marginTop="10dp"
26           android:textSize="20dp"/>
27       <TextView
28           android:id="@+id/my_tv3"
29           android:layout_width="match_parent"
30           android:layout_height="50dp"
31           android:background="#A0B0C0"
32           android:layout_marginTop="10dp"
```

Note

```
33                android:textSize="20dp"/>
34            <TextView
35                android:id="@+id/my_tv4"
36                android:layout_width="match_parent"
37                android:layout_height="50dp"
38                android:background="#A0B0C0"
39                android:layout_marginTop="10dp"
40                android:textSize="20dp"/>
41        </LinearLayout>
```

说明：

- ❒ 第9～13行：声明一个EditText控件。其中，第13行声明了EditText控件的提示信息。
- ❒ 第14～19行：声明一个TextView控件，控件的各个属性在前文中已经讲述过，不再赘述。
- ❒ 其余行代码与第14～19行代码类似，不再赘述。

（3）修改主Activity的类文件MainActivity.java。在本Activity中，输入电子邮箱地址，通过OnKeyListener监控键盘事件，将文本框中的内容自动显示在TextView控件中，并通过addTextChangedListener事件监听文本框中内容的变化，进行相应的提示。编写代码如下：

```
1     package com.example.administrator.ex03_1;
2     import android.app.Activity;
3     import android.os.Bundle;
4     import android.text.Editable;
5     import android.text.TextWatcher;
6     import android.view.KeyEvent;
7     import android.view.View;
8     import android.widget.EditText;
9     import android.widget.TextView;
10     public class MainActivity extends Activity {
11         TextView my_tv1,my_tv2,my_tv3,my_tv4;
12         EditText my_et;
13         @Override
14         protected void onCreate(Bundle savedInstanceState) {
15             super.onCreate(savedInstanceState);
16             setContentView(R.layout.activity_main);
17             my_tv1=(TextView)findViewById(R.id.my_tv1);
18             my_tv2=(TextView)findViewById(R.id.my_tv2);
19             my_tv3=(TextView)findViewById(R.id.my_tv3);
20             my_tv4=(TextView)findViewById(R.id.my_tv4);
21             my_et=(EditText)findViewById(R.id.my_et);
```

```
22            my_et.setOnKeyListener(new View.OnKeyListener() {
23                @Override
24                public boolean onKey(View v, int keyCode, KeyEvent event) {
25                    String str=my_et.getText().toString();
26                    my_tv1.setText(str);
27                    return false;
28                }
29            });
30            my_et.addTextChangedListener(new TextWatcher() {
31                @Override
32            public void beforeTextChanged(CharSequence s, int start, int count, int after) {
33                    my_tv2.setText("输入前字符串 [ " + s.toString() + " ]起始光标 [ " +
                              start + " ]结束偏移量  [" + after + " ]");
34                }
35                @Override
36                public void onTextChanged(CharSequence s, int start, int before, int count) {
37                    my_tv3.setText("输入后字符串 [ " + s.toString() + " ] 起始光标 [ "
                              + start + " ] 输入数量 [ " + count+" ]");
38                }
39                @Override
40                public void afterTextChanged(Editable s) {
41                    my_tv4.setText("输入结束后的内容为 [" + s.toString()+
                              " ] 即将显示在屏幕上");
42                }
43            });
44        }
45    }
```

说明：

- 第 1 行：声明 MainActivity 类所在的包。
- 第 2～9 行：声明本程序所需要导入的类库。
- 第 11～12 行：声明四个 TextView 控件、一个 EditText 控件。
- 第 17～21 行：将声明的对象与布局文件中的控件进行引用。
- 第 22～29 行：为 EditText 控件增加 OnKeyListener 监听事件，在此处实时获取用户输入 EditText 中的数据并显示在 TextView 中。其中，第 25 行 getText()方法用于获取 EditText 中所输入的内容，第 26 行设置 my_tv1（TextView 控件）的内容。
- 第 30～43 行：为 EditText 控件增加 addTextChangedListener 监听事件，对 EditText 中文本的变化进行监听，本方法的参数是一个 TextWatcher 对象，需要重写三个方法，在每个方法中输入相应的监听信息。
- 第 32～34 行：重写 beforeTextChanged()方法，该方法中有四个参数，其中 s 表示输入框中改变前的字符串信息，start 表示输入框中改变前的字符串的起始位置，

count 表示输入框中改变前后的字符串改变数量（一般为 0），after 表示输入框中改变后的字符串与起始位置的偏移量。

- 第 36～38 行：重写 onTextChanged()方法，该方法中有四个参数，其中 s 表示输入框中改变后的字符串信息，start 表示输入框中改变后的字符串的起始位置，before 表示输入框中改变前的字符串的位置（默认为 0），count 表示输入框中改变后的一共输入字符串的数量。
- 第 40～42 行：重写 afterTextChanged()方法，该方法中参数 s 表示输入结束后呈现在输入框中的信息。

本实例运行结果如图 3-1 所示。

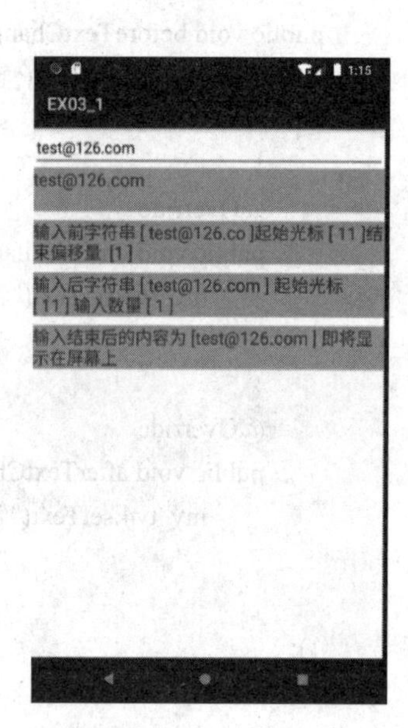

图 3-1　EX03_1 运行结果

3.2　按 钮 控 件

Android 中的按钮控件主要包括 Button 控件和 ImageButton 控件。通过按钮控件增加监听事件，来产生相应的命令，完成某一个功能。本节将对这两种控件进行详细介绍。

3.2.1　Button 类简介

用户可以通过 Button 控件执行按下或者单击等操作来完成某项功能。Button 控件的用法主要是为 Button 控件增加 View.OnClickListener 监听器并重写 OnClick()方法，在监听器的代码中实现按钮的单击事件：

```
button.setOnClickListener(new View.OnClickListener() {
        public void onClick(View v) {
            // 处理过程
```

```
        }
    });
```

另一种方法是在 XML 布局文件中通过 Button 控件的 android:onClick 属性指定一个方法：

```
android:onClick="SelfDestruct"
```

通过该属性替代在 Activity 中为 Button 控件设置 OnClickListener，但是为了正确执行，这个方法必须是 public 并且仅接受一个 View 类型的参数：

```
public void SelfDestruct(View view) {
    // 处理过程
}
```

3.2.2　ImageButton 类简介

ImageButton 控件与 Button 控件的主要区别是 ImageButton 中没有 text 属性，即按钮中显示图片而不是文本。ImageButton 控件中设置按钮显示的图片可以通过 android:src 属性实现：

```
android:src="@mipmap/picture"
```

也可以通过 setImageResource(int)方法来实现：

```
imageButton.setImageResource(R.drawable.picture);
```

ImageButton 控件监听事件的设置方法与 Button 控件相同。

3.2.3　按钮控件使用实例

本节将通过实例来介绍按钮控件的使用。通过本实例，读者可了解如何为 Button 与 ImageButton 增加监听器来完成相应的功能。在本实例中，需要准备一张图片放入 mipmap 文件夹中。本实例开发步骤如下。

（1）创建项目 EX03_2。

（2）修改主 Activity 的布局文件 activity_main.xml，编写代码如下：

```
1    <?xml version="1.0" encoding="utf-8"?>
2    <LinearLayout xmlns:android="http://schemas.android.com/apk/res/android"
3        xmlns:app="http://schemas.android.com/apk/res-auto"
4        xmlns:tools="http://schemas.android.com/tools"
5        android:layout_width="match_parent"
6        android:layout_height="match_parent"
7        tools:context=".MainActivity"
```

Note

```
8           android:orientation="vertical">
9           <Button
10              android:layout_width="match_parent"
11              android:layout_height="wrap_content"
12              android:id="@+id/bt_button1"
13              android:text="采用 OnClickLinesner 方式"/>
14          <Button
15              android:layout_width="match_parent"
16              android:layout_height="wrap_content"
17              android:id="@+id/bt_button2"
18              android:text="采用 OnClick 属性方法"
19              android:onClick="Button2Click"/>
20          <ImageButton
21              android:layout_width="wrap_content"
22              android:layout_height="100dp"
23              android:id="@+id/bt_imageButton1"
24              android:src="@mipmap/start"/>
25          <TextView
26              android:layout_width="match_parent"
27              android:layout_height="wrap_content"
28              android:id="@+id/tv_message"
29              android:textSize="20dp"/>
30      </LinearLayout>
```

说明：

- 第9～13行：声明了一个 Button 控件。
- 第14～19行：声明了一个 Button 控件。其中，第19行代码声明了 OnClick 属性的方法 Button2Click，用于实现该控件的单击事件。
- 第20～24行：声明了一个 ImageButton 控件。其中，第24行代码声明了该控件使用的图片。
- 第25～29行：声明了一个 TextView，用于显示相应的消息。

（3）修改主 Activity 的类文件 MainActivity.java。在本 Activity 中，为 Button 控件及 ImageButton 控件增加监听器。编写代码如下：

```
1   package com.example.administrator.ex03_2;
2   import android.app.Activity;
3   import android.os.Bundle;
4   import android.view.View;
5   import android.widget.Button;
6   import android.widget.ImageButton;
7   import android.widget.TextView;
8   public class MainActivity extends Activity {
```

```
9          Button bt_button1,bt_button2;
10         ImageButton bt_imageButton;
11         TextView tv_mesage;
12         @Override
13         protected void onCreate(Bundle savedInstanceState) {
14             super.onCreate(savedInstanceState);
15             setContentView(R.layout.activity_main);
16             bt_button1=(Button)findViewById(R.id.bt_button1);
17             bt_button2=(Button)findViewById(R.id.bt_button2);
18             bt_imageButton=(ImageButton)findViewById(R.id.bt_imageButton1);
19             tv_mesage=(TextView)findViewById(R.id.tv_message);
20             bt_button1.setOnClickListener(new View.OnClickListener() {
21                 @Override
22                 public void onClick(View v) {
23                     tv_mesage.setText("这是来自按钮 OnCliclListener 事件的消息");
24                 }
25             });
26             bt_imageButton.setOnClickListener(new View.OnClickListener() {
27                 @Override
28                 public void onClick(View v) {
29                    tv_mesage.setText("这是来自图片按钮 OnCliclListener 事件的消息");
30                 }
31             });
32         }
33         public void Button2Click(View view)
34         {
35             tv_mesage.setText("这是来自 Button2Click 的消息");
36         }
37     }
```

说明：

- 第 9～11 行：分别声明了两个 Button 控件对象、一个 ImageButton 对象及一个 TextView 对象。
- 第 16～19 行：分别获取相应控件的引用。
- 第 20～25 行：为 Button 添加了一个 setOnClickListener 监听事件。其中，第 22 行重写 onClick()方法，用于在 TextView 中显示相应的消息。
- 第 26～31 行：为 ImageButton 添加了一个 setOnClickListener 监听事件。其中，第 28 行重写 onClick()方法，用于在 TextView 中显示相应的消息。
- 第 33～36 行：Button2Click()方法对应 activity_main.xml 布局文件中 button2 的 android:onClick 属性所声明的 Button2Click()方法，即在单击 button2 时触发此事件，以在 TextView 中显示相应的消息。

本实例运行结果如图 3-2 所示。

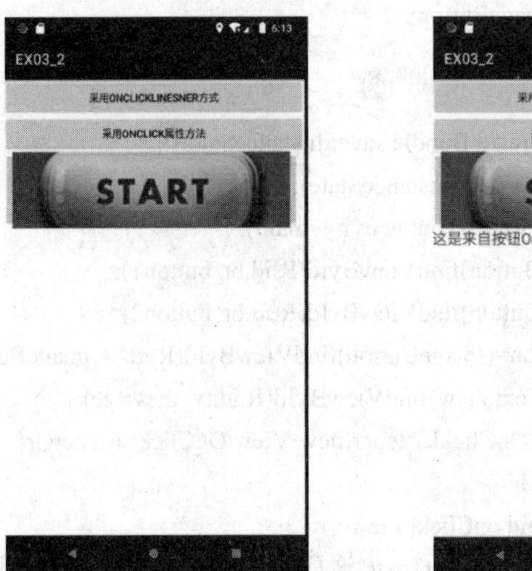

图 3-2　EX03_2 运行结果

3.3　单选按钮

在日常生活中我们经常会遇到二选一或者多选一的情况，如做一道单项选择题，这时候就需要用到 Android 提供的单选按钮，本节将对单选按钮的使用方法进行详细介绍。

3.3.1　RadioButton 类简介

RadioButton 控件只有选中和未选中两种状态。RadioButton 在使用的过程中，经常需要和 RadioGroup 一起来使用，才能实现在同一时刻一个 RadioGroup 中只能有一个按钮处于选中状态。RadioButton 常用方法及说明如表 3-4 所示。

表 3-4　RadioButton 常用方法及说明

方　法	说　明
Checked	设置 RadioButton 状态，true 为选中，false 为未选中
void toggle()	将单选按钮更改为与当前选中状态相反的状态
boolean isChecked()	判断 RadioButton 是否选中
OnCheckedChangeListener	设置状态转换监听事件
OnClickListener	设置单击监听事件

3.3.2　单选按钮使用实例

本节将通过设置字体颜色与大小的实例来介绍单选按钮的使用方法。在本实例中，使

用了两个 RadioGroup，分别用于设置字体的颜色与大小。本实例开发步骤如下。

（1）新建项目 EX03_3。

（2）修改主 Activity 的布局文件 activity_main.xml，编写代码如下：

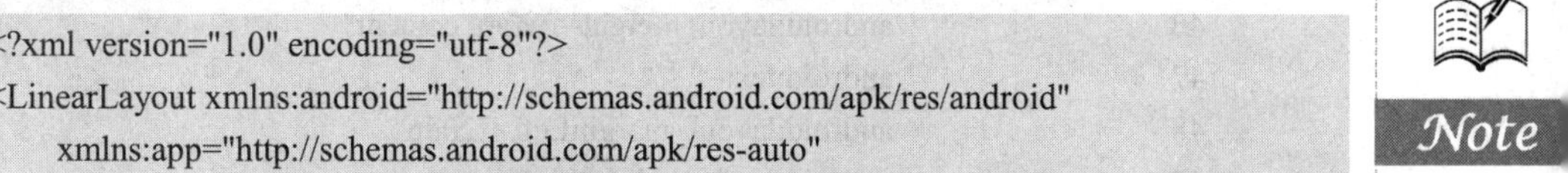

```
1    <?xml version="1.0" encoding="utf-8"?>
2    <LinearLayout xmlns:android="http://schemas.android.com/apk/res/android"
3        xmlns:app="http://schemas.android.com/apk/res-auto"
4        xmlns:tools="http://schemas.android.com/tools"
5        android:layout_width="match_parent"
6        android:layout_height="match_parent"
7        tools:context=".MainActivity"
8        android:orientation="vertical">
9        <TextView
10           android:layout_width="wrap_content"
11           android:layout_height="wrap_content"
12           android:text="字体颜色" />
13        <RadioGroup
14           android:layout_width="match_parent"
15           android:layout_height="wrap_content"
16           android:id="@+id/rg_fontColor">
17           <RadioButton
18               android:layout_width="wrap_content"
19               android:layout_height="wrap_content"
20               android:text="红色"
21               android:layout_marginLeft="20dp"
22               android:id="@+id/rb_red"/>
23           <RadioButton
24               android:layout_width="wrap_content"
25               android:layout_height="wrap_content"
26               android:text="蓝色"
27               android:layout_marginLeft="20dp"
28               android:id="@+id/rb_blue"/>
29           <RadioButton
30               android:layout_width="wrap_content"
31               android:layout_height="wrap_content"
32               android:text="绿色"
33               android:layout_marginLeft="20dp"
34               android:id="@+id/rb_green"/>
35        </RadioGroup>
36        <TextView
37           android:layout_width="wrap_content"
38           android:layout_height="wrap_content"
39           android:text="字体大小" />
40        <RadioGroup
41           android:layout_width="match_parent"
```

Note

```
42              android:layout_height="wrap_content"
43              android:id="@+id/rg_size">
44              <RadioButton
45                  android:layout_width="wrap_content"
46                  android:layout_height="wrap_content"
47                  android:text="大"
48                  android:layout_marginLeft="20dp"
49                  android:id="@+id/rb_big"/>
50              <RadioButton
51                  android:layout_width="wrap_content"
52                  android:layout_height="wrap_content"
53                  android:text="中"
54                  android:layout_marginLeft="20dp"
55                  android:id="@+id/rb_middle"/>
56              <RadioButton
57                  android:layout_width="wrap_content"
58                  android:layout_height="wrap_content"
59                  android:text="小"
60                  android:layout_marginLeft="20dp"
61                  android:id="@+id/rb_small"/>
62          </RadioGroup>
63          <TextView
64              android:id="@+id/my_tv"
65              android:layout_width="match_parent"
66              android:layout_height="wrap_content"
67              android:text="根据单选按钮的选择设置字体"
68              android:textSize="20dp"/>
69      </LinearLayout>
```

说明：

- 第13～35行：声明了RadioGroup。在该RadioGroup中包含了三个RadioButton，用于设置字体的颜色。
- 第40～62行：声明了RadioGroup。在该RadioGroup中包含了三个RadioButton，用于设置字体的大小。

（3）修改主Activity的类文件MainActivity.java。在本Activity中，为RadioGroup设置状态变化监听器。编写代码如下：

```
1   package com.example.administrator.ex03_3;
2   import android.app.Activity;
3   import android.graphics.Color;
4   import android.os.Bundle;
5   import android.widget.RadioButton;
6   import android.widget.RadioGroup;
7   import android.widget.TextView;
8   public class MainActivity extends Activity {
```

```
9           RadioGroup rg_color,rg_size;
10          TextView my_tv;
11          @Override
12          protected void onCreate(Bundle savedInstanceState) {
13              super.onCreate(savedInstanceState);
14              setContentView(R.layout.activity_main);
15              rg_color=(RadioGroup)findViewById(R.id.rg_fontColor);
16              rg_size=(RadioGroup)findViewById(R.id.rg_size);
17              my_tv=(TextView)findViewById(R.id.my_tv);
18      rg_color.setOnCheckedChangeListener(new RadioGroup.OnCheckedChangeListener() {
19                  @Override
20                  public void onCheckedChanged(RadioGroup group, int checkedId) {
21                      switch (checkedId)
22                      {
23                          case R.id.rb_red:
24                              my_tv.setTextColor(Color.RED); break;
25                          case R.id.rb_blue:
26                              my_tv.setTextColor(Color.BLUE);break;
27                          case R.id.rb_green:
28                              my_tv.setTextColor(Color.GREEN);break;
29                      }
30                  }
31              });
32      rg_size.setOnCheckedChangeListener(new RadioGroup.OnCheckedChangeListener() {
33                  @Override
34                  public void onCheckedChanged(RadioGroup group, int checkedId) {
35                      switch (checkedId)
36                      {
37                          case R.id.rb_big:
38                              my_tv.setTextSize(30); break;
39                          case R.id.rb_middle:
40                              my_tv.setTextSize(20);break;
41                          case R.id.rb_small:
42                              my_tv.setTextSize(10);break;
43                      }
44                  }
45              });
46          }
47      }
```

说明：

- 第 18～31 行：为 rg_color 增加监听事件，用于监听该 RadioGroup 中 RadioButton 选中状态的变化。在该监听事件中，需要重写 onCheckedChanged()方法，其中 checkId 为 RadioButton 的 ID 号。第 21～29 行根据 checkID 判断选中的是哪个 RadioButton，而对 TextView 中的字体颜色进行相应设置。

❒ 第32～45行：与第18～31行类似。

本实例运行结果如图3-3所示。

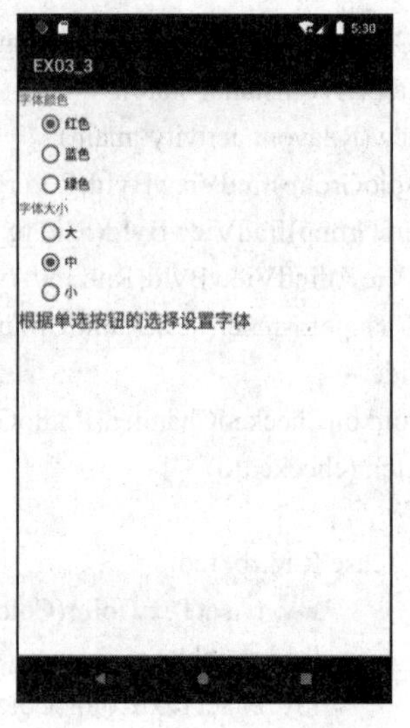

图3-3　EX03_3运行结果

3.4　复　选　框

在日常生活中也经常会遇到多选的情况，如用户选择兴趣爱好，这时候单选按钮已经不能满足要求，就需要用到Android提供的复选框。本节将对复选框的使用方法进行介绍。

3.4.1　CheckBox类简介

CheckBox控件与RadioButton类似，也只有选中和未选中两种状态，但与RadioButton不同的是，CheckBox同一时刻可以有多个按钮处于选中状态。CheckBox的常用方法与RadioButton类似（参见表3-4）。

3.4.2　复选框使用实例

本节将通过一个实例来介绍复选框的使用方法。在本实例中，利用CheckBox模拟一个用户选择兴趣爱好的界面，兴趣爱好可能有很多选项，并且各项之间没有必然的联系，所以在此处使用CheckBox十分合适。本项目的创建步骤如下。

（1）创建项目EX03_4。

（2）修改主Activity的布局文件activity_main.xml，编写代码如下：

```
1    <?xml version="1.0" encoding="utf-8"?>
2    <LinearLayout xmlns:android="http://schemas.android.com/apk/res/android"
3        xmlns:app="http://schemas.android.com/apk/res-auto"
```

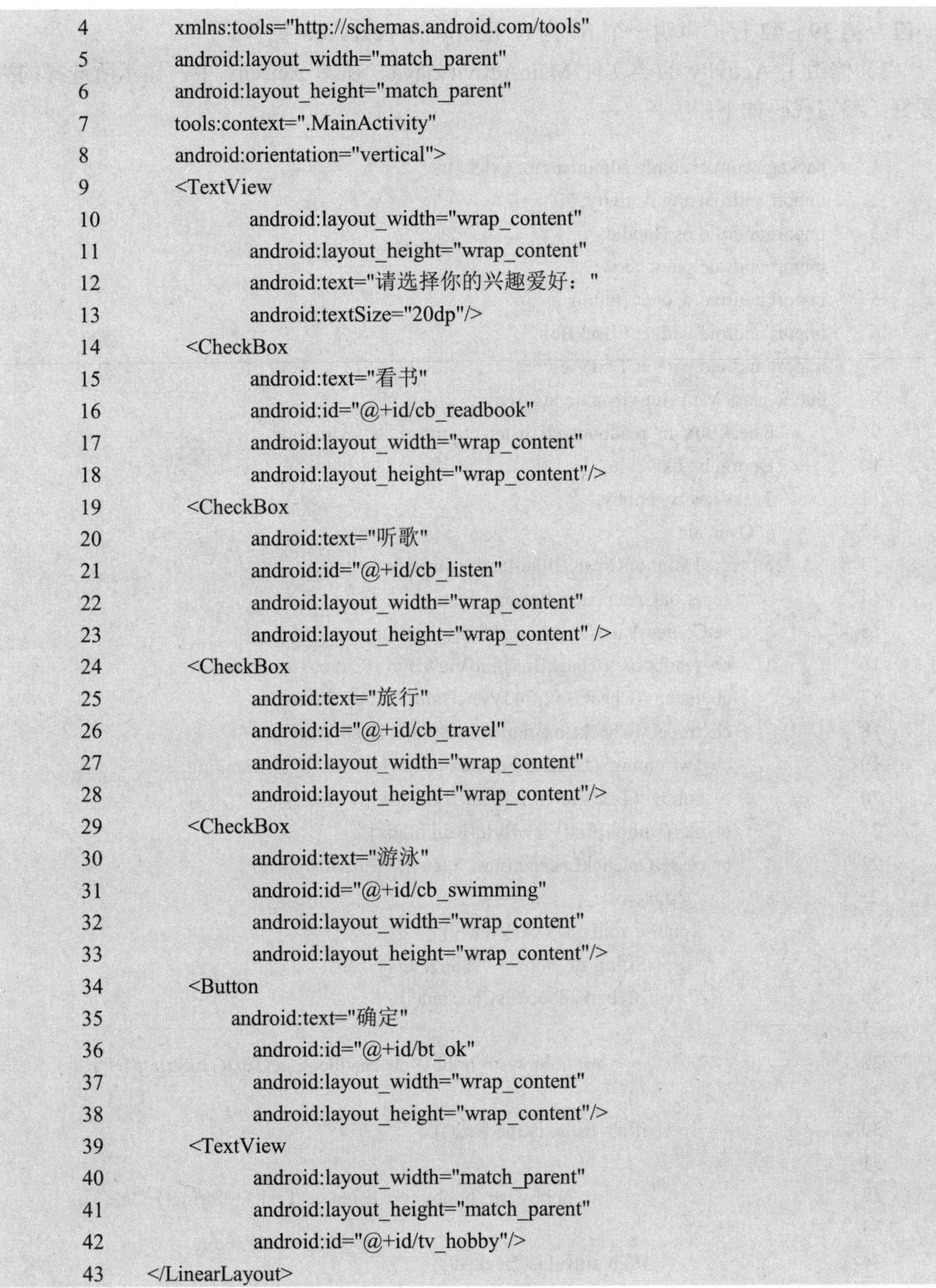

```
4          xmlns:tools="http://schemas.android.com/tools"
5          android:layout_width="match_parent"
6          android:layout_height="match_parent"
7          tools:context=".MainActivity"
8          android:orientation="vertical">
9          <TextView
10                 android:layout_width="wrap_content"
11                 android:layout_height="wrap_content"
12                 android:text="请选择你的兴趣爱好："
13                 android:textSize="20dp"/>
14           <CheckBox
15                 android:text="看书"
16                 android:id="@+id/cb_readbook"
17                 android:layout_width="wrap_content"
18                 android:layout_height="wrap_content"/>
19           <CheckBox
20                 android:text="听歌"
21                 android:id="@+id/cb_listen"
22                 android:layout_width="wrap_content"
23                 android:layout_height="wrap_content" />
24           <CheckBox
25                 android:text="旅行"
26                 android:id="@+id/cb_travel"
27                 android:layout_width="wrap_content"
28                 android:layout_height="wrap_content"/>
29           <CheckBox
30                 android:text="游泳"
31                 android:id="@+id/cb_swimming"
32                 android:layout_width="wrap_content"
33                 android:layout_height="wrap_content"/>
34           <Button
35               android:text="确定"
36                 android:id="@+id/bt_ok"
37                 android:layout_width="wrap_content"
38                 android:layout_height="wrap_content"/>
39           <TextView
40                 android:layout_width="match_parent"
41                 android:layout_height="match_parent"
42                 android:id="@+id/tv_hobby"/>
43     </LinearLayout>
```

说明：

- 第9～13行：声明了一个TextView控件，在此处的作用是显示提示信息。
- 第14～33行：分别声明了四个CheckBox控件。
- 第34～38行：声明一个ID为bt_ok的Button控件。

Note

❐ 第39～42行：声明一个ID为tv_hobby的TextView控件。

（3）修改主Activity的类文件MainActivity.java。在本Activity中，显示所选择的兴趣爱好。编写代码如下：

```
1    package com.example.administrator.ex03_4;
2    import android.app.Activity;
3    import android.os.Bundle;
4    import android.view.View;
5    import android.widget.Button;
6    import android.widget.CheckBox;
7    import android.widget.TextView;
8    public class MainActivity extends Activity {
9        CheckBox cb_readbook,cb_listen,cb_travel,cb_swimming;
10       Button bt_ok;
11       TextView tv_hobby;
12       @Override
13       protected void onCreate(Bundle savedInstanceState) {
14           super.onCreate(savedInstanceState);
15           setContentView(R.layout.activity_main);
16           cb_readbook=(CheckBox)findViewById(R.id.cb_readbook);
17           cb_listen=(CheckBox)findViewById(R.id.cb_listen);
18           cb_travel=(CheckBox)findViewById(R.id.cb_travel);
19           cb_swimming=(CheckBox)findViewById(R.id.cb_swimming);
20           tv_hobby=(TextView)findViewById(R.id.tv_hobby);
21           bt_ok=(Button)findViewById(R.id.bt_ok);
22           bt_ok.setOnClickListener(new View.OnClickListener() {
23               @Override
24               public void onClick(View v) {
25                   String str_hobby="你的爱好有：\n";
26                   if(cb_readbook.isChecked())
27                   {
28                       str_hobby=str_hobby+cb_readbook.getText().toString()+"\n";
29                   }
30                   if(cb_listen.isChecked())
31                   {
32                       str_hobby=str_hobby+cb_listen.getText().toString()+"\n";
33                   }
34                   if(cb_travel.isChecked())
35                   {
36                       str_hobby=str_hobby+cb_travel.getText().toString()+"\n";
37                   }
38                   if(cb_swimming.isChecked())
39                   {
40                       str_hobby=str_hobby+cb_swimming.getText().toString();
```

```
41                }
42                tv_hobby.setText(str_hobby);
43            }
44        });
45    }
46 }
```

Note

说明：

- 第 9～11 行：定义四个 CheckBox 对象、一个 Button 对象与一个 TextView 对象。
- 第 16～21 行：获取 CheckBox、TextView、Button 控件的引用。
- 第 22～44 行：为 bt_ok 按钮增加单击监听事件，根据选择的兴趣爱好，生成相应的字符串，并在 TextView 控件显示。获取 CheckBox 控件上的文本使用的方法是 getText()。

本实例运行结果如图 3-4 所示。

图 3-4　EX03_4 运行结果

3.5　图 片 控 件

本节将要介绍的是图片控件（ImageView），首先对 ImageView 类进行简单的介绍，然后通过一个实例说明 ImageView 的用法。

3.5.1　ImageView 类简介

ImageView 控件负责显示图片，其图片的来源既可以是资源文件的 id，也可以是 Drawable 对象或 Bitmap 对象，还可以是 ContentProvider 的 Uri。ImageView 控件中常用到的属性及对应方法如表 3-5 所示，常用方法如表 3-7 所示。

Note

表 3-5 ImageView 控件中常用属性及对应方法

属 性	方 法	说 明
android:src	setImageResource(int)	设置 ImageView 要显示的图片
android:maxHeight	setMaxHeight(int)	ImageView 的最大高度
android:maxWidth	setMaxWidth(int)	ImageView 的最大宽度
android:scaleType	setScaleType(ImageView.ScaleType)	控制图片应如何调整或移动来适合 ImageView 的尺寸，取值如表 3-6 所示

表 3-6 scaleType 属性取值说明

scaleType 属性	说 明
CENTER	将图像置于视图中央，但不执行缩放
CENTER_CROP	均匀缩放图像（保持图像的纵横比），使图像的两个尺寸（宽度和高度）等于或大于视图的相应尺寸（减去填充）
CENTER_INSIDE	均匀缩放图像（保持图像的纵横比），使图像的两个尺寸（宽度和高度）等于或小于视图的相应尺寸（减去填充）
FIT_CENTER	使用 Matrix.ScaleToFit.CENTER 缩放图像
FIT_END	使用 Matrix.ScaleToFit.END 缩放图像
FIT_START	使用 Matrix.ScaleToFit.START 缩放图像
FIT_XY	使用 Matrix.ScaleToFit.FILL 缩放图像
MATRIX	绘图时使用图像矩阵进行缩放

表 3-7 ImageView 控件常用方法及说明

方 法	说 明
setAlpha(int alpha)	设置 ImageView 的透明度
setImageBitmap(Bitmap bm)	设置 ImageView 所显示内容为指定 Bitmap 对象
setImageDrawable(Drawable drawable)	设置 ImageView 所显示的内容为指定 Drawable 对象
setImageResource(int resId)	设置 ImageView 所显示的内容为指定 id 的资源
setImageURI(Uri uri)	设置 ImageView 所显示的内容为指定的 Uri
setSelected(boolean selected)	设置 ImageView 的选中状态

3.5.2 ImageView 使用实例

本节将通过使用 RadioButton 设置 ImageView 不同伸缩方式的实例来介绍 ImageView 控件的使用。在本实例中，需要准备一张图片，放到 mipmap 文件夹下。本实例的开发步骤如下。

（1）创建项目 EX03_5。

（2）修改主 Activity 的布局文件 activity_main.xml，编写代码如下：

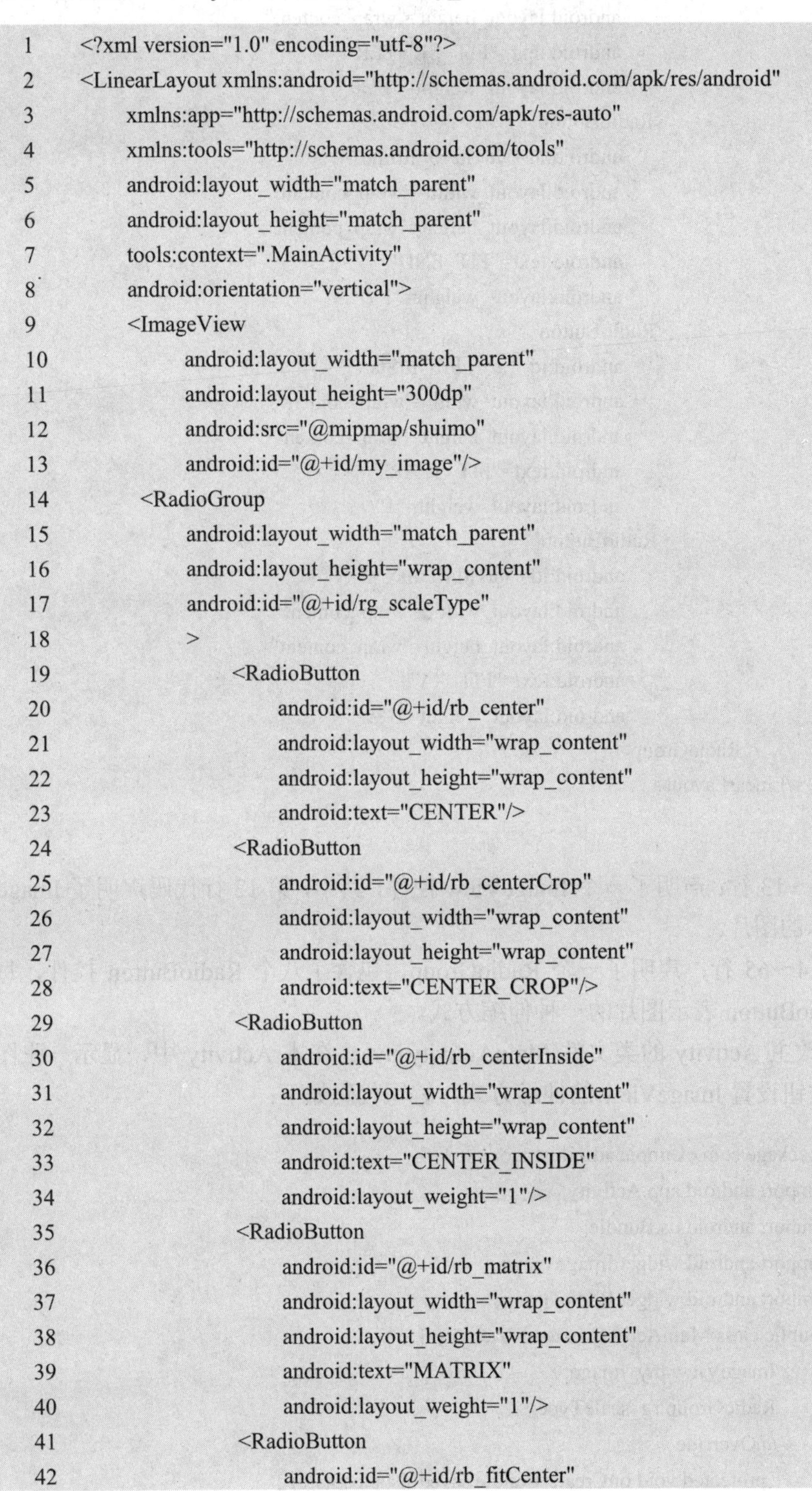

```
1    <?xml version="1.0" encoding="utf-8"?>
2    <LinearLayout xmlns:android="http://schemas.android.com/apk/res/android"
3        xmlns:app="http://schemas.android.com/apk/res-auto"
4        xmlns:tools="http://schemas.android.com/tools"
5        android:layout_width="match_parent"
6        android:layout_height="match_parent"
7        tools:context=".MainActivity"
8        android:orientation="vertical">
9        <ImageView
10           android:layout_width="match_parent"
11           android:layout_height="300dp"
12           android:src="@mipmap/shuimo"
13           android:id="@+id/my_image"/>
14      <RadioGroup
15           android:layout_width="match_parent"
16           android:layout_height="wrap_content"
17           android:id="@+id/rg_scaleType"
18           >
19               <RadioButton
20                   android:id="@+id/rb_center"
21                   android:layout_width="wrap_content"
22                   android:layout_height="wrap_content"
23                   android:text="CENTER"/>
24               <RadioButton
25                   android:id="@+id/rb_centerCrop"
26                   android:layout_width="wrap_content"
27                   android:layout_height="wrap_content"
28                   android:text="CENTER_CROP"/>
29               <RadioButton
30                   android:id="@+id/rb_centerInside"
31                   android:layout_width="wrap_content"
32                   android:layout_height="wrap_content"
33                   android:text="CENTER_INSIDE"
34                   android:layout_weight="1"/>
35               <RadioButton
36                   android:id="@+id/rb_matrix"
37                   android:layout_width="wrap_content"
38                   android:layout_height="wrap_content"
39                   android:text="MATRIX"
40                   android:layout_weight="1"/>
41               <RadioButton
42                   android:id="@+id/rb_fitCenter"
```

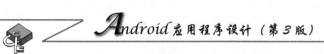

```
43                  android:layout_width="wrap_content"
44                  android:layout_height="wrap_content"
45                  android:text="FIT_CENTER"
46                  android:layout_weight="1"/>
47              <RadioButton
48                  android:id="@+id/rb_fitEnd"
49                  android:layout_width="wrap_content"
50                  android:layout_height="wrap_content"
51                  android:text="FIT_END"
52                  android:layout_weight="1"/>
53              <RadioButton
54                  android:id="@+id/rb_fitStart"
55                  android:layout_width="wrap_content"
56                  android:layout_height="wrap_content"
57                  android:text="FIT_START"
58                  android:layout_weight="1"/>
59              <RadioButton
60                  android:id="@+id/rb_fitXY"
61                  android:layout_width="wrap_content"
62                  android:layout_height="wrap_content"
63                  android:text="FIT_XY"
64                  android:layout_weight="1"/>
65          </RadioGroup>
66      </LinearLayout>
```

说明：

- 第9～13行：声明了一个ImageView控件，其中，第12行代码声明了ImageView显示的图片。
- 第14～65行：声明了一个RadioGroup，包含了八个RadioButton控件，每一个RadioButton表示图片的一种伸缩方式。

（3）修改主Activity的类文件MainActivity.java。在本Activity中，显示一张图片，并通过单选按钮设置ImageView的伸缩方式。编写代码如下：

```
1   package com.example.administrator.ex03_5;
2   import android.app.Activity;
3   import android.os.Bundle;
4   import android.widget.ImageView;
5   import android.widget.RadioGroup;
6   public class MainActivity extends Activity {
7       ImageView my_image;
8       RadioGroup rg_scaleType;
9       @Override
10      protected void onCreate(Bundle savedInstanceState) {
```

```
11              super.onCreate(savedInstanceState);
12              setContentView(R.layout.activity_main);
13              my_image=(ImageView)findViewById(R.id.my_image);
14              rg_scaleType=(RadioGroup)findViewById(R.id.rg_scaleType);
15              rg_scaleType.setOnCheckedChangeListener
                  (new RadioGroup.OnCheckedChangeListener() {
16                  @Override
17                  public void onCheckedChanged(RadioGroup group, int checkedId) {
18                  switch (checkedId)
19                  {
20                      case R.id.rb_center:
21                          my_image.setScaleType(ImageView.ScaleType.CENTER);
22                          break;
23                      case R.id.rb_centerCrop:
24                          my_image.setScaleType(ImageView.ScaleType.CENTER_CROP);
25                          break;
26                      case R.id.rb_centerInside:
27                          my_image.setScaleType(ImageView.ScaleType.CENTER_INSIDE);
28                          break;
29                      case R.id.rb_matrix:
30                          my_image.setScaleType(ImageView.ScaleType.MATRIX);
31                          break;
32                      case R.id.rb_fitCenter:
33                          my_image.setScaleType(ImageView.ScaleType.FIT_CENTER);
34                          break;
35                      case R.id.rb_fitStart:
36                          my_image.setScaleType(ImageView.ScaleType.FIT_START);
37                          break;
38                      case R.id.rb_fitEnd:
39                          my_image.setScaleType(ImageView.ScaleType.FIT_END);
40                          break;
41                      case R.id.rb_fitXY:
42                          my_image.setScaleType(ImageView.ScaleType.FIT_XY);
43                          break;
44                      }
45                  }
46              });
47          }
48      }
```

说明：

- 第 15～46 行：为 RadioGroup 增加状态变化监听器， checkedId 表示选中的单选按钮。在该监听器中，根据判断 checkedId，设置 ImageView 相应的伸缩方式。

本实例运行结果如图 3-5 所示。

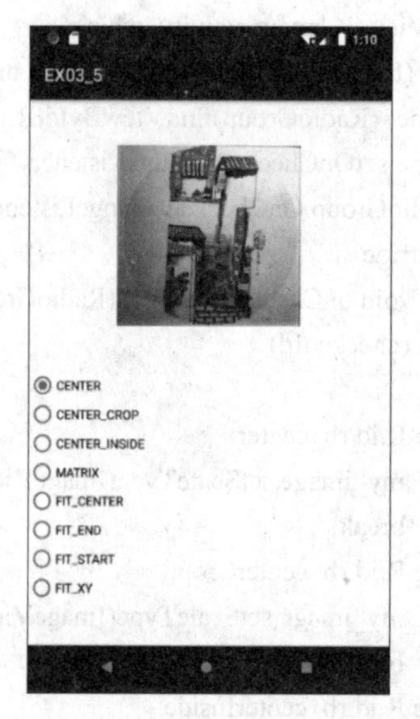

图 3-5　EX03_5 运行结果

3.6　日期与时间控件

本节介绍的是日期与时间控件，首先会对 DatePicker 和 TimePicker 类进行介绍，然后通过实例来说明如何在程序中使用日期和时间控件。

3.6.1　DatePicker 类简介

DatePicker 控件的主要功能是向用户提供包含年、月、日的日期数据并允许用户对其进行选择，还可以为 DatePicker 增加 OnDateChangedListener 监听事件，获取用户修改的 DatePicker 控件的数据。其常用方法如表 3-8 所示。

表 3-8　DatePicker 常用方法及说明

方　法	说　明
getDayOfMonth()	获取日期天数
getMonth()	获取日期月份
getYear()	获取日期年份
setEnabled(boolean enabled)	设置控件是否可用
updateDate(int year, int month, int dayOfMonth)	根据传入的参数更新日期选择控件的各个属性值
init(year, monthOfYear, dayOfMonth, onDateChangedListener)	将日期传递给 DatePicker 初始化日期控件，同时增加 OnDateChangedListener 事件监听日期变化

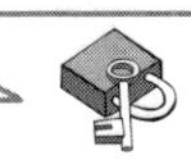

注意

在 Android 中，日期中月份是从 0 开始的，所以在获取月份时 getMonth()需要加 1，才能得到实际的月份。

3.6.2 TimePicker 类简介

TimePicker 控件向用户显示一天中的时间，并允许用户进行选择，如果要捕获用户修改时间数据的事件，需要为 TimePicker 添加 OnTimeChangedListener 监听器。其常用方法如表 3-9 所示。

表 3-9 TimePicker 常用方法及说明

方　法	说　明
getCurrentHour()	获取时间选择控件的当前小时
getCurrentMinute()	获取时间选择控件的当前分钟
is24HourView()	判断控件是否为 24 小时制
setCurrentHour(Integer currentHour)	设置时间选择控件的当前小时
setCurrentMinute(Integer currentMinute)	设置时间选择控件的当前分钟
setEnabled(boolean enabled)	设置控件是否可用
setIs24HourView(Boolean is24HourView)	设置控件是否为 24 小时制
setOnTimeChangedListener (TimePicker.OnTimeChangedListener)	为时间选择控件添加 OnTimeChangedListener 监听器

3.6.3 日期时间控件使用实例

本节将通过一个自动获取选择日期的实例来介绍日期控件的使用。在本实例中，在界面上分别放置一个 DatePicker 控件，在 TextView 中自动显示 DatePicker 中被选择的日期。本实例的开发步骤如下。

（1）新建项目 EX03_6。

（2）修改主 Activity 的布局文件 activity_main.xml，编写代码如下：

```
1    <?xml version="1.0" encoding="utf-8"?>
2    <LinearLayout xmlns:android="http://schemas.android.com/apk/res/android"
3        xmlns:app="http://schemas.android.com/apk/res-auto"
4        xmlns:tools="http://schemas.android.com/tools"
5        android:layout_width="match_parent"
6        android:layout_height="match_parent"
7        tools:context=".MainActivity"
8        android:orientation="vertical">
9        <DatePicker
```

Note

```
10                android:id="@+id/my_dp"
11                android:layout_width="wrap_content"
12                android:layout_height="wrap_content"
13                android:layout_gravity="center_horizontal" />
14            <TextView
15                android:layout_width="wrap_content"
16                android:layout_height="wrap_content"
17                android:text="当前选择的时间是:"
18                android:textSize="30dp"/>
19            <TextView
20                android:layout_width="wrap_content"
21                android:layout_height="wrap_content"
22                android:id="@+id/tv_datetime"
23                android:textSize="30dp"/>
24        </LinearLayout>
```

说明：

- 第 9～13 行：声明了一个 DatePicker 控件，位于父空间的水平居中位置。
- 第 14～18 行：声明了一个 TextView 控件。
- 第 19～23 行：声明了一个 id 为 tv_datetime 的 TextView 控件，用于显示选择的时间。

（3）修改主 Activity 的类文件 MainActivity.java。在本 Activity 中，显示 DatePicker 控件与 TimePicker 控件，然后获取设置的日期与时间。编写代码如下：

```
1     package com.example.administrator.ex03_6;
2     import android.app.Activity;
3     import android.os.Bundle;
4     import android.widget.DatePicker;
5     import android.widget.TextView;
6     public class MainActivity extends Activity {
7         DatePicker my_dp;
8         TextView tv_datetime;
9         @Override
10         protected void onCreate(Bundle savedInstanceState) {
11            super.onCreate(savedInstanceState);
12            setContentView(R.layout.activity_main);
13            my_dp=(DatePicker)findViewById(R.id.my_dp);
14            tv_datetime=(TextView)findViewById(R.id.tv_datetime);
15            my_dp.setOnDateChangedListener(new DatePicker.OnDateChangedListener() {
16                @Override
17                public void onDateChanged(DatePicker view, int year, int monthOfYear,
int dayOfMonth) {
18                    tv_datetime.setText(year+"-"+(monthOfYear+1)+"-"+dayOfMonth);
19                }
20            });
```

```
21          }
22      }
```

说明：

- 第 7 行：声明了一个 DatePicker 控件 my_dp。
- 第 8 行：声明了一个 TextView 控件 tv_datetime。
- 第 15～20：为 DatePicker 控件增加 OnDateChangedListener 监听器，用于监听 DatePicker 时间变化。在该监听器中，需要重写 onDateChanged()方法，以在 TextView 中显示所选择的时间。

本实例运行结果如图 3-6 所示。

图 3-6　EX03_6 运行结果

3.7　开关与切换按钮控件

目前，很多 App 都会让用户选择设置的应用场景。在这些场景中，经常会遇到打开或者关闭某个选项的情况。当遇到这种情况时，就可以使用 Switch（开关控件）或者 Toggle Button（切换按钮控件）轻松实现。ToggleButton 控件和 Switch 控件是由 Button 控件派生出来的，因此它们本质上都是按钮，Button 支持的各种属性、方法也适用于 ToggleButton 和 Switch。从功能上看，ToggleButton、Switch 和 CheckBox 非常相似，都能提供两种状态，但是 ToggleButton 和 Switch 主要用于切换程序中的状态。

3.7.1　开关控件

Switch 是一个可以在两种状态切换的开关控件。用户可以拖动来选择，也可以像选择复选框一样单击切换 Switch 的状态。Switch 的常用属性与方法如表 3-10 所示。

Note

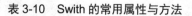

表 3-10　Swith 的常用属性与方法

属　　性	方　　法	说　　明
showText	setShowText(boolean showText) getShowText()	设置 on/off 的时候是否显示文字
splitTrack	setSplitTrack(boolean splitTrack) getSplitTrack()	是否设置一个间隙，让滑块与底部图片分隔
switchMinWidth	setSwitchMinWidth(int pixels) getSwitchMinWidth()	设置开关的最小宽度
textOff	setTextOff(CharSequence textOff) getTextOff()	设置按钮没有被选中时显示的文字
textOn	setTextOn(CharSequence textOn) getTextOn()	设置按钮被选中时显示的文字
track	setTrackDrawable(Drawable track) getTrackDrawable()	设置底部的图片
thumb	setThumbDrawable(Drawable thumb) getThumbDrawable()	设置滑块的图片
checked	setChecked(boolean checked)	设置初始选中状态

3.7.2　切换按钮控件

ToggleButton 是 Android 系统中比较简单的一个组件，是一个具有选中和未选中双状态的按钮，并且需要为不同的状态设置不同的显示文本。ToggleButton 是由 Button 下的 CompoundButton 派生出来的，因此很多属性都和 Button 一致。ToggleButton 的常用属性与方法如表 3-11 所示。

表 3-11　ToggleButton 的常用属性与方法

属　　性	方　　法	说　　明
disabledAlpha		设置按钮在禁用时的透明度
textOff	setTextOff(CharSequence textOff)	按钮没有被选中时显示的文字
textOn	setTextOn(CharSequence textOn)	按钮被选中时显示的文字

3.7.3　开关与切换按钮控件实例

本节将通过一个模拟进行消息提示及网络设置的实例来介绍开关与切换按钮的使用。在本实例中，在界面中分别放置两个 Switch 控件与两个 ToggleButton 控件，在 TextView 中自动显示控件所设置的内容。本实例的开发步骤如下。

（1）新建项目 EX03_7。

（2）修改主 Activity 的布局文件 activity_main.xml，编写代码如下：

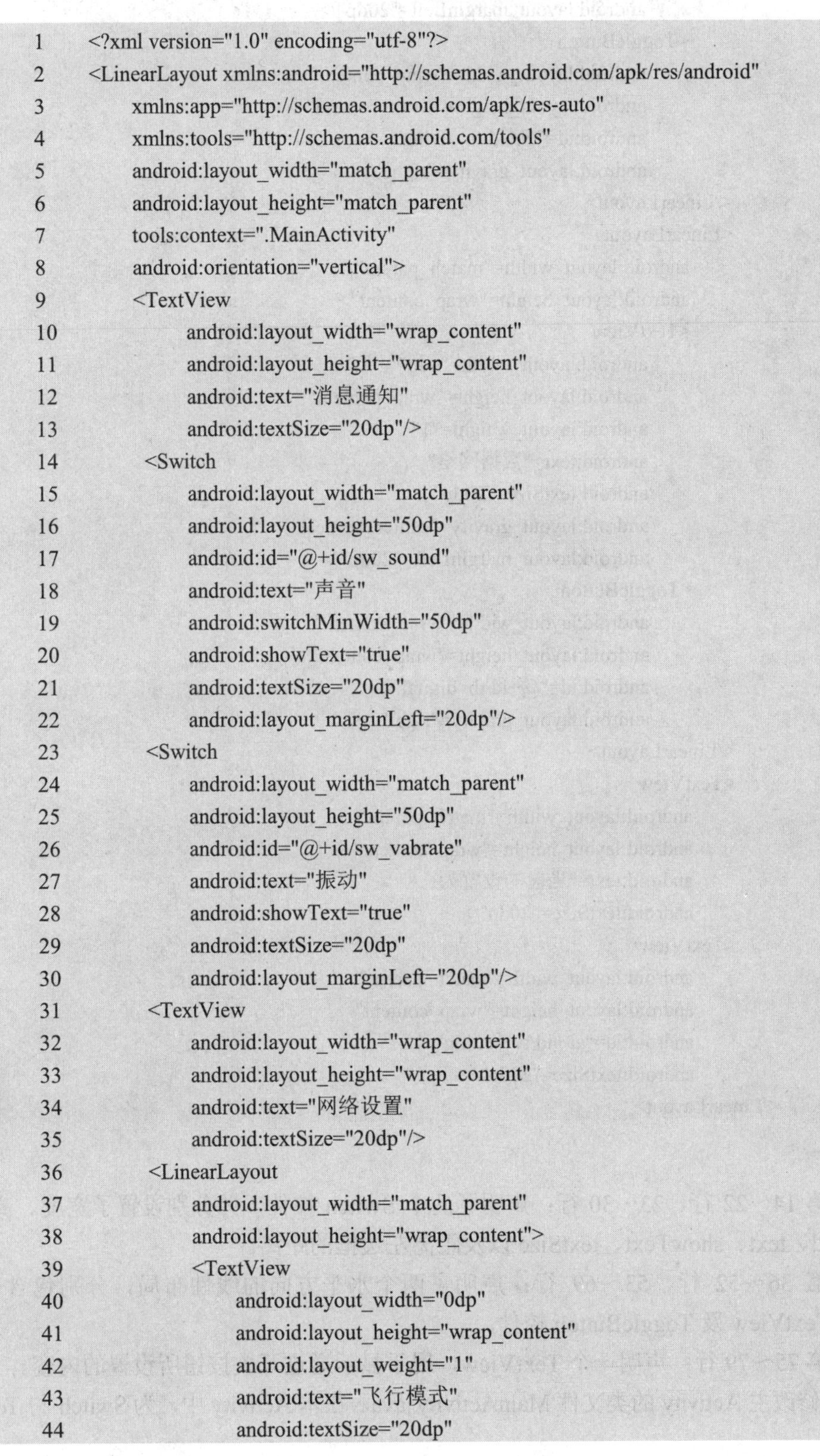

```
1   <?xml version="1.0" encoding="utf-8"?>
2   <LinearLayout xmlns:android="http://schemas.android.com/apk/res/android"
3       xmlns:app="http://schemas.android.com/apk/res-auto"
4       xmlns:tools="http://schemas.android.com/tools"
5       android:layout_width="match_parent"
6       android:layout_height="match_parent"
7       tools:context=".MainActivity"
8       android:orientation="vertical">
9       <TextView
10          android:layout_width="wrap_content"
11          android:layout_height="wrap_content"
12          android:text="消息通知"
13          android:textSize="20dp"/>
14      <Switch
15          android:layout_width="match_parent"
16          android:layout_height="50dp"
17          android:id="@+id/sw_sound"
18          android:text="声音"
19          android:switchMinWidth="50dp"
20          android:showText="true"
21          android:textSize="20dp"
22          android:layout_marginLeft="20dp"/>
23      <Switch
24          android:layout_width="match_parent"
25          android:layout_height="50dp"
26          android:id="@+id/sw_vabrate"
27          android:text="振动"
28          android:showText="true"
29          android:textSize="20dp"
30          android:layout_marginLeft="20dp"/>
31      <TextView
32          android:layout_width="wrap_content"
33          android:layout_height="wrap_content"
34          android:text="网络设置"
35          android:textSize="20dp"/>
36      <LinearLayout
37          android:layout_width="match_parent"
38          android:layout_height="wrap_content">
39          <TextView
40              android:layout_width="0dp"
41              android:layout_height="wrap_content"
42              android:layout_weight="1"
43              android:text="飞行模式"
44              android:textSize="20dp"
```

```
45                  android:layout_gravity="center_vertical"
46                  android:layout_marginLeft="20dp"/>
47              <ToggleButton
48                  android:layout_width="wrap_content"
49                  android:layout_height="wrap_content"
50                  android:id="@+id/tb_flying"
51                  android:layout_gravity="right"/>
52          </LinearLayout>
53          <LinearLayout
54              android:layout_width="match_parent"
55              android:layout_height="wrap_content">
56              <TextView
57                  android:layout_width="0dp"
58                  android:layout_height="wrap_content"
59                  android:layout_weight="1"
60                  android:text="数据网络"
61                  android:textSize="20dp"
62                  android:layout_gravity="center_vertical"
63                  android:layout_marginLeft="20dp"/>
64              <ToggleButton
65                  android:layout_width="wrap_content"
66                  android:layout_height="wrap_content"
67                  android:id="@+id/tb_digital"
68                  android:layout_gravity="right" />
69          </LinearLayout>
70          <TextView
71              android:layout_width="match_parent"
72              android:layout_height="wrap_content"
73              android:text="当前的设置为："
74              android:textSize="20dp"/>
75          <TextView
76              android:layout_width="match_parent"
77              android:layout_height="wrap_content"
78              android:id="@+id/tv_setting"
79              android:textSize="20dp"/>
80      </LinearLayout>
```

说明：

- ❑ 第 14～22 行、23～30 行：声明了两个 Switch 控件，并分别设置了宽度、高度、id、text、showText、textSize 以及距离左边框的距离。
- ❑ 第 36～52 行、53～69 行：声明了两个水平方向的线性布局，分别包含一个 TextView 及 ToggleButton 控件。
- ❑ 第 75～79 行：声明一个 TextView，用于显示通过开关按钮所设置的内容。

（3）修改主 Activity 的类文件 MainActivity.java。在本 Activity 中，为 Switch 与 Toggle

Button 增加了 OnCheckedChangeListener 监听事件，用于监听控件状态的变化。增加监听事件的方法是实现 CompoundButton.OnCheckedChangeListener 接口，需要重写 onCheckedChanged()方法。编写代码如下：

```
1    package com.example.administrator.ex03_7;
2    import android.app.Activity;
3    import android.os.Bundle;
4    import android.widget.CompoundButton;
5    import android.widget.Switch;
6    import android.widget.TextView;
7    import android.widget.ToggleButton;
8    public class MainActivity extends Activity implements CompoundButton
             .OnCheckedChangeListener {
9            Switch sw_sound,sw_vabrate;
10           ToggleButton tb_flying,tb_digital;
11           TextView tv_setting;
12           @Override
13           protected void onCreate(Bundle savedInstanceState) {
14               super.onCreate(savedInstanceState);
15               setContentView(R.layout.activity_main);
16               sw_sound=(Switch)findViewById(R.id.sw_sound);
17               sw_vabrate=(Switch)findViewById(R.id.sw_vabrate);
18               tb_flying=(ToggleButton)findViewById(R.id.tb_flying);
19               tb_digital=(ToggleButton)findViewById(R.id.tb_digital);
20               tv_setting=(TextView)findViewById(R.id.tv_setting);
21               sw_sound.setOnCheckedChangeListener(this);
22               sw_vabrate.setOnCheckedChangeListener(this);
23               tb_flying.setOnCheckedChangeListener(this);
24               tb_digital.setOnCheckedChangeListener(this);
25           }
26           @Override
27           public void onCheckedChanged(CompoundButton buttonView, boolean isChecked) {
28               String str_setting="";
29               switch (buttonView.getId())
30               {
31                   case R.id.sw_sound:
32                       if(isChecked)
33                           str_setting="声音：打开";
34                       else
35                           str_setting="声音：关闭";
36                       break;
37                   case R.id.sw_vabrate:
38                       if(isChecked)
39                           str_setting="振动：打开";
40                       else
41                           str_setting="振动：关闭";
42                       break;
```

Note

```
43          case R.id.tb_flying:
44              if(isChecked)
45                  str_setting="飞行模式：打开";
46              else
47                  str_setting="飞行模式：关闭";
48              break;
49          case R.id.tb_digital:
50              if(isChecked)
51                  str_setting="数据网络：打开";
52              else
53                  str_setting="数据网络：关闭";
54              break;
55          }
56          tv_setting.setText(str_setting);
57      }
58  }
```

说明：

- 第 8 行：声明 MainActivity 类，在该类中要实现 OnCheckedChangeListener 接口。
- 第 9～11 行：分别声明两个 Switch 控件、两个 ToggleButton 控件和一个 TextView 控件。
- 第 21～24 行：为 Switch、ToggleButton 控件增加 OnCheckedChangeListener 监听器。
- 第 27～57 行：重写 onCheckedChanged()方法，buttonView 表示单击的按钮，isChecked 表示按钮是否被选中的状态。在这个方法中，使用 buttonView.getId()获取按钮的 id，判断单击的是哪一个按钮，然后根据 isChecked 生成相应的信息字符串。其中，第 56 行显示信息字符串。

本实例运行结果如图 3-7 所示。

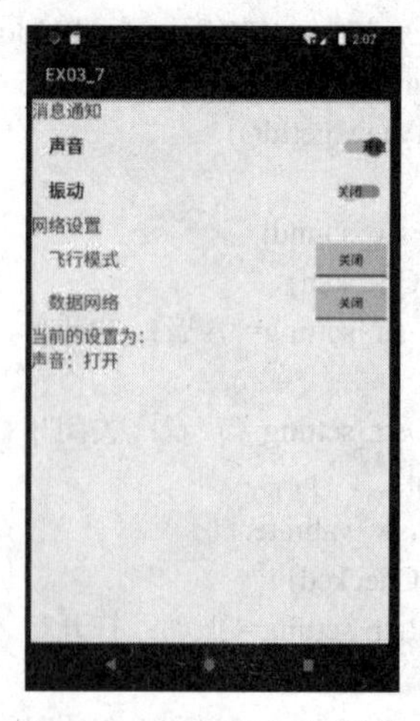

图 3-7　EX03_7 运行结果

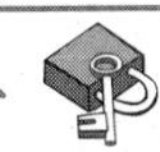

3.8 习　　题

1．在 Android 应用程序中实现如下功能：在 TextView 控件中显示 EditText 控件所输入内容；通过 Button 按钮，更改 TextView 控件的文字及大小。

2．在 Android 应用程序中，设计具有背景图片的按钮，并且根据按钮的状态显示不同的背景图片。

3．设计一个图书选购程序，在该程序中，选中图书并单击“确定”按钮后，在屏幕的下方显示所选择的图书。界面如图 3-8 所示。

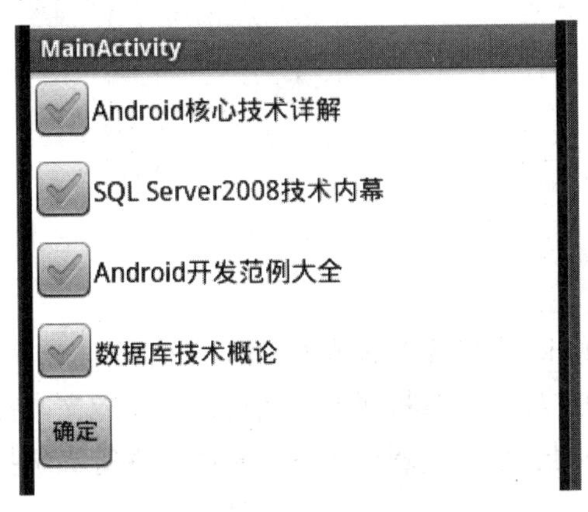

图 3-8　图书选购程序

4．设计一个相框应用程序，用于浏览照片，在界面上单击命令按钮，进行照片的切换。

5．设计一个 Android 程序，实现以下功能：① 在界面上显示数字和模拟时钟，默认显示手机的当前系统时间；② 通过日期、时间控件设置时间，并且在数字时钟和模拟时钟中显示。

第4章 高级控件

【本章内容】

- ❒ 自动完成文本控件
- ❒ 下拉列表控件
- ❒ 滑块与进度条
- ❒ 滚动视图
- ❒ 列表视图
- ❒ 网格视图
- ❒ 画廊控件

在第3章介绍了Android一些常用的基本控件，除了这些常用的控件之外，Android还提供了一些功能更强大的控件。本章将通过实例对自动完成文本控件、下拉列表控件、滑块与进度条、滚动视图、列表视图、网格视图、画廊控件等高级控件进行介绍。

4.1 自动完成文本控件

在使用网络搜索引擎输入关键字时，用户只要输入几个文字，就会为用户提供一些相关的关键字进行选择。通过这一功能，可以减少用户的输入，提高应用程序的用户体验。在Android系统中，这一功能可以通过自动完成文本框很轻松地实现。自动完成文本框有两种：AutoCompleteTextView与MultiAutoCompleteTextView，AutoCompleteTextView每次只能选择一个选项，而MultiAutoCompleteTextView可以选择多个选项。

4.1.1 AutoCompleteTextView类简介

自动完成文本控件是一个当用户输入时显示自动完成建议的可编辑文本视图，自动完成建议显示在一个列表中，用户可以选择一个项目，以取代在编辑框中的内容。用户可以按Esc或者BackSpace键取消下拉列表。

AutoCompleteTextView继承于android.widget.EditText类。下面对该类的常用属性及对应方法进行介绍，如表4-1所示。

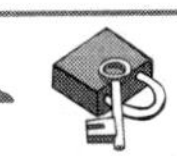

表 4-1　AutoCompleteTextView 的常用属性及对应方法

属　性	方　法	说　明
android:completionThreshold	setThreshold(int)	设置显示自动提示需要输入的字符数
android:dropDownHeight	setDropDownHeight(int)	设置下拉提示项的高度，建议使用默认值
android:dropDownWidth	setDropDownWidth(int)	设置下拉提示项的宽度，建议使用默认值
android:popupBackground	setDropDownBackgroundResource(int)	设置下拉提示项的背景

如果要使用自动完成文本控件，需要以下步骤。

（1）定义一个字符串数组，用于保存自动提示的数据，在实际应用中，可以从数据库等动态获取。

（2）将此字符串数组放入数组适配器（ArrayAdapter）。

（3）利用 AutoCompleteTextView 的 setAdapter()方法，将字符串数组加入 AutoCompleteTextView 对象中，设置自动完成文本控件的适配器。

4.1.2　MultiAutoCompleteTextView 类简介

MultiAutoCompleteTextView 类继承于 AutoCompleteTextView 类，所以它的属性、方法与 AutoCompleteTextView 类相似，不再进行介绍。MultiAutoCompleteTextView 允许选择多个选项，所以在编程方法上与 AutoCompleteTextView 稍有不同，在设置完控件的适配器之后，必须提供一个 MultiAutoCompleteTextView.Tokenizer，用来区分不同的子串。

4.1.3　自动完成文本控件实例

本节将通过实例来演示自动完成文本控件的使用方法。本实例的开发步骤如下。

（1）创建项目 EX04_1。

（2）修改主 Activity 的布局文件 activity_main.xml，编写代码如下：

```
1	<?xml version="1.0" encoding="utf-8"?>
2	<LinearLayout xmlns:android="http://schemas.android.com/apk/res/android"
3	    xmlns:app="http://schemas.android.com/apk/res-auto"
4	    xmlns:tools="http://schemas.android.com/tools"
5	    android:layout_width="match_parent"
6	    android:layout_height="match_parent"
7	    tools:context=".MainActivity"
8	    android:orientation="vertical">
9	    <TextView
10	        android:layout_width="fill_parent"
11	        android:layout_height="wrap_content"
```

Note

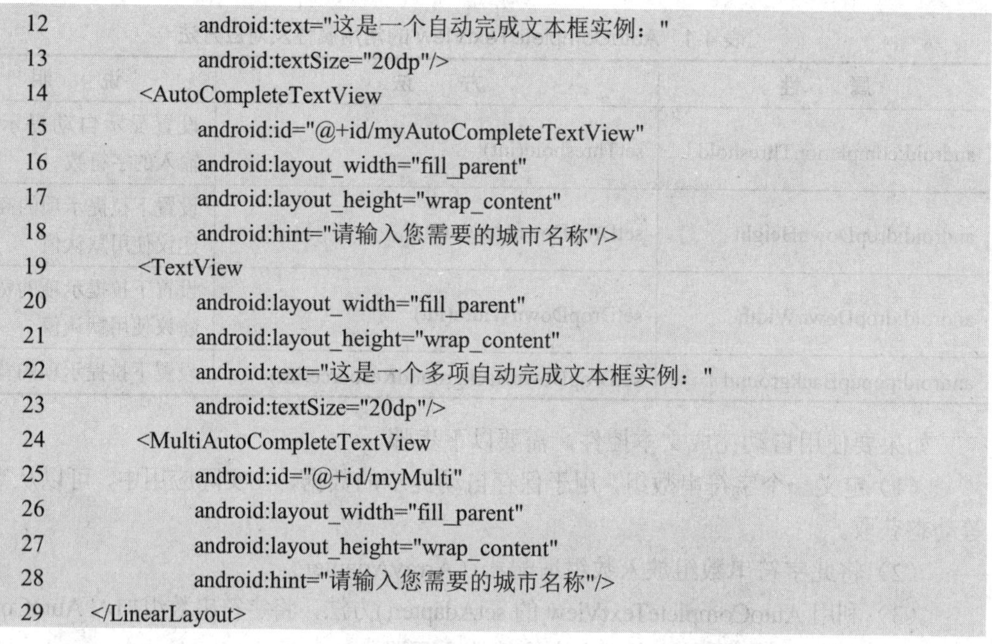

```
12                android:text="这是一个自动完成文本框实例："
13                android:textSize="20dp"/>
14        <AutoCompleteTextView
15                android:id="@+id/myAutoCompleteTextView"
16                android:layout_width="fill_parent"
17                android:layout_height="wrap_content"
18                android:hint="请输入您需要的城市名称"/>
19        <TextView
20                android:layout_width="fill_parent"
21                android:layout_height="wrap_content"
22                android:text="这是一个多项自动完成文本框实例："
23                android:textSize="20dp"/>
24        <MultiAutoCompleteTextView
25                android:id="@+id/myMulti"
26                android:layout_width="fill_parent"
27                android:layout_height="wrap_content"
28                android:hint="请输入您需要的城市名称"/>
29    </LinearLayout>
```

说明：

- 第 14～18 行：声明一个 ID 为 myAutoCompleteTextView 的 AutoCompleteTextView 控件，第 18 行代码设置在控件没有输入任何内容时的提示文本。
- 第 24～28 行：声明一个 ID 为 myMulti 的 MultiAutoCompleteTextView 控件。

（3）修改主 Activity 的类文件 MainActivity.java，编写代码如下：

```
1     package com.example.administrator.ex04_1;
2     import android.app.Activity;
3     import android.os.Bundle;
4     import android.widget.ArrayAdapter;
5     import android.widget.AutoCompleteTextView;
6     import android.widget.MultiAutoCompleteTextView;
7     public class MainActivity extends Activity {
8         String[] autoStr={"beijing","shanghai","shenzhen","xi'an"};
9         AutoCompleteTextView myAutoTextView;
10         MultiAutoCompleteTextView myMultiTextView;
11         @Override
12         protected void onCreate(Bundle savedInstanceState) {
13             super.onCreate(savedInstanceState);
14             setContentView(R.layout.activity_main);
15             ArrayAdapter<String> ada=new ArrayAdapter<String>(this,
                            android.R.layout.simple_dropdown_item_1line,autoStr);
16             myAutoTextView=(AutoCompleteTextView)findViewById
                            (R.id.myAutoCompleteTextView);
17             myAutoTextView.setAdapter(ada);
18             myAutoTextView.setThreshold(1);
```

```
19            myMultiTextView=(MultiAutoCompleteTextView)findViewById(R.id.myMulti);
20            myMultiTextView.setAdapter(ada);
21            myMultiTextView.setTokenizer(new MultiAutoCompleteTextView
                                .CommaTokenizer());
22            myMultiTextView.setThreshold(1);
23        }
24    }
```

说明：

- 第 8 行：定义自动完成文本显示项目的数组，作为适配器的资源数组。
- 第 15 行：创建数组适配器。在创建适配器时，使用的是 Android 系统自带的简单布局 android.R.layout.simple_dropdown_item_1line，然后将第 8 行定义的字符串数组作为适配器的数据源。
- 第 16 行：先得到 AutoCompleteTextView 控件的引用。
- 第 17 行：设置 AutoCompleteTextView 控件适配器为第 15 行所创建的适配器。
- 第 18 行：设置 AutoCompleteTextView 控件适配器显示自动完成选项需要输入的字符数。
- 第 21 行：设置 MultiAutoCompleteTextView 控件分隔符，默认以逗号分隔符为结束符号。

本实例运行后，结果如图 4-1 所示。

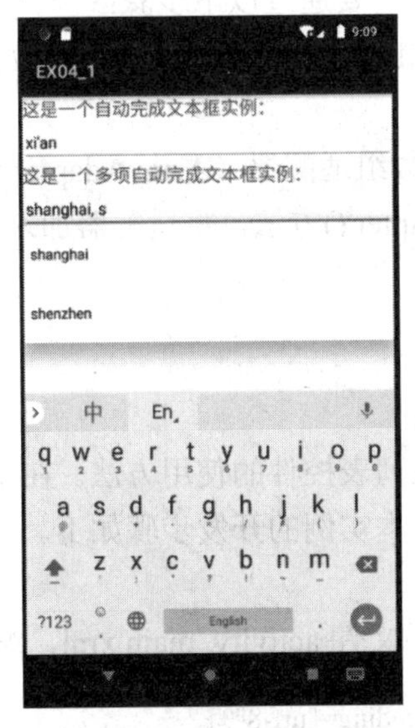

图 4-1　EX04_1 运行结果

4.2　下拉列表控件

下拉列表是 Android 应用程序开发最常用的控件之一，用来从多个选项中选择一项，如城市的选择等，下面进行详细介绍。

4.2.1 Spinner 类简介

Spinner 位于 android.widget 包下。当用户点击该控件时，弹出选择列表供用户选择，并且只能选择其中一项，选择列表中的选项来自于该 Spinner 控件的适配器。Spinner 的常用方法如表 4-2 所示。

表 4-2 Spinner 类常用属性及对应方法

属　性	方　法	说　明
spinnerMode		设置下拉列表的显示模式，值为 dialog 或者 dropdown
dropDownWidth	getDropDownWidth() setDropDownWidth(int pixels)	设置下拉列表的宽度，只有 spinnerMode 为 dropdown 时有效
gravity	getGravity() setGravity(int gravity)	用于设置当前选定项目的对齐方式
	setOnItemSelectedListener (AdapterView.OnItemSelectedListener)	当列表项被选中时触发的事件

如果要使用下拉列表控件，需要通过以下步骤：

（1）先定义一个字符串数组，用于保存下拉列表的数据，在实际应用中，可以从数据库等动态获取。

（2）将此字符串数组放入数组适配器（ArrayAdapter）。

（3）利用 spinner 的 setAdapter ()方法，将适配器加入 Spinner 对象中，设置自动完成文本框的适配器。

4.2.2 下拉列表控件实例

本节将通过实例来演示下拉列表控件的使用方法。在本实例中，从下拉列表中选择一个城市，并显示所选择的城市。本实例的开发步骤如下。

（1）创建项目 EX04_2。

（2）修改主 Activity 的布局文件 activity_main.xml，编写代码如下：

```
1    <?xml version="1.0" encoding="utf-8"?>
2    <LinearLayout xmlns:android="http://schemas.android.com/apk/res/android"
3        xmlns:app="http://schemas.android.com/apk/res-auto"
4        xmlns:tools="http://schemas.android.com/tools"
5        android:layout_width="match_parent"
6        android:layout_height="match_parent"
7        tools:context=".MainActivity"
8        android:orientation="vertical">
```

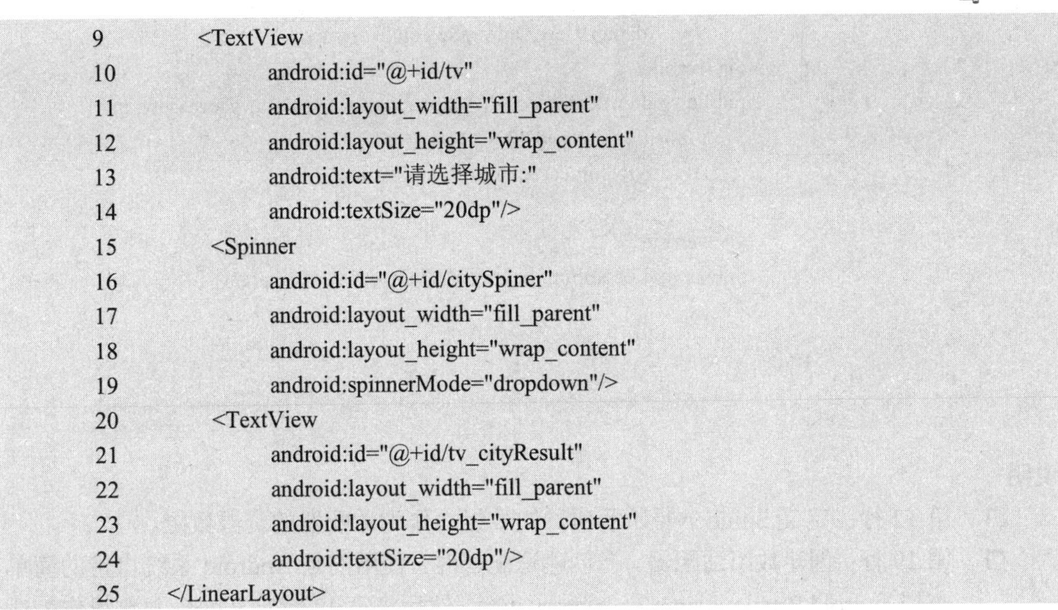

```
9         <TextView
10                android:id="@+id/tv"
11                android:layout_width="fill_parent"
12                android:layout_height="wrap_content"
13                android:text="请选择城市:"
14                android:textSize="20dp"/>
15         <Spinner
16                android:id="@+id/citySpiner"
17                android:layout_width="fill_parent"
18                android:layout_height="wrap_content"
19                android:spinnerMode="dropdown"/>
20         <TextView
21                android:id="@+id/tv_cityResult"
22                android:layout_width="fill_parent"
23                android:layout_height="wrap_content"
24                android:textSize="20dp"/>
25     </LinearLayout>
```

说明：

第 15～19 行：在线性布局中添加一个 Spinner 控件，其 ID 为 citySpiner。其中，第 19 行设置 Spinner 的显示模式。

（3）修改主 Activity 的类文件 MainActivity.java，编写代码如下：

```
1      package com.example.administrator.ex04_2;
2      import android.app.Activity;
3      import android.os.Bundle;
4      import android.view.View;
5      import android.widget.AdapterView;
6      import android.widget.ArrayAdapter;
7      import android.widget.Spinner;
8      import android.widget.TextView;
9      public class MainActivity extends Activity {
10             private TextView tv_cityResult;
11             private Spinner citySpinner;
12             private String [] cityList={"北京","上海","天津","重庆","西安"};
13              @Override
14              public void onCreate(Bundle savedInstanceState) {
15                     super.onCreate(savedInstanceState);
16                     setContentView(R.layout.activity_main);
17                     tv_cityResult = (TextView) findViewById(R.id.tv_cityResult);
18                     citySpinner = (Spinner) findViewById(R.id.citySpiner);
19                     ArrayAdapter<String> spinerAda = new ArrayAdapter<String>(this,
                                android.R.layout.simple_spinner_item, cityList);
20                     citySpinner.setAdapter(spinerAda);
21                     citySpinner.setOnItemSelectedListener(new
```

```
                        AdapterView.OnItemSelectedListener() {
22                  @Override
23                  public void onItemSelected(AdapterView<?> parent, View view, int
                        position, long id) {
24                      tv_cityResult.setText(cityList[position]);
25                  }
26                  @Override
27                  public void onNothingSelected(AdapterView<?> parent) {
28                  }
29              });
30          }
31      }
```

说明：

- 第 12 行：定义 Spinner 要显示项目的数组，作为适配器的资源数组。
- 第 19 行：创建数组适配器。在创建适配器时，使用的是 Android 系统自带的简单布局 android.R.layout.simple_spinner_item，然后将第 12 行定义的资源数组作为适配器的数据源。
- 第 20 行：将 Spinner 控件适配器设置为第 19 行所创建的适配器。
- 第 21～29 行：为 Spinner 控件添加 setOnItemSelectedListener 监听事件，需要重写 onItemSelected 与 onNothingSelected 方法。第 23～24 行重写 onItemSelected 函数，其中 poistion 表示所选中项的索引，索引值与 cityList 中相应项的索引值相同，用于在 TextView 中显示所选中项（城市名）；第 27 行重写 onNothingSelected() 函数，虽然该函数是一个空函数，但是不能省略。

本实例运行结果如图 4-2 所示，点击向下箭头后结果如图 4-3 所示。

图 4-2　EX04_2 运行结果

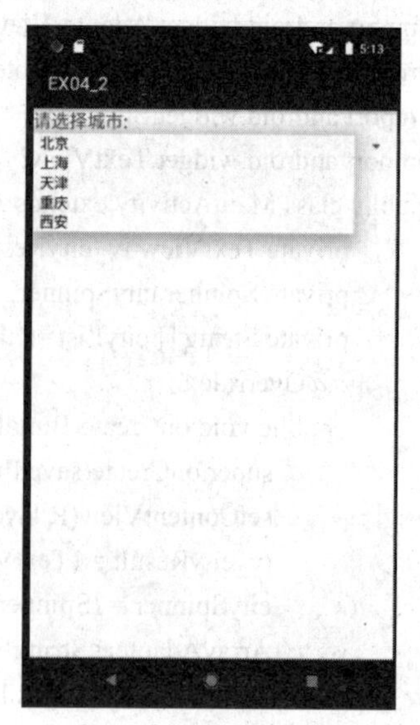

图 4-3　点击向下箭头

4.3　进度条与滑块

在程序的执行过程中，有些操作可能需要较长的时间，如某些资源的加载、文件的下载、大量数据的处理等，那么可以使用进度条为用户提供明确的操作结束时间，让用户能够了解程序目前的进度及状态。滑块类似于声音控制条，主要完成与用户的简单交互。本节将介绍 ProgressBar 进度条控件与 SeekBar 滑块控件的使用。

4.3.1　ProgressBar 类简介

ProgressBar 位于 android.widget 包下，主要用于显示操作的进度。应用程序可以修改其进度表示当前后台操作的完成情况。因为进度条会移动，所以长时间加载某些资源或者执行某些耗时的操作时，不会使用户界面失去响应。在不确定模式下，可以使用循环进度条。

ProgressBar 类的使用非常简单，只要将其显示到前台，然后启动一个后台线程定时更改表示进度的数值即可。ProgressBar 类常用方法如表 4-3 所示。

表 4-3　ProgressBar 类常用属性及对应方法

属　　性	方　　法	说　　明
max	getMax() setMax(int max)	进度条的范围的上限
progress	getProgress() setProgress(int progress)	进度条进度

4.3.2　SeekBar 类简介

SeekBar 继承自 ProgressBar，是用来接收用户输入的控件，类似于拖拉条，可以直观地显示用户需要的数据。SeekBar 不但可以直观地显示数值的大小，还可以为其设置标度。

4.3.3　进度条与滑块实例

本节将通过模拟文件下载和调节音量大小的实例介绍进度条与滑块控件的使用。在本书中，因为还没有介绍有关多线程方面的内容，所以暂时使用一个按钮来模拟文件下载，即通过单击按钮，模拟增加文件下载的进度；此外，通过拖动滑块，调节手机声音的大小。本实例开发步骤如下。

（1）创建项目 EX04_3。

（2）修改主 Activity 的布局文件 activity_main.xml，编写代码如下：

Note

```
1    <?xml version="1.0" encoding="utf-8"?>
2    <LinearLayout xmlns:android="http://schemas.android.com/apk/res/android"
3        xmlns:app="http://schemas.android.com/apk/res-auto"
4        xmlns:tools="http://schemas.android.com/tools"
5        android:layout_width="match_parent"
6        android:layout_height="match_parent"
7        tools:context=".MainActivity"
8        android:orientation="vertical">
9        <TextView
10           android:layout_width="wrap_content"
11           android:layout_height="wrap_content"
12           android:text="文件下载进度："
13           android:textSize="20dp"/>
14        <ProgressBar
15           android:layout_width="match_parent"
16           android:layout_height="wrap_content"
17           android:id="@+id/pb_fileDownload"
18           style="?android:attr/progressBarStyleHorizontal"/>
19        <ProgressBar
20           android:layout_width="match_parent"
21           android:layout_height="wrap_content"
22           />
23        <Button
24           android:layout_width="match_parent"
25           android:layout_height="wrap_content"
26           android:id="@+id/bt_addProgress"
27           android:text="模拟文件下载"/>
28        <TextView
29           android:layout_width="wrap_content"
30           android:layout_height="wrap_content"
31           android:text="调节音量："
32           android:textSize="20dp"/>
33        <SeekBar
34           android:layout_width="match_parent"
35           android:layout_height="wrap_content"
36           android:id="@+id/sk_volume"/>
37        <TextView
38           android:id="@+id/tv_currentVolume"
39           android:layout_width="match_parent"
40           android:layout_height="wrap_content"/>
41    </LinearLayout>
```

说明：

- 第14～18行：声明一个ProgressBar，并设置其ID号。其中，第18行声明ProgressBar的样式为水平进度条。

- 第19～21行：声明一个ProgressBar，该ProgressBar为循环进度条。
- 第33～36行：定义一个SeekBar滑块控件，并定义其大小，ID为sk_volume，用于调节音量的大小。

（3）修改主Activity的类文件MainActivity.java，编写代码如下：

```
1     package com.example.administrator.ex04_3;
2     import android.app.Activity;
3     import android.content.Context;
4     import android.media.AudioManager;
5     import android.os.Bundle;
6     import android.view.View;
7     import android.widget.Button;
8     import android.widget.ProgressBar;
9     import android.widget.SeekBar;
10    import android.widget.TextView;
11    import java.util.Random;
12    public class MainActivity extends Activity {
13        ProgressBar pb_fileDownload;
14        SeekBar sk_volume;
15        Button bt_addProgress;
16        TextView tv_currentVolume;
17        int progress=0;
18        int max=102400;
19        AudioManager mAudioManager;
20        @Override
21        protected void onCreate(Bundle savedInstanceState) {
22            super.onCreate(savedInstanceState);
23            setContentView(R.layout.activity_main);
24            pb_fileDownload=(ProgressBar)findViewById(R.id.pb_fileDownload);
25            sk_volume=(SeekBar)findViewById(R.id.sk_volume);
26            bt_addProgress=(Button)findViewById(R.id.bt_addProgress);
27            tv_currentVolume=(TextView)findViewById(R.id.tv_currentVolume);
28            pb_fileDownload.setMax(max);
29            bt_addProgress.setOnClickListener(new View.OnClickListener() {
30                @Override
31                public void onClick(View v) {
32                    int seed=max-progress;
33                    Random random = new Random();
34                    int current=random.nextInt(seed);
35                    progress=progress+current;
36                    pb_fileDownload.setProgress(progress);
37                }
38            });
39        mAudioManager = (AudioManager) getSystemService(Context.AUDIO_SERVICE);
40        int maxVolume = mAudioManager.getStreamMaxVolume
```

Note

```
                                  (AudioManager.STREAM_MUSIC);
41          int syscurrenvolume= mAudioManager.getStreamVolume
                                  (AudioManager.STREAM_MUSIC);
42          sk_volume.setMax(maxVolume);
43          sk_volume.setProgress(syscurrenvolume);
44          sk_volume.setOnSeekBarChangeListener(new SeekBar.OnSeekBarChangeListener() {
45            @Override
46            public void onStopTrackingTouch(SeekBar seekBar) {
47            }
48            @Override
49            public void onStartTrackingTouch(SeekBar seekBar) {
50            }
51            @Override
52            public void onProgressChanged(SeekBar seekBar, int progress, boolean fromUser) {
53                        int tmpInt = seekBar.getProgress();
54                        if (tmpInt < 1) {
55                              tmpInt = 1;
56                        }
57            mAudioManager.setStreamVolume(AudioManager.STREAM_MUSIC, tmpInt, 0);
58            tv_currentVolume.setText("当前音量为："+tmpInt); }
59              });
60        }
61    }
```

说明：

- 第 13～16 行：声明 SeekBar、ProgressBar、Button、TextView 等对象。
- 第 17～18 行：声明两个变量，progress 表示进度条的当前进度，max 表示文件大小。
- 第 19 行：声明一个音量控制器。
- 第 24～27 行：获取各个控件的引用。
- 第 28 行：设置 ProgressBar 的最大值，将文件的大小设置为进度条的最大值。
- 第 29～38 行：为 Button 按钮增加单击监听事件，用于模拟文件下载进度。每单击一次 Button，产生一个随机数作为下载的文件进度。其中，第 36 行将原来的进度加上产生的随机数作为进度条新的进度。
- 第 39 行：获取音量控制器对象。
- 第 40 行：取得最大音量。
- 第 41 行：取得当前音量。
- 第 42～43 行：设置进度条的最大音量与当前音量。
- 第 44～59 行：实现通过拖动滑块调节音量的功能，需要重写三个方法，即 onStopTrackingTouch（移动后放开事件）、onStartTrackingTouch（开始移动事件）、onProgressChanged（进度发生改变事件）。在 onProgressChanged 事件中，首先获取当前进度，如果进度小于 1，则将当前进度设置为 1。其中，第 57 行根据当前进度改变音量大小。第 58 行显示当前音量。

本实例运行结果如图 4-4 所示。

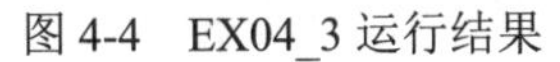

图 4-4　EX04_3 运行结果

4.4　滚动视图

当应用程序的界面上的控件比较多的时候，手机屏幕可能显示不下。此时，可以使用滚动视图 ScrollView 来滚动显示屏幕的控件。本节将通过实例介绍滚动视图的使用。

4.4.1　ScrollView 类介绍

滚动视图是一种可供用户滚动的层次结构布局容器，允许显示比实际多的内容。ScrollView 类继承自 FrameLayout，所以需要在其上放置有滚动内容的子元素。子元素可以是一个复杂的布局管理器，通常用的子元素是垂直方向的 LinearLayout。

ScrollView 的直接子元素只能有一个，所以需要增加一个 LinearLayout 布局，把其他控件放在这个 LinearLayout 中，而 LinearLayout 的子元素则没有限制。

4.4.2　滚动视图实例

本节将通过一个浏览图片的实例来介绍滚动视图的使用方法。本实例开发步骤如下。

（1）创建 EX04_4 项目。

（2）修改主 Activity 的布局文件 activity_main.xml，编写代码如下：

```
1    <?xml version="1.0" encoding="utf-8"?>
2    <ScrollView xmlns:android="http://schemas.android.com/apk/res/android"
3        xmlns:app="http://schemas.android.com/apk/res-auto"
4        xmlns:tools="http://schemas.android.com/tools"
```

Note

```
5           android:layout_width="match_parent"
6           android:layout_height="match_parent"
7           android:padding="10dp"
8           android:scrollbars="vertical">
9           <LinearLayout
10              android:layout_width="match_parent"
11              android:layout_height="match_parent"
12              android:orientation="vertical">
13              <ImageView
14                  android:layout_width="wrap_content"
15                  android:layout_height="wrap_content"
16                  android:src="@mipmap/ic_launcher"
17                  android:layout_gravity="center"
18                  android:padding="10dp"/>
...
61          </LinearLayout>
62      </ScrollView>
```

说明：

- 第 2～8 行：在布局文件中声明一个滚动视图，在该滚动视图中包含一个垂直方向的线性布局。
- 第 13～18 行：在线性布局中定义一个 ImageView 控件。其中，第 16 行声明 ImageView 显示的图片；第 17 行说明 ImageView 的位置；第 18 行说明每个 ImageView 的边距。
- 第 19～60 行：重复定义 7 个 ImageView，与上面的 ImageView 代码相同，不再赘述。

本实例运行结果如图 4-5 所示。

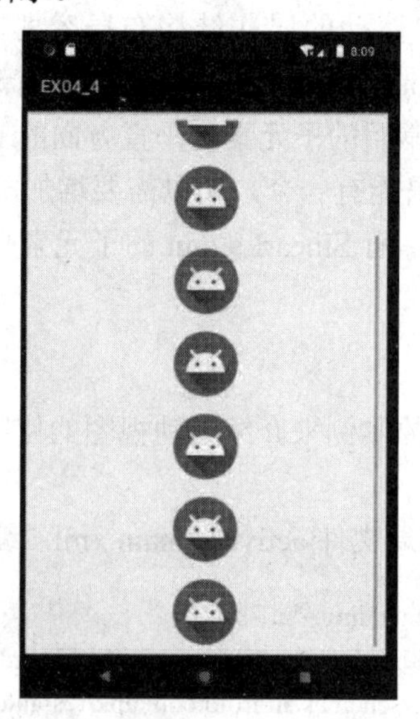

图 4-5　EX04_4 运行结果

4.5　列表视图

ListView 是 Android 应用程序开发中常用的一个控件，它可以根据屏幕的大小，把具体的内容以列表的形式显示出来，如电话本、通话记录等。本节将对列表视图 ListView 进行介绍，并通过一个实例来介绍列表视图的使用方法。

4.5.1　ListView 类简介

ListView 类位于 android.widget 包下，是一种列表视图，用于将适配器所提供的内容显示在一个垂直且可滚动的列表中。下面对 ListView 的常用属性、对应方法以及常用方法进行介绍，如表 4-4 和表 4-5 所示。

表 4-4　ListView 的常用属性及对应方法

属　性	方　法	说　明
android:choiceMode	setChoiceMode (int choiceMode)	规定此 ListView 所使用的选择模式。缺省状态下，list 没有选择模式。属性值必须设置为下列常量之一：none，值为 0，表示无选择模式；singleChoice，值为 1，表示最多可以有一项被选中；multipleChoice，值为 2，表示可以有多项被选中
android:divider	setDivider (Drawable divider)	规定 List 项目之间用某个图形或颜色来分隔，也可以用"#rgb"，"#argb"，"#rrggbb"或者"#aarrggbb"的格式来表示某个颜色
android:dividerHeight	setDividerHeight (int height)	分隔符的高度。若没有指明高度，则用此分隔符固有的高度

表 4-5　ListView 类常用方法

方　法	说　明
setOnItemClickListener(AdapterView.OnItemClickListener listener)	当列表项被单击时触发的事件
setOnItemSelectedListener(AdapterView.OnItemSelectedListener listener)	当列表项改变时所触发的事件
setOnItemLongClickListener(AdapterView.OnItemLongClickListener listener)	当列表项被长时间按住时所触发的事件
getCheckedItemIds()	返回检查项目标识的集合。 结果仅在选择模式未设置为 CHOICE_MODE_NONE 且适配器具有稳定 ID 时才有效

使用 ListView 需要 3 个元素。

（1）ListVeiw：用来展示列表的 View。

（2）适配器：用来把数据映射到 ListView 上的中介。

（3）数据：将被映射的具体的字符串、图片，或者基本组件。

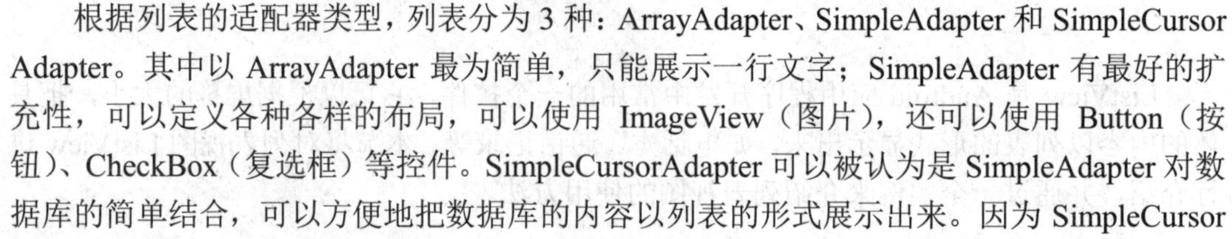

根据列表的适配器类型，列表分为 3 种：ArrayAdapter、SimpleAdapter 和 SimpleCursorAdapter。其中以 ArrayAdapter 最为简单，只能展示一行文字；SimpleAdapter 有最好的扩充性，可以定义各种各样的布局，可以使用 ImageView（图片），还可以使用 Button（按钮）、CheckBox（复选框）等控件。SimpleCursorAdapter 可以被认为是 SimpleAdapter 对数据库的简单结合，可以方便地把数据库的内容以列表的形式展示出来。因为 SimpleCursorAdapter 涉及数据库的操作，将在后续章节中进行介绍。

4.5.2 列表视图实例

在 4.5.1 节中，介绍了 ListView 主要有 3 种适配器。本节将通过介绍 ArrayAdapter、SimpleAdapter 适配器的使用，来介绍列表视图的使用方法。在本节的实例中，在主界面设计两个命令按钮，单击不同的命令按钮，跳转到不同 Activity 中，显示不同的 ListView。在每一个 ListView 中，介绍一种适配器的使用方法。

本实例的开发步骤如下。

（1）创建项目 EX04_5。

（2）修改主 Activity 的布局文件 activity_main.xml，编写代码如下：

```
1    <?xml version="1.0" encoding="utf-8"?>
2    <LinearLayout xmlns:android="http://schemas.android.com/apk/res/android"
3        android:orientation="vertical"
4        android:layout_width="fill_parent"
5        android:layout_height="fill_parent"
6        >
7        <TextView
8            android:layout_width="fill_parent"
9            android:layout_height="wrap_content"
10            android:text="这是一个列表视图 ListView 的案例"
11            android:textSize="20dp"/>
12        <Button
13            android:id="@+id/bt_arrayAdapter"
14            android:layout_width="fill_parent"
15            android:layout_height="wrap_content"
16            android:text="使用 ArrayAdapter 为 ListView 绑定数据"/>
17        <Button
18            android:id="@+id/bt_simpleAdapter"
19            android:layout_width="fill_parent"
20            android:layout_height="wrap_content"
21            android:text="使用 SimpleAdapter 为 ListView 绑定数据"/>
22    </LinearLayout>
```

说明：

第 12～16、17～21 行：分别声明一个 Button 控件，对应 ID 分别为 bt_arrayAdapter、bt_simpleAdapter，用于跳转到不同的 Activity，使用不同的 Adapter 为 ListView 绑定数据。

（3）为了显示其他两个 Activity，依次增加三个布局文件：arrayadapter.xml、simpleadapter.xml、list.xml 文件，其中 list.xml 作为 SimpleAdapter 中显示数据的布局文件，依次编写代码如下：

① arrayadapter.xml 文件

```
1    <?xml version="1.0" encoding="utf-8"?>
2    <LinearLayout xmlns:android="http://schemas.android.com/apk/res/android"
3        android:orientation="vertical"
4        android:layout_width="fill_parent"
5        android:layout_height="fill_parent"
6        >
7        <TextView
8            android:layout_width="fill_parent"
9            android:layout_height="wrap_content"
10           android:text="这是一个 ArrayAdapter 的案例"
11           android:textSize="20dp" />
12        <TextView
13           android:layout_width="match_parent"
14           android:layout_height="wrap_content"
15           android:id="@+id/tvContent"/>
16        <ListView
17           android:id="@+id/arrayList"
18           android:layout_width="fill_parent"
19           android:layout_height="fill_parent"
20           android:divider="#555555"
21           android:dividerHeight="5px"/>
22    </LinearLayout>
```

说明：

第 16～21 行：定义一个 ListView，并定义其大小，ID 为 arrayList。其中，第 20 行定义 List 项目之间的分隔颜色为#555555；第 21 行定义高度为 5 个像素。

② simpleadapter.xml 文件。

```
1    <?xml version="1.0" encoding="utf-8"?>
2    <LinearLayout xmlns:android="http://schemas.android.com/apk/res/android"
3        android:orientation="vertical"
4        android:layout_width="fill_parent"
5        android:layout_height="fill_parent">
6        <TextView
7            android:layout_width="match_parent"
```

```
8                   android:layout_height="wrap_content"
9                   android:text="热歌排行榜"
10                   android:textSize="20dp"/>
11              <LinearLayout
12                   xmlns:android="http://schemas.android.com/apk/res/android"
13                   android:layout_width="fill_parent"
14                   android:layout_height="wrap_content"
15                   android:orientation="horizontal">
16                   <TextView
17                        android:layout_width="0dp"
18                        android:layout_height="wrap_content"
19                        android:text="歌曲"
20                        android:layout_weight="1"/>
21                   <TextView
22                        android:layout_width="0dp"
23                        android:layout_height="wrap_content"
24                        android:text="歌手"
25                        android:layout_weight="1"/>
26                   <TextView
27                        android:layout_width="0dp"
28                        android:layout_height="wrap_content"
29                        android:text="专辑"
30                        android:layout_weight="1"/>
31                   <TextView
32                        android:layout_width="0dp"
33                        android:layout_height="wrap_content"
34                        android:text="时长"
35                        android:layout_weight="1" />
36              </LinearLayout>
37              <ListView
38                   android:id="@+id/simpleAdapterList"
39                   android:layout_width="fill_parent"
40                   android:layout_height="fill_parent"
41                   android:divider="#555555"
42                   android:dividerHeight="1dp"/>
43         </LinearLayout>
```

说明：

- 第11～36行：声明一个水平方向的线性布局，包含四个Text View控件，平均分配父空间的宽度，作为ListView数据的表头。
- 第37～42行：定义一个ListView，并定义其大小，ID为simpleAdapterList。其中，第41行定义List项目之间的分隔颜色为#555555；第42行定义分割线高度为1dp。

③ list.xml文件，本布局文件主要用于在simpleadapter.xml中显示每一个item的数据。

```
1    <?xml version="1.0" encoding="utf-8"?>
2    <LinearLayout
3        xmlns:android="http://schemas.android.com/apk/res/android"
4        android:layout_width="fill_parent"
5        android:layout_height="wrap_content"
6        android:orientation="horizontal">
7        <TextView
8            android:id="@+id/song_name"
9            android:layout_width="0dp"
10            android:layout_height="wrap_content"
11            android:layout_weight="1"/>
12        <TextView
13            android:id="@+id/singer"
14            android:layout_width="0dp"
15            android:layout_height="wrap_content"
16            android:layout_weight="1"/>
17        <TextView
18            android:id="@+id/album"
19            android:layout_width="0dp"
20            android:layout_height="wrap_content"
21            android:layout_weight="1"/>
22        <TextView
23            android:id="@+id/duration"
24            android:layout_width="0dp"
25            android:layout_height="wrap_content"
26            android:layout_weight="1" />
27    </LinearLayout>
```

说明：

第 2～27 行：定义一个横向的线性布局，包含四个 TextView，作为显示 ListView 中每一条数据的控件。

（4）修改主 Activity 的类文件 MainActivity.java，在本类中，主要通过单击不同的命令按钮，显示不同的 Activity。编写代码如下：

```
1    package com.example.administrator.ex04_5;
2    import android.app.Activity;
3    import android.content.Intent;
4    import android.os.Bundle;
5    import android.view.View;
6    import android.widget.Button;
7    public class MainActivity extends Activity {
8        Button bt_ArrayAdapter;
```

```
9            Button bt_SimpleAdapter;
10             @Override
11             public void onCreate(Bundle savedInstanceState) {
12                 super.onCreate(savedInstanceState);
13                 setContentView(R.layout.activity_main);
14                 bt_ArrayAdapter=(Button)findViewById(R.id.ArrayAdapter);
15                 bt_SimpleAdapter=(Button)findViewById(R.id.SimpleAdapter);
16
17                 bt_ArrayAdapter.setOnClickListener(new View.OnClickListener()
18                 {
19                     @Override
20                     public void onClick(View v) {
21                         Intent intent=new Intent();
22                         intent.setClass(MainActivity.this, ArrayAdapterActivity.class);
23                         startActivity(intent);
24                     }
25                 });
26                 bt_SimpleAdapter.setOnClickListener(new Button.OnClickListener()
27                 {
28                     @Override
29                     public void onClick(View v) {
30                         Intent intent=new Intent();
31                         intent.setClass(MainActivity.this, SimpleAdapterActivity.class);
32                         startActivity(intent);
33                     }
34                 });
35             }
36     }
```

说明：

- 第 8～9 行：声明两个 Button 类对象，即 bt_ArrayAdapter、bt_SimpleAdapter。
- 第 14～15 行：分别获取 ArrayAdapter、SimpleAdapter、控件的引用。
- 第 17～25 行：为 bt_ArrayAdapter 增加单击监听事件，用于跳转 ArrayAdapter Activity 页面。
- 第 26～34 行：为 bt_SimpleAdapter 增加单击监听事件，用于跳转 SimpleAdapter Activity 页面。

（5）增加类文件 ArrayAdapterActivity.java，在这个类中，主要演示 ArrayAdapter 的使用方法。编写代码如下：

```
1     package com.example.administrator.ex04_5;
2     import android.app.Activity;
3     import android.os.Bundle;
```

```
4       import android.view.View;
5       import android.widget.AdapterView;
6       import android.widget.ArrayAdapter;
7       import android.widget.ListView;
8       import android.widget.TextView;
9       public class ArrayAdapterActivity extends Activity {
10          /** Called when the activity is first created. */
11          ListView listview;
12          ArrayAdapter<String> adapter;
13          TextView tvContent;
14          @Override
15          public void onCreate(Bundle savedInstanceState) {
16              super.onCreate(savedInstanceState);
17              setContentView(R.layout.arrayadapter);
18              listview=(ListView)findViewById(R.id.arrayList);
19              final String[] weekList={"星期一","星期二","星期三","星期四","星期五",
                                "星期六","星期日"};
20              adapter=new ArrayAdapter<String>(this, android.R.layout.simple_list_item_1,
                                weekList);
21              listview.setAdapter(adapter);
22              listview.setOnItemClickListener(new AdapterView.OnItemClickListener(){
23                  @Override
24              public void onItemClick(AdapterView<?> arg0, View v, int position, long id) {
25                      tvContent=(TextView)findViewById(R.id.tvContent);
26                      tvContent.setText("你选择的是："+weekList[position]);
27                  }
28              });
29          }
30      }
```

说明：

- 第 11 行：声明一个 ListView 对象。
- 第 12 行：声明一个字符串适配器对象。
- 第 13 行：声明一个 TextView 对象。
- 第 18 行：获取 arrayList 控件的引用。
- 第 19 行：定义 weekList 字符串数组，作为在 List View 中显示的数据。
- 第 20 行：创建数组适配器。在创建适配器时，使用的是 Android 系统自带的布局方式 android.R.layout. simple_list_item_1，然后将第 19 行定义的字符串数组传入，作为适配器的数据源。
- 第 21 行：设置 ListView 控件适配器设置为第 20 行所创建的适配器。
- 第 22～28 行：为 ListView 控件设置单击监听事件，作用是在 TextView 中显示所单击的 Item 内容。

Note

（6）增加类文件 SimpleAdapterActivity.java。在这个类中，将通过模拟显示热歌排行榜的实例来演示 SimpleAdapter 的使用方法。编写代码如下：

```
1    package com.example.administrator.ex04_5;
2    import android.app.Activity;
3    import android.os.Bundle;
4    import android.widget.ListView;
5    import android.widget.SimpleAdapter;
6    import java.util.ArrayList;
7    import java.util.HashMap;
8    import java.util.List;
9    import java.util.Map;
10    public class SimpleAdapterActivity extends Activity {
11        String[] songs = new String[]{"少年", "点歌的人", "夏天的风","无人之岛","微微"};
12        String[] singers = new String[]{"梦然", "海来阿木", "Uu","任然","傅如乔"};
13        String [] albums = new String[]{"少年", "点歌的人", "夏天的风","没有发生的爱情
                                      ","微微"};
14        String [] durations = new String[]{"03:56", "03:17", "03:50","04:45","04:37"};
15        ListView listView;
16        @Override
17        public void onCreate(Bundle savedInstanceState) {
18            super.onCreate(savedInstanceState);
19            setContentView(R.layout.simpleadapter);
20            listView=(ListView)findViewById(R.id.simpleAdapterList);
21            List<Map<String, Object>> listitem = new ArrayList<Map<String, Object>>();
22            for (int i = 0; i < songs.length; i++) {
23                Map<String, Object> item = new HashMap<String, Object>();
24                item.put("song", songs[i]);
25                item.put("singer", singers[i]);
26                item.put("album", albums[i]);
27                item.put("duration", durations[i]);
28                listitem.add(item);
29            }
30            SimpleAdapter myAdapter = new SimpleAdapter(getApplicationContext(),
                        listitem,
                        R.layout.list,
                        new String[]{"song","singer","album","duration"},
                        new int[]{R.id.song_name,R.id.singer,R.id.album,R.id.duration});
31            listView.setAdapter(myAdapter);
32        }
33    }
```

说明：

- 第 11～14 行：声明四个字符串数组。
- 第 20 行：获取 simpleAdapterList 控件的引用。
- 第 21 行：声明一个 List 对象，用于存储在 ListView 中显示的数据。
- 第 22～29 行：通过一个循环将第 11～14 行所定义的四个数组中相同索引位置的数据放入一个 Map 对象，并将该 Map 对象放入第 21 行所声明的 List 对象中。
- 第 30 行：声明一个 SimpleAdapter 对象，第一个参数表示应用程序的上下文；第二个参数表示要显示的数据（第 21 行声明的 List 对象）；第三个参数表示显示数据所要使用的布局文件；第四个参数为字符数组，表示要显示哪些列的数据；第五个参数为整型数组，表示显示第四个参数中每一列数据的控件 ID。
- 第 31 行：将 ListView 的适配器设为第 30 行声明的适配器，就可以在 ListView 中显示数据。

（7）修改 AndroidManifest.xml 文件，编写代码如下：

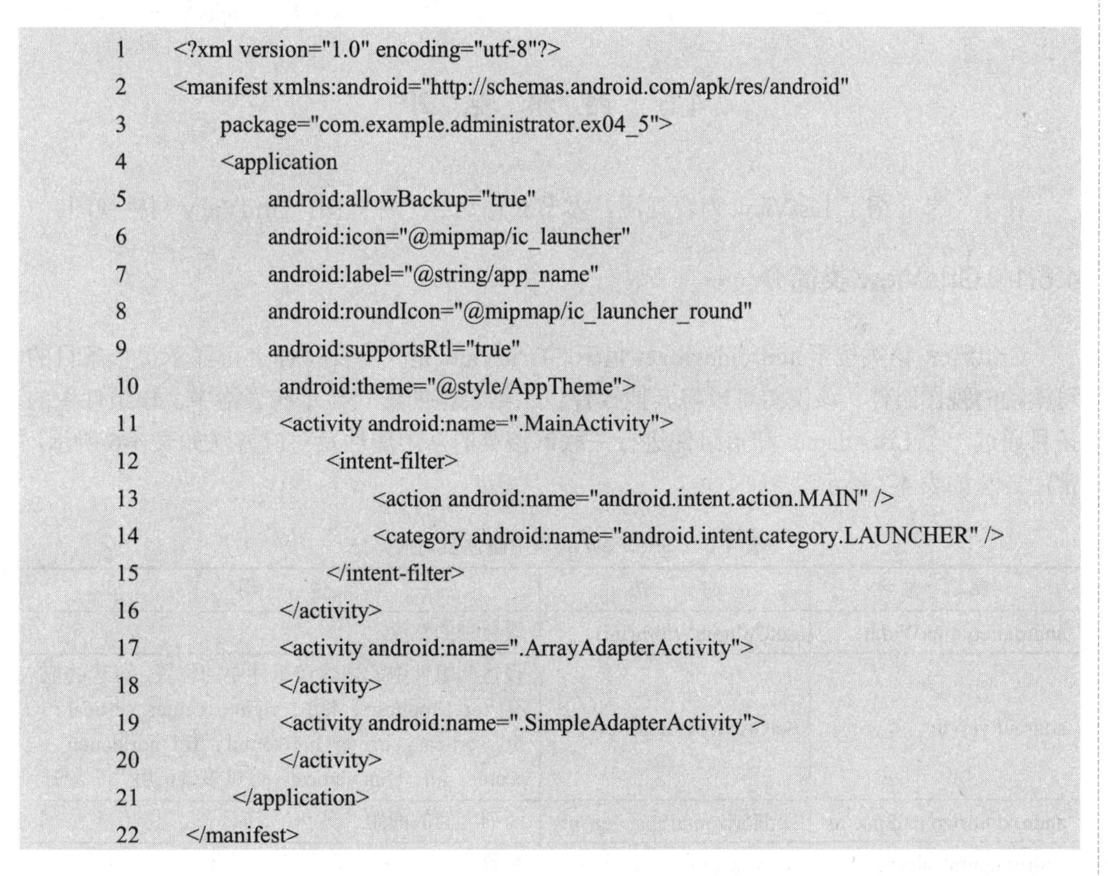

```
1   <?xml version="1.0" encoding="utf-8"?>
2   <manifest xmlns:android="http://schemas.android.com/apk/res/android"
3       package="com.example.administrator.ex04_5">
4       <application
5           android:allowBackup="true"
6           android:icon="@mipmap/ic_launcher"
7           android:label="@string/app_name"
8           android:roundIcon="@mipmap/ic_launcher_round"
9           android:supportsRtl="true"
10          android:theme="@style/AppTheme">
11          <activity android:name=".MainActivity">
12              <intent-filter>
13                  <action android:name="android.intent.action.MAIN" />
14                  <category android:name="android.intent.category.LAUNCHER" />
15              </intent-filter>
16          </activity>
17          <activity android:name=".ArrayAdapterActivity">
18          </activity>
19          <activity android:name=".SimpleAdapterActivity">
20          </activity>
21      </application>
22  </manifest>
```

说明：

- 第 11～16 行：配置该程序启动的第一个 Activity。
- 第 17～18、19～20 行：配置程序中另外的两个 Activity。

本实例运行结果如图 4-6～图 4-8 所示。

Note

图 4-6　EX04_5 运行结果

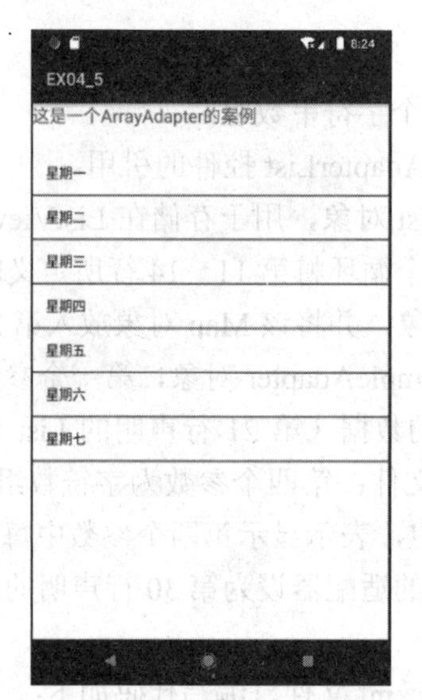

图 4-7　ArrayAdapter 适配器

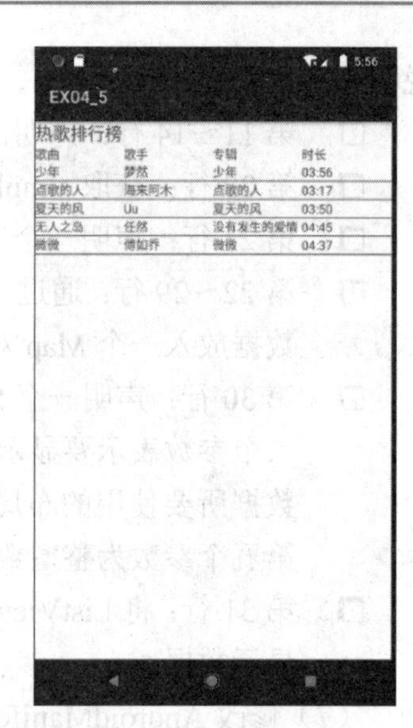

图 4-8　SimpleAdapter 适配器

4.6 网格视图

在上一节介绍了 ListView 列表视图，本节介绍另外一种视图：GridView 网格视图。

4.6.1 GridView 类简介

GridView 该类位于 android.widget 包下。GridView 是一个在平面上可显示多个条目的可滚动的视图组件，该视图可以将其他控件以二维表格的形式显示在表格中。该组件中的条目通过一个 ListAdapter 和该组件进行关联。该类的常用属性及对应方法如表 4-6 所示，常用方法如表 4-7 所示。

表 4-6　GridView 的常用属性及对应方法

属　性	方　法	说　明
android:columnWidth	setColumnWidth(int)	设置列的宽度
android:gravity	setGravity (int gravity)	设置此组件中的内容在组件中的位置，可选的值有 top、bottom、left、right、center_vertical、fill_vertical、center_horizontal、fill_horizontal、center、fill、clip_vertical，可以多选，用“|”分开
android:horizontalSpacing	setHorizontalSpacing(int)	两列之间的间距
android:numColumns	setNumColumns(int)	列数
android:stretchMode	setStretchMode(int)	缩放模式，取值如下：columnWidth 表示如果列有空闲空间就加宽列；spacingWidth 表示如果列有空闲空间就加宽各列间距；none 表示没有任何动作；spacingWidthUniform 表示平均分配空间

表 4-7 GridView 类常用方法

方 法	说 明
setOnItemClickListener(AdapterView.OnItemClickListener listener)	当列表项被单击时触发的事件
setOnItemSelectedListener(AdapterView.OnItemSelectedListener listener)	当列表项改变时所触发的事件
setOnItemLongClickListener(AdapterView.OnItemLongClickListener listener)	当列表项被长时间按住时所触发的事件

4.6.2 GridView 使用实例

本节将通过一个使用 GridView 显示汽车 logo，并且显示在列表中选择的汽车 logo 的实例，来说明 GridView 的使用方法。在实现本例时，需要自行下载 16 个汽车 logo，放入 mipmap 中。本实例开发步骤如下。

（1）创建项目 EX04_6。

（2）修改主 Activity 的布局文件 activity_main.xml，编写代码如下：

```
1    <?xml version="1.0" encoding="utf-8"?>
2    <LinearLayout xmlns:android="http://schemas.android.com/apk/res/android"
3        xmlns:app="http://schemas.android.com/apk/res-auto"
4        xmlns:tools="http://schemas.android.com/tools"
5        android:layout_width="match_parent"
6        android:layout_height="match_parent"
7        tools:context=".MainActivity"
8        android:orientation="vertical">
9        <TextView
10           android:id="@+id/text"
11           android:layout_width="wrap_content"
12           android:layout_height="wrap_content"
13           android:layout_marginTop="2dp"
14           android:text="汽车车标列表"/>
15       <TextView
16           android:layout_width="match_parent"
17           android:layout_height="wrap_content"
18           android:id="@+id/tv_carlogo"
19           android:layout_marginTop="5dp"
20           android:textSize="20dp"/>
21       <GridView
22           android:id="@+id/gridview"
23           android:layout_width="match_parent"
24           android:layout_height="wrap_content"
25           android:columnWidth="80dp"
```

```
26                android:numColumns="4"
27                android:stretchMode="spacingWidthUniform"/>
28     </LinearLayout>
```

说明：

第21～27行：声明一个GridView控件，其ID为gridview。第25行声明GridView的列宽，第26行声明GridView的列数为4，第27行声明GridView的缩放模式，说明GridView的4个列平均分配GridView的宽度。

（3）增加griditem.xml文件，编写代码如下：

```
1     <?xml version="1.0" encoding="utf-8"?>
2     <LinearLayout xmlns:android="http://schemas.android.com/apk/res/android"
3         android:layout_width="match_parent"
4         android:layout_height="match_parent"
5         android:orientation="vertical">
6         <ImageView
7             android:id="@+id/img"
8             android:layout_width="wrap_content"
9             android:layout_height="80dp"
10            android:layout_marginTop="10dp"
11            android:layout_gravity="center"/>
12        <TextView
13            android:id="@+id/text"
14            android:layout_width="wrap_content"
15            android:layout_height="wrap_content"
16            android:layout_marginTop="2dp"
17            android:layout_gravity="center"/>
18    </LinearLayout>
```

说明：

第2～18行：声明一个垂直方向的线性列表，并定义其大小，包含一个ImageView与一个TextView控件。ImageView控件与TextView控件居中排放。

（4）修改主Activity的类文件MainActivity.java，编写代码如下：

```
1     package com.example.administrator.ex04_6;
2     import android.app.Activity;
3     import android.os.Bundle;
4     import android.view.View;
5     import android.widget.AdapterView;
6     import android.widget.GridView;
7     import android.widget.SimpleAdapter;
8     import android.widget.TextView;
9     import java.util.ArrayList;
10     import java.util.HashMap;
11     import java.util.List;
```

```
12	import java.util.Map;
13	public class MainActivity extends Activity {
14		GridView gridView;
15		TextView tv_carlogo;
16		List<Map<String, Object>> dataList;
17		SimpleAdapter adapter;
18		@Override
19		protected void onCreate(Bundle savedInstanceState) {
20			super.onCreate(savedInstanceState);
21			setContentView(R.layout.activity_main);
22			gridView = (GridView) findViewById(R.id.gridview);
23			tv_carlogo=(TextView)findViewById(R.id.tv_carlogo);
24			int icno[] = { R.mipmap.bentley, R.mipmap.benz, R.mipmap.bmw,
				R.mipmap.buick, R.mipmap.ford, R.mipmap.infiniti,
				R.mipmap.cadillac,R.mipmap.lamborghini, R.mipmap.landrover,
				R.mipmap.lexus, R.mipmap.lincoln, R.mipmap.nissan,
				R.mipmap.prosche,R.mipmap.rollsroyce, R.mipmap.rowen,
				R.mipmap.toyota};
25			String name[]={"宾利","奔驰","宝马","别克","福特","英菲尼迪","凯迪拉克",
				"兰博基尼","路虎","雷克萨斯","林肯","尼桑","保时捷",
				"劳斯莱斯","荣威","丰田"};
26			dataList = new ArrayList<Map<String, Object>>();
27			for (int i = 0; i <icno.length; i++) {
28				Map<String, Object> map=new HashMap<String, Object>();
29				map.put("img", icno[i]);
30				map.put("name",name[i]);
31				dataList.add(map);
32			}
33			adapter=new SimpleAdapter(this, dataList, R.layout.griditem,
							new String[]{"img","text"},
							new int[]{R.id.img,R.id.text});
34			gridView.setAdapter(adapter);
35			gridView.setOnItemClickListener(new AdapterView.OnItemClickListener() {
36				@Override
37			public void onItemClick(AdapterView<?> parent, View view, int position,   long
					id) {
38				tv_carlogo.setText("你选择的车标是:"
					+name[position].toString());
39			}
40			});
41		}
42	}
```

Note

说明：

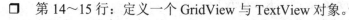

- ❑ 第14～15行：定义一个GridView与TextView对象。
- ❑ 第16行：定义一个List对象，用于存放GridView中要展示的数据。
- ❑ 第17行：定义一个SimpleAdapter对象。
- ❑ 第24行：定义一个整型数组，存放汽车logo的资源ID。
- ❑ 第25行：定义一个字符数组，存放每一个汽车logo对应的汽车品牌名称。
- ❑ 第27～32行：通过一个循环，将汽车的logo图片与品牌名称对应起来，作为一个Map对象，添加到List对象中（dataList）。
- ❑ 第33行：定义适配器，第二个参数使用上面生成的List列表作为适配器的数据源；第三个参数表示显示数据所要使用的布局文件；第四个参数为字符数组，表示要显示哪些列的数据；第五个参数为整型数组，表示显示第四个参数中每一列的数据的控件ID。
- ❑ 第34行：设置GridView的适配器为第33行定义的适配器。
- ❑ 第35～40行：为GridView增加单击监听事件，在TextView控件中显示在GridView中所选择Item的内容，position表示单击的Item的索引。

本实例运行结果如图4-9所示。

图4-9　EX04_6界面

4.7 画廊控件

现在手机除可以进行通信外，还有丰富的娱乐功能，如照相、查看图片等。苹果手机曾经因为其丰富的娱乐功能吸引了不少手机粉丝，如在查看图片时，点击后一张图片前一张图片就会往前移动，而点击的图片会突出显示，也可以触摸拖动图片，任意选择想要的

图片突出显示，在 Android 上也可以实现此效果。画廊控件 Gallery 就是一种具有此酷炫效果且使用方法简单的图片浏览控件，是设计相册和浏览图片的首选控件。本节将介绍画廊控件 Gallery 的使用。

4.7.1　Gallery 类简介

Gallery 是一种水平滚动的列表，用来显示图片等资源，可以使图片在屏幕上通过手指的滑动来显示。该类位于 android.widget 包下，该类一些常用的属性及说明如表 4-8 所示。

表 4-8　Gallery 常用属性及说明

属　性	说　明
android:animationDuration	设置布局变化时动画的转换所需的时间（毫秒级），仅在动画开始时计时。该值必须是整数，如 100
android:gravity	指定在对象的 X 和 Y 轴上如何放置内容。指定以下常量中的一个或多个（使用 “|” 分隔） top：紧靠容器顶端，不改变其大小 bottom：紧靠容器底部，不改变其大小 left：紧靠容器左侧，不改变其大小 right：紧靠容器右侧，不改变其大小 center_vertical：垂直居中，不改变其大小 fill_vertical：垂直方向上拉伸至充满容器 center_horizontal：水平居中，不改变其大小 fill_horizontal：水平方向上拉伸使其充满容器 center：居中对齐，不改变其大小 fill：在水平和垂直方向上拉伸，使其充满容器 clip_vertical：垂直剪切（当对象边缘超出容器的时候，将上下边缘超出的部分剪切掉） clip_horizontal：水平剪切（当对象边缘超出容器的时候，将左右边缘超出的部分剪切掉）
android:spacing	设置图片之间的间距
android:unselectedAlpha	设置未选中的条目的透明度（Alpha）。该值必须是 float 类型，如 1.2

4.7.2　Gallery 使用实例

本节通过一个实例者介绍 Gallery 控件的使用方法。在本实例中首先将要显示的图片内容存放到 BaseAdapter 中，然后将此 BaseAdapter 设置给 Gallery 控件进行显示。在开发本实例时，需要在 res/mipmap 文件夹中放置 10 张图片，分别命名为 simple1、simple2 等。本实例的开发步骤如下。

Note

（1）创建项目 EX04_7。

（2）修改主 Activity 的布局文件 activity_main.xml，编写代码如下：

```
1    <?xml version="1.0" encoding="utf-8"?>
2    <LinearLayout xmlns:android="http://schemas.android.com/apk/res/android"
3        android:orientation="vertical"
4        android:layout_width="fill_parent"
5        android:layout_height="fill_parent">
6        <TextView
7            android:layout_width="fill_parent"
8            android:layout_height="wrap_content"
9            android:text="这是一个 Gallery 画廊控件的案例"/>
10        <Gallery
11             android:id="@+id/mygallery"
12             android:layout_width="fill_parent"
13             android:layout_height="fill_parent"/>
14    </LinearLayout>
```

说明：

- 第 2～5 行：定义一个纵向的线性布局及其大小。
- 第 6～9 行：定义 TextView 控件及其大小、文本。
- 第 10～13 行：定义一个 Gallery 控件及其大小，其 ID 为 mygallery。

（3）修改主 Activity 的类文件 MainActivity.java。在本类中，主要实现派生于 BaseAdapter 的子类 ImageAdapter，使用其为 Gallery 显示图片。编写代码如下：

```
1    package com.example.administrator.ex04_7;
2    import android.app.Activity;
3    import android.content.Context;
4    import android.os.Bundle;
5    import android.view.View;
6    import android.view.ViewGroup;
7    import android.widget.AdapterView;
8    import android.widget.BaseAdapter;
9    import android.widget.Gallery;
10    import android.widget.ImageView;
11    import android.widget.Toast;
12    public class MainActivity extends Activity {
13        private Gallery mGallery;
14        @Override
15        public void onCreate(Bundle savedInstanceState) {
16            super.onCreate(savedInstanceState);
17            setContentView(R.layout.activity_main);
18            mGallery = (Gallery)findViewById(R.id.mygallery);
19            mGallery.setAdapter(new ImageAdapter(this));
20            mGallery.setOnItemClickListener(new AdapterView.OnItemClickListener() {
```

```
21                  @Override
22                  public void onItemClick(AdapterView<?> parent, View view, int position,
                            long id) {
23                      Toast.makeText(MainActivity.this, "点击了第"+(position+1)+"张图片",
                            Toast.LENGTH_LONG).show();
24                  }
25          });
26      }
27  }
28  class ImageAdapter extends BaseAdapter {
29      private Context mContext;
30      private Integer[] mImage = {
            R.mipmap.simple1, R.mipmap.simple2, R.mipmap.simple3, R.mipmap.simple4
            R.mipmap.simple5, R.mipmap.simple6, R.mipmap.simple7, R.mipmap.simple8,
            R.mipmap.simple9, R.mipmap.simple10};
31      public ImageAdapter(Context c){
32          mContext = c;
33      }
34      @Override
35      public int getCount() {
36          return mImage.length;
37      }
38      @Override
39      public Object getItem(int position) {
40          return mImage[position];
41      }
42      @Override
43      public long getItemId(int position) {
44          return position;
45      }
46      @Override
47      public View getView(int position, View convertView, ViewGroup parent) {
48          // TODO Auto-generated method stub
49          ImageView i = new ImageView (mContext);
50          i.setImageResource(mImage[position]);
51          i.setScaleType(ImageView.ScaleType.FIT_XY);
52          i.setLayoutParams(new Gallery.LayoutParams(800, 800));
53          return i;
54      }
55  };
```

说明：

- 第 13 行：声明一个 Gallery 对象。
- 第 18 行：获取 mGallery 控件的引用。
- 第 19 行：为 mGallery 设置适配器为第 30 行定义的 ImageAdapter 类的对象。

Note

- 第 20～25 行：为 mGallery 控件设置单击监听事件，position 表示点击图片的索引。
- 第 23 行：使用 Toast 显示提示内容。
- 第 28 行：定义 ImageAdapter 类，继承于 BaseAdapter 类。
- 第 30 行：声明一个整数数组，存放要显示的图片 ID。
- 第 31～33 行：定义 ImageAdapter 类的构造函数。
- 第 35～37 行：定义 getCount()函数，获取该适配器中图片的数量。
- 第 39～41 行：定义 getItem()函数，返回当前的 Item 项（图片的资源 ID）。
- 第 43～45 行：定义 getItemId()函数，返回当前项的 ID 号。
- 第 47～54 行：定义 getView()函数，用于显示相应位置的图片。其中，第 49 行声明一个 ImageView 控件；第 50 行设置 ImageView 的图片资源 ID 为该 ImageView 显示的内容；第 51 行控制图片适合 ImageView 的大小拉伸图片（不按比例）以填充 View 的高和宽；第 52 行设置 ImageView 的布局参数。

本实例运行结果如图 4-10 所示。

图 4-10　EX04_7 界面

4.8　习　　题

1．在 Android 应用程序中，使用自动完成文本控件实现以下功能：输入一个文字，显示相应的游戏提示，如图 4-11 所示。

2．设计一个 Android 应用程序，在该程序中使用 Spinner 显示一个下拉列表，并且显示选择的选项，如图 4-12 所示。

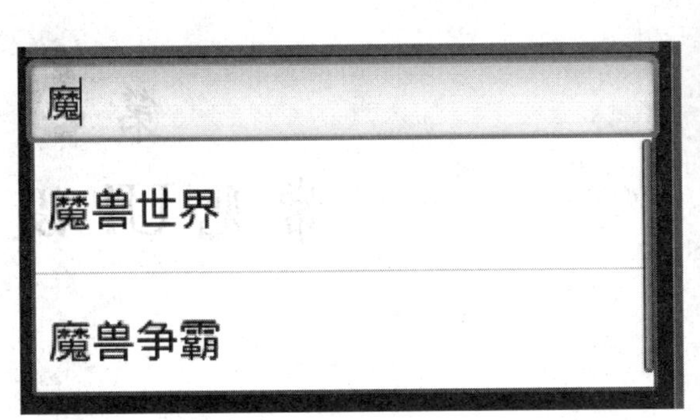

图 4-11　游戏列表提示

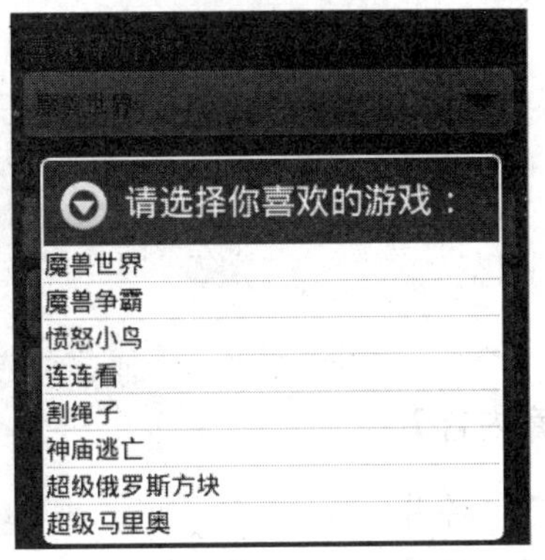

图 4-12　游戏 Spinner

3．设计一个 Android 应用程序，使用 GridView 显示图书信息。在每条图书信息中显示书的图片、名称以及作者等内容，显示方式如图 4-13 所示。

图 4-13　GridView 条目显示方式

4．在 Android 应用程序中，使用 ListView 显示 Android 系统中的文件列表。

5．设计一个 Android 应用程序，模拟后台程序运行进度提示。

6．使用 Gallery 设计一个图片浏览软件，可以浏览手机上的图片文件。

第 5 章 常见UI设计

【本章内容】

- ❒ 碎片
- ❒ 工具栏
- ❒ 底部导航栏
- ❒ 可扩展列表视图

在设计 Android 程序时，开发者可以根据自己对 App 的理解，设计出符合用户操作习惯的界面，从而提高用户体验度。在本章中，介绍了在 UI 设计过程中经常会用到的一些类，如 Fragment（碎片）、Toolbar（工具栏）、Navigation（底部导航）、ExpandableListView（可扩展列表）。通过这些类的使用，开发者可以设计出功能强大、操作便捷的界面。

5.1 碎　　片

在实际的应用中，一个 Android 程序可能需要运行在各种各样的设备中，如小屏幕的手机、平板电脑、电视。针对屏幕尺寸的差异，很多情况下，都是先针对手机开发一套 App，然后修改布局文件以适应各种应用环境。Android 3.0 以后的版本中增加了一个碎片（Fragment）功能，主要是为了给大屏幕提供更加动态和灵活的 UI 设计支持。

Fragment 能够嵌入活动中的组件，可以将多个片段组合在一个 Activity 中来构建多窗口 UI。也就是说，开发者可以把 Fragment 当成 Activity 的一个组成部分，甚至一个 Activity 可以由完全不同的 Fragment 组成，并且 Fragment 拥有自己的生命周期和接收、处理用户的事件，这样在 Activity 中就不需要写一堆控件的事件处理代码了。更为重要的是，开发者还可以动态地添加、替换和移除某个 Fragment。

5.1.1 Fragment 生命周期

Fragment 必须是依存于 Activity 而存在的，因此 Activity 的生命周期也会直接影响 Fragment 的生命周期。图 5-1 说明了两者生命周期的关系，从图中可以看到 Fragment 比 Activity 多了几个生命周期回调方法：

- ❒ onAttach(Activity)：当 Fragment 与 Activity 发生关联时调用。
- ❒ onCreateView(LayoutInflater, ViewGroup,Bundle)：创建该 Fragment 的视图。

- onActivityCreated(Bundle)：当 Activity 的 onCreate()方法返回时调用。
- onDestoryView()：与 onCreateView()相对应，当该 Fragment 的视图被移除时调用。
- onDetach()：与 onAttach()相对应，当 Fragment 与 Activity 关联被取消时调用。

注意

除了 onCreateView()，如果开发者重写了其他的方法，必须调用父类对于该方法的实现。

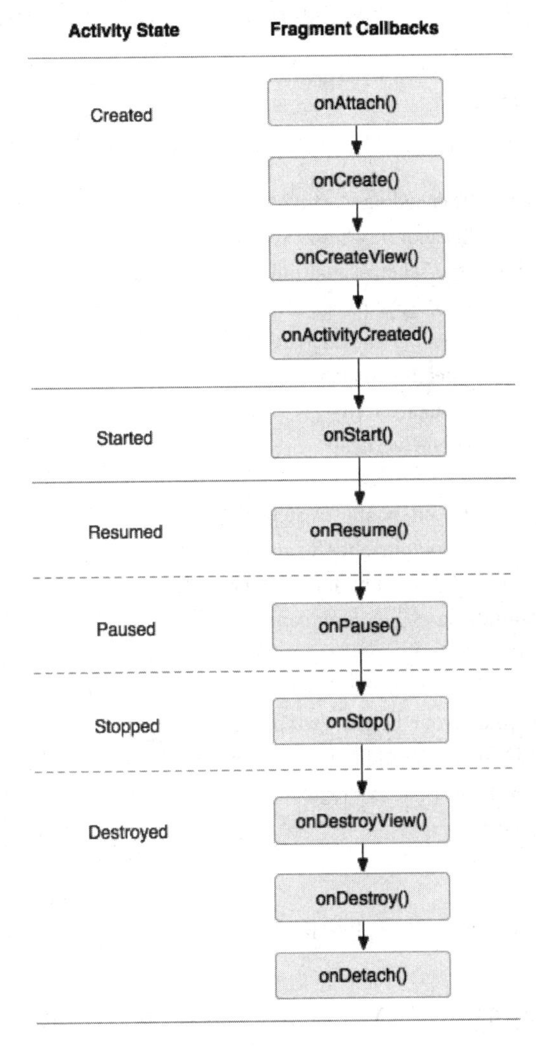

图 5-1　Activity 与 Fragment 生命周期关系

5.1.2　Fragment 应用实例

要在一个 Activity 中使用 Fragment 可以通过两种方式来进行。

（1）静态方法：把 Fragment 当成普通的控件，直接写在 Activity 的布局文件中，继承Fragment类，重写onCreateView()决定Fragment的布局；在Activity类中声明此Fragment，和普通的View一样。

（2）动态方法：动态加载Fragment的方式非常灵活，也是最常使用的一种方法。它可以让开发者决定在代码当中动态加载哪些 Fragment。动态加载 Fragment 时，通过FragmentManager 获取 FragmentTransaction 对象，然后将新生成的 Fragment 增加到一个帧布局中，最后进行提交即可。

本节将通过一个实例来演示 Fragment 的动态和静态使用方法。在静态方法中，单击左边列表，右边显示相应的图片；在动态的方法中，通过新增一个 Fragment 显示一个图片列表。本案例的开发步骤如下。

（1）新建实例 EX05_1。

（2）修改主 Activity 的布局文件 activity_main.xml，编写代码如下：

```
1   <?xml version="1.0" encoding="utf-8"?>
2   <LinearLayout xmlns:android="http://schemas.android.com/apk/res/android"
3       xmlns:app="http://schemas.android.com/apk/res-auto"
4       xmlns:tools="http://schemas.android.com/tools"
5       android:layout_width="match_parent"
6       android:layout_height="match_parent"
7       tools:context=".MainActivity"
8       android:orientation="vertical">
9       <Button
10          android:layout_width="match_parent"
11          android:layout_height="wrap_content"
12          android:id="@+id/bt_jumptaticFragment"
13          android:text="静态 Fragment"/>
14        <Button
15          android:layout_width="match_parent"
16          android:layout_height="wrap_content"
17          android:id="@+id/bt_jumpDynamicFragment"
18          android:text="动态 Fragment"/>
19  </LinearLayout>
```

说明：

第2～19行：声明一个垂直的线性布局，其中包含两个Button控件，用于界面的跳转。

（3）修改主 Activity 的类文件 MainActivity.java，编写代码如下：

```
1   package com.example.administrator.ex05_1;
2   import android.content.Intent;
3   import android.support.v7.app.AppCompatActivity;
4   import android.os.Bundle;
5   import android.view.View;
6   import android.widget.Button;
```

```
7    public class MainActivity extends AppCompatActivity {
8            Button bt_jumptaticFragment,bt_jumpDynamicFragment;
9            @Override
10            protected void onCreate(Bundle savedInstanceState) {
11              super.onCreate(savedInstanceState);
12              setContentView(R.layout.activity_main);
13              bt_jumptaticFragment=(Button)findViewById(R.id.bt_jumptaticFragment);
14              bt_jumpDynamicFragment=(Button)findViewById(R.id.bt_jumpDynamicFragment);
15              bt_jumptaticFragment.setOnClickListener(new View.OnClickListener() {
16                      @Override
17                      public void onClick(View v) {
18                          Intent intent=new Intent();
19                          intent.setClass(MainActivity.this,StaticFragmentActivity.class);
20                          startActivity(intent);
21                      }
22                  });
23                  bt_jumpDynamicFragment.setOnClickListener(new View.OnClickListener() {
24                      @Override
25                      public void onClick(View v) {
26                          Intent intent=new Intent();
27                          intent.setClass(MainActivity.this,DynamicFragmentActivity.class);
28                          startActivity(intent);
29                      }
30                  });
31          }
32      }
```

说明：

第15～22、23～30行：为Button增加单击监听事件，实现界面的跳转。

（4）新增staticfragment.xml布局文件，用于设计静态Fragment的布局方式，编写代码如下：

```
1    <?xml version="1.0" encoding="utf-8"?>
2    <LinearLayout xmlns:android="http://schemas.android.com/apk/res/android"
3        xmlns:tools="http://schemas.android.com/tools"
4        android:id="@+id/activity_main"
5        android:layout_width="match_parent"
6        android:layout_height="match_parent"
7        android:orientation="horizontal"
8        tools:context="com.example.administrator.ex05_1.MainActivity">
9        <fragment
10           android:id="@+id/fragment_select"
```

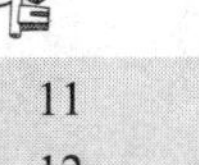

Note

```
11                android:name="com.example.administrator.ex05_1.TouristListFragment"
12                android:layout_width="0dp"
13                android:layout_height="match_parent"
14                android:layout_weight="1" />
15            <fragment
16                android:id="@+id/fragment_result"
17                android:name="com.example.administrator.ex05_1.TouristContentFragment"
18                android:layout_width="0dp"
19                android:layout_height="match_parent"
20                android:layout_weight="2.5" />
21        </LinearLayout>
```

说明：

- 第9～14行：声明一个Fragment碎片。其中，第11行声明该Fragment所对应的类；第14行声明该Fragment在屏幕中占的宽度比重。
- 第15～20行：与第9～14行类同，不再赘述。

（5）新增StaticFragmentActivity.java文件，用于显示静态Fragment的界面，编写代码如下：

```
1      package com.example.administrator.ex05_1;
2      import android.app.Activity;
3      import android.os.Bundle;
4      public class StaticFragmentActivity extends Activity implements
TouristListFragment.Callback{
5          @Override
6          protected void onCreate(Bundle savedInstanceState) {
7              super.onCreate(savedInstanceState);
8              setContentView(R.layout.staticfragment);
9              }
10         @Override
11         public void onItemSelected(int id) {
12             TouristContentFragment resultFragment = (TouristContentFragment)
 getFragmentManager().findFragmentById(R.id.fragment_result);
13             resultFragment.showResult(id);
14             }
15     }
```

说明：

- 第4行：声明StaticFragmentActivity类，需要实现TouristListFragment类Callback接口。
- 第11～14行：实现TouristListFragment类Callback接口的onItemSelected()方法。其中，第12行获取TouristContentFragment所对应的Fragment；第13行调用TouristContentFragment的showResult()方法，显示相应的图片。

（6）新增 fragment_list.xml 文件，用于设计静态 Fragment 左侧的列表，编写代码如下：

```
1    <FrameLayout xmlns:android="http://schemas.android.com/apk/res/android"
2        xmlns:tools="http://schemas.android.com/tools"
3        android:layout_width="match_parent"
4        android:layout_height="match_parent"
5        tools:context="com.example.administrator.ex05_1.TouristListFragment">
6        <ListView
7            android:id="@+id/listView"
8            android:layout_width="match_parent"
9            android:layout_height="match_parent" />
10   </FrameLayout>
```

说明：

第 6～9 行：在帧布局中声明一个 ListView 控件。

（7）新增 TouristListFragment.java 文件，用于实现静态 Fragment 左侧列表的显示及接口事件，编写代码如下：

```
1    package com.example.administrator.ex05_1;
2    import android.app.Fragment;
3    import android.content.Context;
4    import android.os.Bundle;
5    import android.view.LayoutInflater;
6    import android.view.View;
7    import android.view.ViewGroup;
8    import android.widget.AdapterView;
9    import android.widget.ArrayAdapter;
10   import android.widget.ListView;
11   public class TouristListFragment extends Fragment {
12       public interface Callback {
13           void onItemSelected(int id);
14       }
15       private Callback mListener;
16       @Override
17       public void onCreate(Bundle savedInstanceState) {
18           super.onCreate(savedInstanceState);
19       }
20       @Override
21       public View onCreateView(LayoutInflater inflater, ViewGroup container, Bundle
                 savedInstanceState) {
22         final String[] names = { "大唐芙蓉园","长安塔","布达拉宫", "九寨沟","周庄"};
23         ArrayAdapter<String> adapter = new ArrayAdapter<>(getActivity(),
                   android.R.layout.simple_list_item_activated_1, names);
24         View view = inflater.inflate(R.layout.fragment_list, container, false);
25         ListView listView = (ListView) view.findViewById(R.id.listView);
```

Note

```
26            listView.setChoiceMode(ListView.CHOICE_MODE_SINGLE);
27            listView.setOnItemClickListener(new AdapterView.OnItemClickListener() {
28            @Override
29            public void onItemClick(AdapterView<?> parent, View view, int position, long id) {
30                    if (mListener != null) {
31                        mListener.onItemSelected(position);
32                    }
33                }
34        });
35        listView.setAdapter(adapter);
36        return view;
37    }
38    @Override
39    public void onAttach(Context context) {
40        super.onAttach(context);
41        if (context instanceof Callback) {
42            mListener = (Callback) context;
43        } else {
44        throw new RuntimeException(context.toString() + " must implement Callback");
45        }
46    }
47    @Override
48    public void onDetach() {
49        super.onDetach();
50        mListener = null;
51    }
52 }
```

说明：

- 第12～14行：声明TouristListFragment的接口Callback，并定义了该接口需要实现的方法onItemSelected()，该接口在StaticFragmentActivity实现。
- 第15行：声明了接口的监听器。
- 第21～37行：重写OnCreateView()方法，用于TouristListFragment视图。其中，第22行声明一个字符数组，作为该视图要显示的数据；第23行声明一个ArrayAdapter适配器，作为ListView显示数据的适配器；第24行映射TouristListFragment所需要使用的布局文件；第25行从布局文件中获取ListView控件的引用；第26行设置ListView的选择模式；第27～34行为ListView增加ItemClick监听事件，当单击ListView中的某一项时，调用接口的onItemSelected()方法；第35行设置ListView的适配器。
- 第38～46行：重写onAttach()方法。其中，第41行判断上下文是不是一个Callback对象。
- 第48～51行：重写onDetach()方法。其中，第50行在与Activity取消关联时，将接口监听器设置为NULL。

（8）新增 fragment_content.xml 文件，用于设计静态 Fragment 左侧的列表，编写代码如下：

```
1    <?xml version="1.0" encoding="utf-8"?>
2    <FrameLayout xmlns:android="http://schemas.android.com/apk/res/android"
3        xmlns:tools="http://schemas.android.com/tools"
4        android:layout_width="match_parent"
5        android:layout_height="match_parent">
6        <ImageView
7            android:id="@+id/imageView"
8            android:layout_width="match_parent"
9            android:layout_height="match_parent" />
10   </FrameLayout>
```

说明：

第 2～10 行：声明一个帧布局，包含一个 ImageView 控件，用于显示图片。

（9）新增 TouristContentFragment.java，用于实现静态 Fragment 右侧图片的显示，编写代码如下：

```
1    package com.example.administrator.ex05_1;
2    import android.app.Fragment;
3    import android.os.Bundle;
4    import android.view.LayoutInflater;
5    import android.view.View;
6    import android.view.ViewGroup;
7    import android.widget.ImageView;
8    public class TouristContentFragment extends Fragment {
9        public TouristContentFragment() {
10       }
11       @Override
12       public View onCreateView(LayoutInflater inflater, ViewGroup container,
13                                Bundle savedInstanceState) {
14           return inflater.inflate(R.layout.fragment_content, container, false);
15       }
16       public void showResult(int id) {
17           int images[] = {R.mipmap.dtfry, R.mipmap.changanta, R.mipmap.bdlg,
                             R.mipmap.jiuzhaigou,R.mipmap.zhouzhuang};
18           ImageView imageView = (ImageView) getView().findViewById(R.id.imageView);
19           imageView.setImageResource(images[id]);
20       }
21   }
```

说明：

- 第 12～15 行：创建 TouristContentFragment 页面。其中，第 14 行映射 TouristContentFragment 所需要使用的布局文件。

- 第 16～20 行：实现 showResult()方法，该方法在 StaticFragmentActivity 实现 OnItemSelected 接口时进行了调用。其中，第 18 行获取 TouristContentFragment 页面中的 ImageView 控件；第 19 行显示图片。

Note

（10）新增 list_image.xml 文件，编写代码如下：

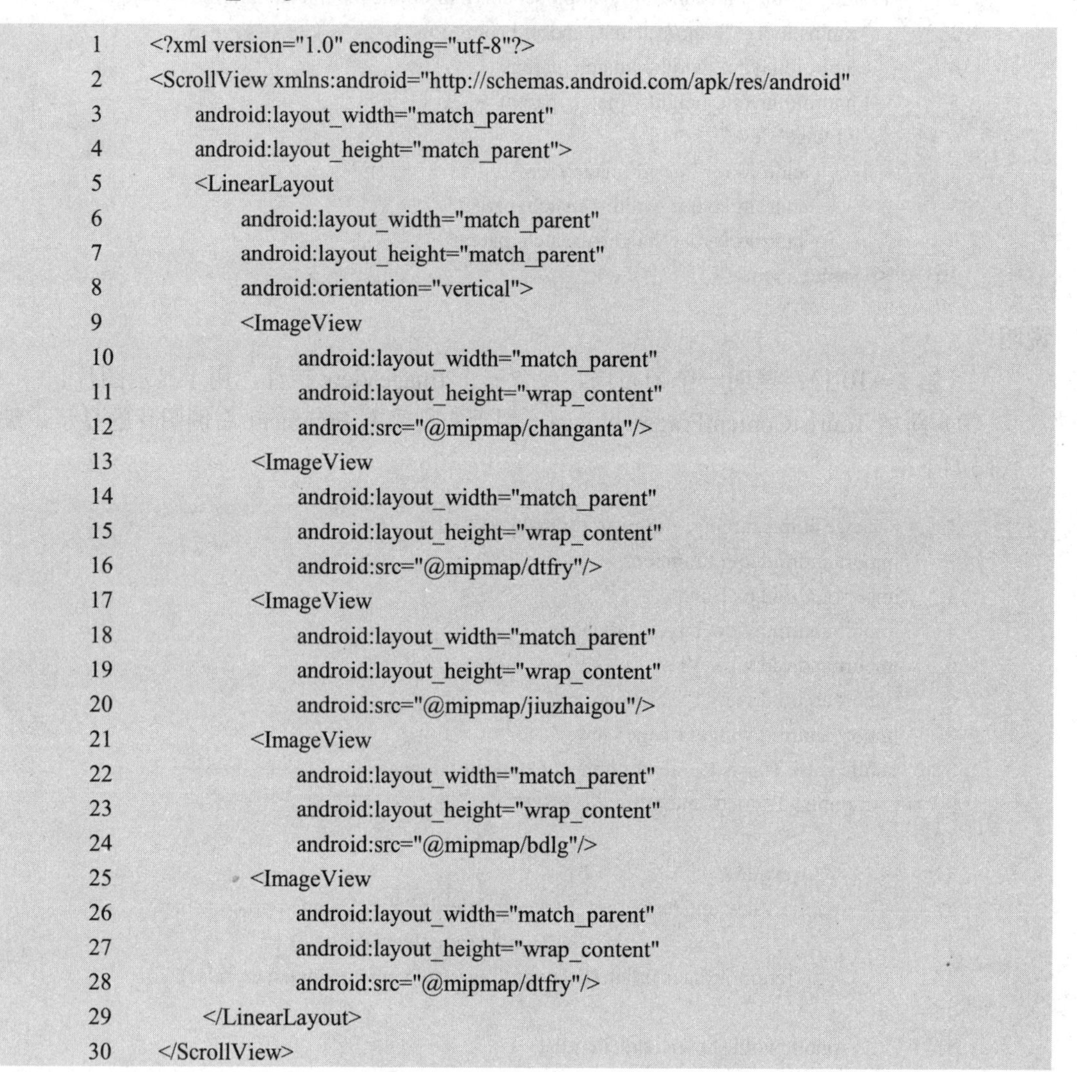

```
1   <?xml version="1.0" encoding="utf-8"?>
2   <ScrollView xmlns:android="http://schemas.android.com/apk/res/android"
3       android:layout_width="match_parent"
4       android:layout_height="match_parent">
5       <LinearLayout
6           android:layout_width="match_parent"
7           android:layout_height="match_parent"
8           android:orientation="vertical">
9           <ImageView
10              android:layout_width="match_parent"
11              android:layout_height="wrap_content"
12              android:src="@mipmap/changanta"/>
13           <ImageView
14              android:layout_width="match_parent"
15              android:layout_height="wrap_content"
16              android:src="@mipmap/dtfry"/>
17           <ImageView
18              android:layout_width="match_parent"
19              android:layout_height="wrap_content"
20              android:src="@mipmap/jiuzhaigou"/>
21           <ImageView
22              android:layout_width="match_parent"
23              android:layout_height="wrap_content"
24              android:src="@mipmap/bdlg"/>
25           <ImageView
26              android:layout_width="match_parent"
27              android:layout_height="wrap_content"
28              android:src="@mipmap/dtfry"/>
29       </LinearLayout>
30   </ScrollView>
```

说明：

第 2～30 行：声明一个滚动视图，包含一个纵向的线性布局，主要用于显示多张图片，并进行滚动。

（11）新建 ListImageFragment.java 文件，实现 Fragment 类，用于显示图片，主要代码如下：

```
1   package com.example.administrator.ex05_1;
2   import android.app.Fragment;
3   import android.os.Bundle;
```

```
4	import android.view.LayoutInflater;
5	import android.view.View;
6	import android.view.ViewGroup;
7	public class ListImageFragment extends Fragment {
8	    @Override
9	    public View onCreateView(LayoutInflater inflater, ViewGroup container,
10	                             Bundle savedInstanceState) {
11	        return inflater.inflate(R.layout.list_image, container, false);
12	    }
13	}
```

说明：

第 9～11 行：创建 ListImageFragment 页面。其中，第 11 行映射 ListImageFragment 所需要使用的布局文件。

（12）新增 activity_dynamicfragment.xml 文件，用于实现动态 Fragment 界面的设计，编写代码如下：

```
1	<?xml version="1.0" encoding="utf-8"?>
2	<LinearLayout xmlns:android="http://schemas.android.com/apk/res/android"
3	    android:layout_width="match_parent"
4	    android:layout_height="match_parent">
5	    <FrameLayout
6	        android:id="@+id/id_content"
7	        android:layout_width="fill_parent"
8	        android:layout_height="fill_parent"/>
9	</LinearLayout>
```

说明：

在线性布局文件中嵌套一个帧布局，帧布局用于动态放置 Fragment。

（13）新增 DynamicFragmentActivity.java 文件，用于实现动态 Fragment 的增加，主要代码如下：

```
1	package com.example.administrator.ex05_1;
2	import android.app.Activity;
3	import android.app.FragmentManager;
4	import android.app.FragmentTransaction;
5	import android.os.Bundle;
6	import android.support.annotation.Nullable;
7	public class DynamicFragmentActivity extends Activity {
8	    @Override
9	    protected void onCreate(@Nullable Bundle savedInstanceState) {
10	        super.onCreate(savedInstanceState);
11	        setContentView(R.layout.activity_dynamicfragment);
12	        FragmentManager fm = getFragmentManager();
13	        FragmentTransaction transaction = fm.beginTransaction();
```

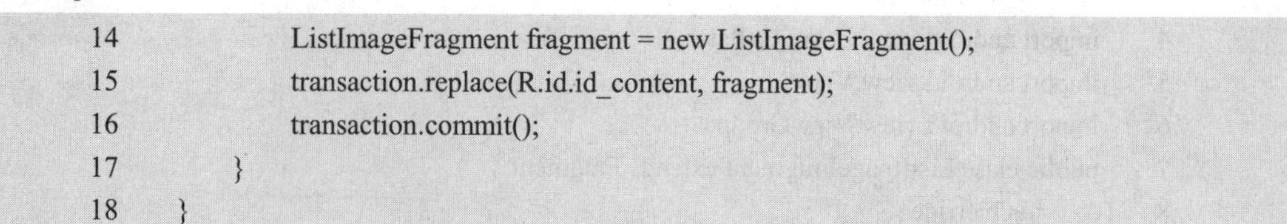

```
14                ListImageFragment fragment = new ListImageFragment();
15                transaction.replace(R.id.id_content, fragment);
16                transaction.commit();
17            }
18    }
```

Note

说明：

- ❐ 第 12 行：获取 FragmentManager 对象。
- ❐ 第 13 行：通过 FragmentManager 对象获取 FragmentTransaction 对象。
- ❐ 第 14 行：定义一个 ListImageFragment 对象 fragment。
- ❐ 第 15 行：调用 FragmentTransaction 对象的 replace()方法，将第 14 行生成的 fragment 替换布局文件中嵌套的帧布局。
- ❐ 第 16 行：调用 commit()方法，提交完成 Fragment 的动态增加。

（14）修改 AndroidManifest.xml 文件，主要用于进行两个 Activity 的配置，否则在进行 Activity 跳转的时候会发生错误。在 application 节点中增加以下代码：

```
<activity android:name=".StaticFragmentActivity"></activity>
<activity android:name=".DynamicFragmentActivity"></activity>
```

本实例运行结果如图 5-2～图 5-4 所示。

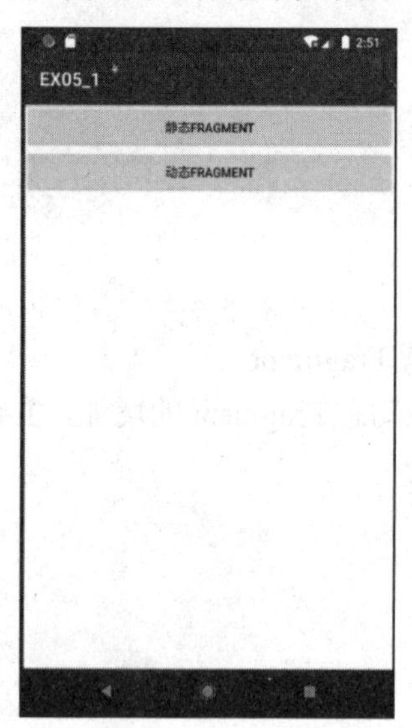

图 5-2　主界面

图 5-3　静态 Fragment

图 5-4　动态 Fragment

5.2　工　具　栏

在一个 Android 应用程序中，如果使用了多个 Activity，开发者需要考虑如何对应用程序进行导航、显示相应的标题等问题，让使用者不至于在应用程序中“迷路”。在 Android 5.0

之前，主要使用 Actionbar 来实现，但是很多情况下都需要对 Actionbar 做深度定制，使用起来不是很方便。在 Andorid 5.0 之后，Android 推出了一个 Material Design 风格的导航控件，即 Toolbar 来取代之前的 Actionbar。与 Actionbar 相比，Toolbar 要灵活得多。

5.2.1　Toolbar 类

在应用程序的设计开发过程中，可以使用 Toolbar 完成以下事情。

（1）显示程序所处的当前位置。

（2）提供一些重要的交互操作，如搜索（search）操作。

（3）实现导航功能，如返回按钮等。

利用 Toolbar，可以大大提升程序的美观度与操作的便捷性。Toolbar 的常用属性与方法如表 5-1 所示。

表 5-1　Toolbar 的常用属性与方法

属　性	方　法	说　明
app:title	setTitle(CharSequence title)	Toolbar 中的应用程序主题
app:subtitle	setSubtitle(CharSequence subtitle)	Toolbar 中的小标题
app:navigationIcon	setNavigationIcon(int resId)	导航图标
logo	setLogo(Drawable drawable)	程序 logo
titleTextColor	setTitleTextColor(int color)	设置标题文字颜色

注意

使用 Toolbar 时需要引入 support v7 支持包，在 app/build.gradle/dependencies 内增加如下代码，即能引入支持包，该支持包内有能向下兼容的 Toolbar:

```
dependencies {
    implementation 'com.android.support:appcompat-v7:+'}
```

5.2.2　Toolbar 应用实例

本节将通过一个实例来演示 Toolbar 的使用方法。在本例的工具栏中，包括后退导航、标题、搜索、分享、设置等按钮。本实例的开发步骤如下。

（1）新建实例 EX05_2。

（2）修改主 Activity 的布局文件 activity_main.xml，编写代码如下：

```
1    <?xml version="1.0" encoding="utf-8"?>
2    <LinearLayout xmlns:android="http://schemas.android.com/apk/res/android"
3        android:layout_width="match_parent"
4        android:layout_height="match_parent"
5        android:orientation="vertical">
```

Note

```
6     <android.support.v7.widget.Toolbar
7         android:id="@+id/toolbar"
8         android:layout_width="match_parent"
9         android:layout_height="wrap_content"
10        android:background="#009F3B">
11    </android.support.v7.widget.Toolbar>
12  </LinearLayout>
```

说明：

第6～11行：声明一个Toolbar控件。其中，第6行声明引入android.support.v7.widget下的Toolbar类；第10行声明Toolbar的背景颜色。

（3）新建Menu菜单文件base_toolbar_menu.xml，在Menu中包含了四个菜单项。在Android Studio中默认并没有Menu文件夹，需要开发者进行创建，其方法是在res结点右击，选择New/Android Resource Directory命令，在弹出的对话框中，设置Resource Type为Menu，Directory Name采用默认值，即可创建Menu文件夹。在创建Menu文件夹后，即可创建Menu文件，其方法是在Menu文件夹上右击，选择New/Menu Resource file命令，输入文件名即可。编写代码如下：

```
1   <?xml version="1.0" encoding="utf-8"?>
2   <menu xmlns:android="http://schemas.android.com/apk/res/android"
3       xmlns:app="http://schemas.android.com/apk/res-auto">
4       <item
5           android:id="@+id/action_search"
6           android:icon="@mipmap/sousuo"
7           android:title="搜索"
8           app:showAsAction="ifRoom" />
9       <item
10          android:id="@+id/action_share"
11          android:icon="@drawable/abc_ic_menu_share_mtrl_alpha"
12          android:title="分享"
13          app:showAsAction="ifRoom"/>
14      <item
15          android:id="@+id/action_item1"
16          android:title="设置"
17          app:showAsAction="never" />
18      <item
19          android:id="@+id/action_item2"
20          android:title="关于"
21          app:showAsAction="never" />
22  </menu>
```

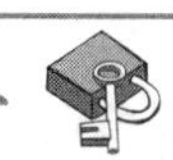

说明：

- ❐ 第2行：声明在使用 Toolbar 的时候，需要使用的命名空间，res-auto 表示所有的自定义包名。
- ❐ 第4～8行：声明第一个菜单项。其中，第6行声明该菜单项所使用的图片；第8行声明该菜单项的显示方式。app:showAsAction 中的 app 表示使用的是自定义的命名空间。showAsAction 的选项有三个，其中 always 表示总是显示在界面上；never 表示不显示在界面上，只让出现在右边的三个点中；ifRoom 表示如果有位置才显示，不然就出现在右边的三个点中。

（4）修改 values/styles.xml 文件，将原来的样式修改为：

```
<style name="AppTheme" parent="Theme.AppCompat.Light.NoActionBar"></style>
```

（5）修改主 Activity 的类文件 MainActivity.java，编写代码如下：

```
1   package com.example.administrator.ex05_2;
2   import android.app.Activity;
3   import android.graphics.Color;
4   import android.os.Bundle;
5   import android.support.v7.widget.Toolbar;
6   import android.view.MenuItem;
7   import android.widget.Toast;
8   public class MainActivity extends Activity {
9       @Override
10      protected void onCreate(Bundle savedInstanceState) {
11          super.onCreate(savedInstanceState);
12          setContentView(R.layout.activity_main);
13          Toolbar toolbar = (Toolbar) findViewById(R.id.toolbar);
14          toolbar.setNavigationIcon(R.mipmap.houtui);
15          toolbar.setTitle("首页");
16          toolbar.setTitleTextColor(Color.WHITE);
17          toolbar.inflateMenu(R.menu.base_toolbar_menu);
18      }
19  }
```

说明：

- ❐ 第5行：声明 Toolbar 需要引入的类库。
- ❐ 第14行：声明 Toolbar 的导航按钮。
- ❐ 第15行：声明 Toolbar 的主题。
- ❐ 第16行：声明 Toolbar 主题的文字颜色。
- ❐ 第17行：声明 Toolbar 使用的菜单文件。

本实例运行结果如图5-5所示。

Note

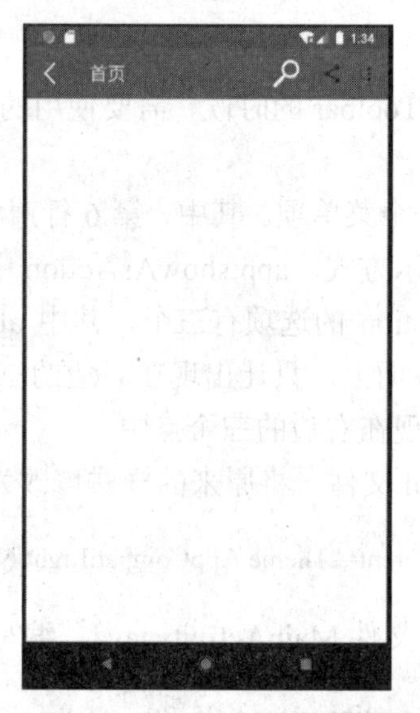

图 5-5　EX05_2 运行结果

5.3　底部导航栏

在目前主流的手机程序（如 QQ、微信等）中，会将程序的导航放置在手机屏幕的下方。采用这样的界面设计好处是可以进行单手操作，即用户可以通过单手完成界面的切换，从而查看不同的信息。在 Android 中，有多种方法实现这种界面设计，使用最多、最简单的方式就是通过 BottonNavigationView 和 Fragment 来实现。

5.3.1　BottonNavigationView 类

底部导航栏的实现非常简单，可以通过使用官方在 support 包内提供的 Bottom NavigationView 来实现，也可以通过自定义的方式来实现，通常每个 item 就是由一个 icon 和一个 title 组成的，然后控制是否点击的状态即可。相对而言，使用 BottomNavigationView 更容易实现。

本节将通过 BottonNavigationView+Fragment 的方式来模拟底部导航栏的实现。在开发本实例时，需要开发者在 res/mapmip 下放置 record.jpg、contact.jpg、setting.jpg 三张图片，作为底部导航的图标。本实例的开发步骤如下。

（1）新建实例 EX05_3。创建本实例时，在 Add an activity to mobile 中选择 Bottom Navition Activity，Android Studio 就会帮助开发者创建相应的程序，并会添加相应的依赖。

（2）在 Android Studio 中，项目的依赖项有时会产生版本冲突，修改的方法为：打开 build.gradle(Module:app)，修改 dependencies 节点的内容。

```
1    dependencies {
2        implementation fileTree(dir: 'libs', include: ['*.jar'])
```

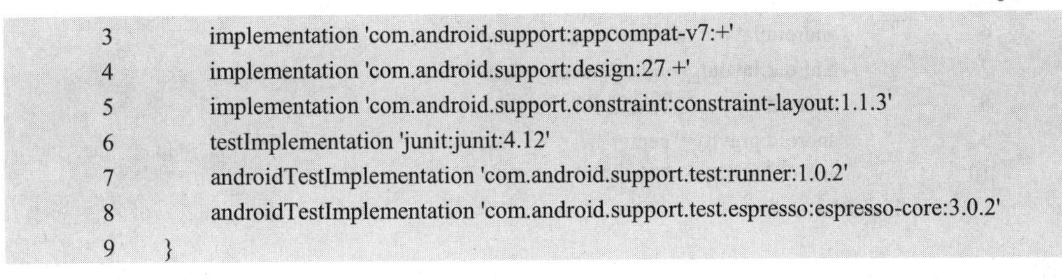

```
3           implementation 'com.android.support:appcompat-v7:+'
4           implementation 'com.android.support:design:27.+'
5           implementation 'com.android.support.constraint:constraint-layout:1.1.3'
6           testImplementation 'junit:junit:4.12'
7           androidTestImplementation 'com.android.support.test:runner:1.0.2'
8           androidTestImplementation 'com.android.support.test.espresso:espresso-core:3.0.2'
9       }
```

说明：

在本实例中，主要用到第 3～4 行代码中所说明的依赖。上述代码为作者的开发环境所对应的依赖版本，每位开发者应根据自己的环境进行具体配置，选择相应的依赖版本。

（3）修改 menu 菜单文件。在创建项目的过程中，Android Studio 自动创建了底部导航栏所使用的菜单文件 navigation.xml。在实现本实例时，需要进行相应的修改，编写代码如下：

```
1       <?xml version="1.0" encoding="utf-8"?>
2       <menu xmlns:android="http://schemas.android.com/apk/res/android">
3           <item
4               android:id="@+id/navigation_record"
5               android:icon="@mipmap/record"
6               android:title="记录" />
7           <item
8               android:id="@+id/navigation_contact"
9                android:icon="@mipmap/contact"
10               android:title="通讯录" />
11           <item
12               android:id="@+id/navigation_setting"
13               android:icon="@mipmap/setting"
14               android:title="设置" />
15      </menu>
```

说明：

- ❑ 第 3～6 行：声明底部导航栏的菜单项。其中第 5 行声明菜单项的图标，第 6 行声明菜单项的标题。
- ❑ 第 7～10、11～14 行代码与第 3～6 行类似。

（4）增加三个布局文件：recordfragment.xml、contactfragment.xml、settingfragment.xml，作为对应 Fragment 类的布局文件。以 recordfragment.xml 为例，编写代码如下：

```
1       <?xml version="1.0" encoding="utf-8"?>
2       <LinearLayout xmlns:android="http://schemas.android.com/apk/res/android"
3           android:layout_width="match_parent"
4           android:layout_height="match_parent">
5           <TextView
```

```
6                android:layout_width="match_parent"
7                android:layout_height="match_parent"
8                android:text="这里是记录"
9                android:gravity="center"
10               android:textSize="30dp"/>
11       </LinearLayout>
```

说明：

- ❒ 第5～10行：声明一个TextView控件。
- ❒ 其他两个布局文件中的内容，可以根据具体情况进行修改。

（5）增加三个 Fragment 类文件：RecordFragment.java、ContactFragment.java、SettingFragment.java，在单击底部导航按钮时，显示不同的界面。以RecordFragment.java为例，编写代码如下：

```
1     package com.example.administrator.ex05_3;
2     import android.app.Fragment;
3     import android.os.Bundle;
4     import android.view.LayoutInflater;
5     import android.view.View;
6     import android.view.ViewGroup;
7     public class RecordFragment extends Fragment {
8         @Override
9         public View onCreateView(LayoutInflater inflater, ViewGroup container,
10                                  Bundle savedInstanceState) {
11            return inflater.inflate(R.layout.recordfragment, container, false);
12        }
13    }
```

说明：

- ❒ 第9～12行：重写OnCreatView()方法，映射该Fragment所需要使用的布局文件。
- ❒ 其他两个类可以根据具体情况进行修改。

（6）修改主Activity的类文件MainActivity.java，编写代码如下：

```
1     package com.example.administrator.ex05_3;
2     import android.app.FragmentManager;
3     import android.app.FragmentTransaction;
4     import android.os.Bundle;
5     import android.support.annotation.NonNull;
6     import android.support.design.widget.BottomNavigationView;
7     import android.support.v7.app.AppCompatActivity;
8     import android.view.MenuItem;
9     import android.widget.TextView;
10     public class MainActivity extends AppCompatActivity {
```

```
11          private BottomNavigationView.OnNavigationItemSelectedListener
                mOnNavigationItemSelectedListener
12              = new BottomNavigationView.OnNavigationItemSelectedListener() {
13          @Override
14          public boolean onNavigationItemSelected(@NonNull MenuItem item) {
15              FragmentManager fm = getFragmentManager();
16              FragmentTransaction transaction = fm.beginTransaction();
17              switch (item.getItemId()) {
18                  case R.id.navigation_record:
19                      RecordFragment recordfragment = new RecordFragment();
20                      transaction.replace(R.id.id_content, recordfragment);
21                      break;
22                  case R.id.navigation_contact:
23                      ContactFragment contactfragment = new   ContactFragment();
24                      transaction.replace(R.id.id_content, contactfragment);
25                      break;
26                  case R.id.navigation_setting:
27                      SettingFragment settingfragment = new SettingFragment();
28                      transaction.replace(R.id.id_content, settingfragment);
29                      break;
30              }
31              transaction.commit();
32              return false;
33          }
34      };
35      @Override
36      protected void onCreate(Bundle savedInstanceState) {
37          super.onCreate(savedInstanceState);
38          setContentView(R.layout.activity_main);
39          BottomNavigationView navigation =
                    (BottomNavigationView) findViewById(R.id.navigation);
40          navigation.setOnNavigationItemSelectedListener
                    (mOnNavigationItemSelectedListener);
41          setDefaultFragment();
42      }
43      private void setDefaultFragment()
44      {
45          FragmentManager fm = getFragmentManager();
46          FragmentTransaction transaction = fm.beginTransaction();
47          RecordFragment recordfragment = new RecordFragment();
48          transaction.replace(R.id.id_content,recordfragment);
49          transaction.commit();
50      }
51  }
```

说明：

- 第11～34行：定义一个BottomNavigationView.OnNavigationItemSelectedListener的对象，用于实现底部导航的监听事件。其中，第14～33行重写onNavigationItemSelected()方法；第15行获取Fragment管理器对象；第16行通过FragmentManager对象获取FragmentTransaction对象；第17～30行根据所单击的菜单项显示相应的Fragment；第19行生成一个RecordFragment对象；第20行调用FragmentTransaction对象的replace()方法，用第19行生成的Fragment替换布局文件中嵌套的帧布局；第31行调用commit()方法，提交完成Fragment的动态增加。
- 第36～42行：重写OnCreate()方法。其中，第40行为底部导航增加监听事件；第41行调用setDefaultFragment()方法，用于设置默认的Fragment，即程序启动时动态加载的Fragment。
- 第43～50行：实现setDefaultFragment()方法。

本实例运行结果如图5-6所示。

图5-6　EX05_3运行结果

5.4　可扩展列表视图

在对手机应用程序进行界面设计时，经常会遇到数据的展开与折叠这种应用场景，即可以单独展开的列表视图。通过视图的折叠与展开、屏幕的滚动，可以显示更多的内容，并且可以显示数据之间的层次关系。在Android中，可以通过ExpandableListView（可扩展列表视图）来实现上述应用场景。

5.4.1　ExpandableListView

在Android的SDK类库中，ExpandableListView是ListView的子类，从字面意思上理

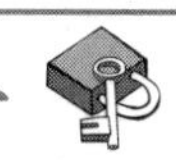

解，ExpandableListView 就是一个可以扩展的、有层级的 ListView。ExpandableListView 与 ListView 的区别在于，ExpandableListView 对列表项进行了分组，每个分组中又可以显示具体的数据。ExpandableListView 就像 QQ 中的好友分组，点击联系人就会显示所有的好友分组，然后点击某个分组，就可以显示这个分组中具体的联系人。相应的应用场景如单位组织结构的展示、行政区域的划分展示等。

ExpandableListView 本质是一个 AdapterView。既然是 AdapterView，那么在展示数据的时候就需要使用到相应的适配器。在使用 ExpandableListView 展示数据时，首先需要实现一个 ExpandableListAdapter（开发者可以自行定义适配器的名称），该类派生于 BaseExpandableListAdapter，然后需要重写 setOnGroupClickListener()、setOnChildClickListener()、setOnGroupCollapseListener()、setOnGroupExpandListener()等方法。

5.4.2　ExpandableListView 实例

在本节中，将通过一个展示陕西省、湖南省行政区信息的实例，来演示 ExpandableListView 的使用方法。在实际应用中，开发者可以从数据库或者其他数据文件中动态地获取数据。在实现本实例时，需要开发者在 res/mapmip 下放置两张图片，分别用于表示列表项的折叠与展开。本实例实现步骤如下。

（1）新建实例 EX05_4。

（2）修改 activity_main.xml 文件，主要用于在布局文件中声明一个 ExpandableListView 控件，编写代码如下：

```
1     <?xml version="1.0" encoding="utf-8"?>
2     <LinearLayout xmlns:android="http://schemas.android.com/apk/res/android"
3         xmlns:app="http://schemas.android.com/apk/res-auto"
4         xmlns:tools="http://schemas.android.com/tools"
5         android:layout_width="match_parent"
6         android:layout_height="match_parent"
7         tools:context=".MainActivity">
8         <ExpandableListView
9             android:id="@+id/expand_list"
10             android:layout_width="match_parent"
11             android:groupIndicator="@null"
12             android:layout_height="match_parent">
13         </ExpandableListView>
14    </LinearLayout>
```

说明：

第 8～13 行：声明一个 ExpandableListView 控件。其中，第 11 行声明控件的组指示器，取值可以是任意的 Drawable 对象，可以将它赋值为"@null"，这样就不再显示 groupIndicator。

Note

（3）新建 expand_parent_item.xml 布局文件，用于设计列表项的布局。编写代码如下：

```
1    <?xml version="1.0" encoding="utf-8"?>
2    <RelativeLayout xmlns:android="http://schemas.android.com/apk/res/android"
3        android:layout_width="match_parent"
4        android:background="#3F60CC"
5        android:layout_height="50dp">
6        <TextView
7            android:id="@+id/parent_textview_id"
8            android:layout_width="wrap_content"
9            android:layout_height="match_parent"
10           android:textColor="#FFFFFF"
11           android:gravity="center_vertical"
12           android:paddingLeft="10dp"
13           android:textSize="18sp"/>
14       <ImageView
15           android:id="@+id/parent_image"
16           android:layout_width="wrap_content"
17           android:layout_height="wrap_content"
18           android:layout_alignParentRight="true"
19           android:src="@mipmap/right"
20           android:paddingRight="10dp"/>
21   </RelativeLayout>
```

说明：

- 第 6～13 行：声明一个 TextView 控件，用于显示列表项的文字。
- 第 14～20 行：声明一个 ImageView 控件，用于显示列表项使用的图片，位于布局的右侧。其中，第 19 行声明了该控件使用的图片。

（4）新建 expand_children_item.xml 布局文件，用于设计列表项具体数据的布局。编写代码如下：

```
1    <?xml version="1.0" encoding="utf-8"?>
2    <LinearLayout xmlns:android="http://schemas.android.com/apk/res/android"
3        android:layout_width="match_parent"
4        android:layout_height="match_parent">
5        <TextView
6            android:id="@+id/chidren_item"
7            android:layout_width="match_parent"
8            android:gravity="center_vertical"
9            android:paddingLeft="10dp"
10           android:layout_height="40dp" />
11   </LinearLayout>
```

说明：

第 5～10 行：声明一个 TextView 控件，用于显示列表的数据。

（5）新建 ExpandableListviewAdapter 类，用于实现适配器。编写代码如下：

```
1     package com.example.administrator.ex05_4;
2     import android.content.Context;
3     import android.view.LayoutInflater;
4     import android.view.View;
5     import android.view.ViewGroup;
6     import android.widget.BaseExpandableListAdapter;
7     import android.widget.ImageView;
8     import android.widget.TextView;
9     public class ExpandableListviewAdapter extends BaseExpandableListAdapter {
10        private String[] groups;
11        private String[][] childs;
12        private Context context;
13       public ExpandableListviewAdapter(Context context, String[] groups, String[][] childs){
14            this.context=context;
15            this.groups=groups;
16            this.childs=childs;
17        }
18        @Override
19        public int getGroupCount() {
20            return groups.length;
21        }
22        @Override
23        public int getChildrenCount(int i) {
24            return childs[i].length;
25        }
26        @Override
27        public Object getGroup(int i) {
28            return groups[i];
29        }
30        @Override
31        public Object getChild(int i, int i1) {
32            return childs[i][i1];
33        }
34        @Override
35        public long getGroupId(int i) {
36            return i;
37        }
38        @Override
39        public long getChildId(int i, int i1) {
40            return i1;
41        }
42        @Override
43        public boolean hasStableIds() {
44            return true;
```

Note

```
45          }
46          @Override
47          public View getGroupView(int groupPosition, boolean isExpanded, View convertView,
                                         ViewGroup parent) {
48              TextView tv_grouptext;
49              ImageView img_group;
50              convertView = LayoutInflater.from(parent.getContext())
                                  .inflate(R.layout.expand_parent_item,parent,false);
51              tv_grouptext = convertView.findViewById(R.id.parent_textview_id);
52              img_group = convertView.findViewById(R.id.parent_image);
53              tv_grouptext.setText(groups[groupPosition]);
54              if (isExpanded){
55                  img_group.setImageResource(R.mipmap.down);
56              }else{
57                  img_group.setImageResource(R.mipmap.right);
58              }
59              return convertView;
60          }
61          @Override
62          public View getChildView(int groupPosition, int childPosition, boolean isLastChild,
                                         View convertView, ViewGroup parent) {
63              convertView = LayoutInflater.from(parent.getContext())
                              .inflate(R.layout.expand_children_item,parent,false);
64              TextView    tv_chidren_item = (TextView)convertView
                                      .findViewById(R.id.chidren_item);
65              tv_chidren_item .setText(childs[groupPosition][childPosition]);
66              return convertView;
67          }
68          @Override
69          public boolean isChildSelectable(int i, int i1) {
70              return true;
71          }
72      }
```

说明：

- 第 9 行：定义 ExpandableListviewAdapter 类，该类派生于 BaseExpandableList Adapter。
- 第 10～12 行：声明类的三个成员数据。groups 是一个一维数组，用于存储列表项中的数据，childs 是一个二维数组，用于存储每一个列表项中的数据。
- 第 13～17 行：实现 ExpandableListviewAdapter 类的构造函数。
- 第 19～21 行：重写 getGroupCount()方法，返回 groups 的长度。
- 第 23～25 行：重写 getChildrenCount()方法，返回每一个列表项中数据的长度。
- 第 27～29 行：重写 getGroup()方法，返回 groups 的列表项。
- 第 31～33 行：重写 getChild()方法，返回列表项中的数据。

- 第 35～37 行：重写 getGroupId()方法，返回列表项的 ID。
- 第 43～45 行：重写 hasStableIds()方法，主要是用来判断 ExpandableListView 内容 id 是否有效（返回 true or false），系统会根据 id 来确定当前显示哪条内容。
- 第 47～67 行：重写 getGroupView()方法，主要用于加载并显示列表项元素，groupPosition 为组位置，isExpanded 表示该组是展开状态还是伸缩状态（true 表示展开，false 表示折叠），convertView 重用已有的视图对象，parent 返回视图对象始终依附于的视图组。其中，第 50 行映射列表项使用的布局文件；第 51～52 行获取列表项布局文件中对应的控件；第 53 行设置列表项显示的列表项内容；第 54～58 行根据列表项是否展开，在列表项的布局文件中显示相应的图片。
- 第 62～67 行：重写 getChildView()方法，isLastChild 表示是否为最后一项列表数据。其中，第 63 行映射列表数据使用的布局文件；第 64 行获取列表数据对应的控件；第 65 行显示列表数据。

（6）修改 MainActivity 类文件，编写代码如下：

```
1   package com.example.administrator.ex05_4;
2   import android.app.Activity;
3   import android.os.Bundle;
4   import android.view.Menu;
5   import android.view.SubMenu;
6   import android.view.View;
7   import android.widget.ExpandableListView;
8   import android.widget.Toast;
9   public class MainActivity extends Activity {
10      ExpandableListView expand_list_id;
11      String[] groups = {"陕西省", "湖南省"};
12      String[][] childs = {{"西安市", "宝鸡市", "汉中市", "商洛市","铜川市",
                "渭南市","延安市","榆林市","安康市"},
13             {"长沙市","常德市", "怀化市", "衡阳市", "娄底市",
                "邵阳市","湘潭市","湘西州","岳阳市","益阳市",
                "永州市","张家界市","株洲市"}};
14      @Override
15      protected void onCreate(Bundle savedInstanceState) {
16          super.onCreate(savedInstanceState);
17          setContentView(R.layout.activity_main);
18          initView();
19      }
20      private void initView(){
21          expand_list_id=findViewById(R.id.expand_list);
22          ExpandableListviewAdapter adapter=
                    new ExpandableListviewAdapter(this,groups,childs);
23          expand_list_id.setAdapter(adapter);
24          expand_list_id.expandGroup(0);
25          expand_list_id.setOnGroupClickListener
```

Note

```
                    (new ExpandableListView.OnGroupClickListener() {
26          @Override
27          public boolean onGroupClick(ExpandableListView expandableListView,
                    View view, int groupPosition, long l) {
28              Toast.makeText(MainActivity.this,"你点击了"
                    +groups[groupPosition],Toast.LENGTH_LONG).show();
29              return false;
30          }
31      });
32      expand_list_id.setOnChildClickListener
                    (new ExpandableListView.OnChildClickListener() {
33          @Override
34          public boolean onChildClick(ExpandableListView expandableListView,
              View view, int groupPosition, int childPosition, long l) {
35            Toast.makeText(MainActivity.this,"你点击了"
            +childs[groupPosition][childPosition],Toast.LENGTH_LONG).show();
36              return true;
37          }
38      });
39      expand_list_id.setOnGroupCollapseListener
                (new ExpandableListView.OnGroupCollapseListener() {
40          @Override
41          public void onGroupCollapse(int groupPosition) {
42              Toast.makeText(MainActivity.this,"你收缩了"
                    +groups[groupPosition],Toast.LENGTH_LONG).show();
43          }
44      });
45      expand_list_id.setOnGroupExpandListener
            (new ExpandableListView.OnGroupExpandListener() {
46          @Override
47          public void onGroupExpand(int groupPosition) {
48              Toast.makeText(MainActivity.this,"你展开了"
                        +groups[groupPosition],Toast.LENGTH_LONG).show();
49          }
50      });
51    }
52  }
```

说明：

- 第 11 行：声明 groups 数组，用于存储列表项的数据。
- 第 12 行：声明 childs 数组，用于存储每一个列表项对应的数据。
- 第 20～51 行：实现 initView()方法，用于初始化 ExpandableListView 控件。其中，第 22 行声明一个 ExpandableListviewAdapter 适配器对象；第 24 行设置默认展开的列表项；第 25～31 行为控件设置 setOnGroupClickListener 事件，单击列表项

时，显示相应的消息；第 35 行显示一个 Toast 消息（在屏幕底部显示一个简短的消息）；第 32～38 行为控件设置 setOnChildClickListener 事件，单击列表项中的数据时显示一个 Toast 消息；第 39～44 行为控件设置 setOnGroupCollapseListener 事件，当列表项收缩时显示一个 Toast 消息；第 45～50 行为控件设置 setOnGroupExpandListener 事件，当列表项展开时显示一个 Toast 消息。

本实例运行结果如图 5-7 所示。

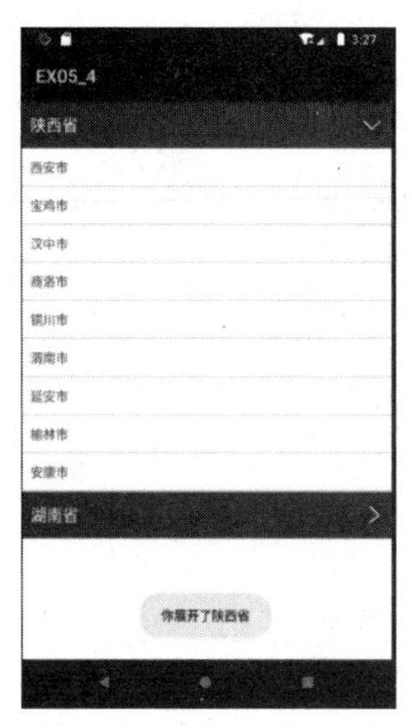

图 5-7　EX05_4 运行结果

5.5　习　　题

1．使用底部导航栏与 Fragment 模拟实现手机 QQ 的界面，如图 5-8 所示。

图 5-8　模拟 QQ 界面

Note

2．使用 Toolbar 实现工具栏和导航，并模拟实现搜索功能，如图 5-9 和图 5-10 所示。

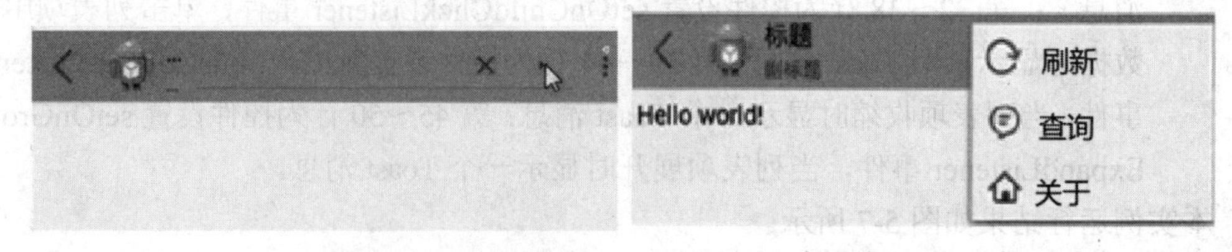

图 5-9　工具栏　　　　图 5-10　导航

3．使用 ExpandableListView 实现垂直滚动两级列表，模拟 QQ 的好友分组。

第 6 章 Activity 组件

【本章内容】

- ❒ Activity 介绍
- ❒ 调用其他的 Activity
- ❒ 不同 Activity 之间数据传送
- ❒ 返回数据到前一个 Activity

本章主要介绍 Android 应用程序开发中最常用的组件——Activity。Activity 可以被认为是一个界面或者一个窗口，可以通过摆放各种控件来设计应用程序的用户界面。当一个应用程序有多个用户界面时，Activity 之间的调用与数据之间的传送则是开发人员必须掌握的内容。本章将介绍 Activity 类常用的方法、运行机制、生命周期、如何调用其他的 Activity 以及 Activity 之间的数据传送的方法，这将有助于开发者更好地理解与使用 Activity。

6.1 Activity 介绍

对于具有用户界面的应用程序来说，它至少有一个 Activity。在理解什么是 Activity 时，最简单的方法就是将应用程序的一个界面与某个 Activity 联系起来，因为 Activity 与用户界面之间多为一对一的关系。开发者可以通过将 Activity 类进行扩展，实现每个 Activity 显示一个用户界面并响应一些系统和用户发起的事件，即通过用户的 Activity 类派生于 Android SDK 提供的 Activity 类，来完成用户界面类的设计与实现。

6.1.1 Activity 类介绍

Activity 是 Android.jar 包中 android.app 下的一个类，在 Android 中表示可见度非常高的应用程序组件，通过与 View 类结合使用，来显示用户界面。第 1 章的 Hello World 项目中，实现了一个简单 Activity 的设计与实现。Activity 的源代码如下：

```
1  public class MainActivity extends Activity {
2      /** Called when the activity is first created. */
3      @Override
4      public void onCreate(Bundle savedInstanceState) {
5          super.onCreate(savedInstanceState);
6          setContentView(R.layout.activity_main);
7      }
8  }
```

Note

说明：

- 第1行：说明应用程序的界面对应的类MainActivity派生于Activity，即对Activity进行扩展。
- 第5行：调用父类的onCreate()构造函数，savedInstanceState是保存当前Activity的状态信息。
- 第6行：设置用户界面，该界面采用的布局文件为activity_main.xml。R.layout.activity_main是Android调用资源的方法，调用的是res/layout/activity_main.xml资源。

在Activity的使用过程中，经常会用到以下方法，如表6-1所示。

表6-1　Activity常用方法

方　法	说　明
onCreate,onStart, onResume, onPause, onStop, onRestart, onDestroy	Activity生命周期函数
startActivity(Intent intent)	启动另外一个Activity
startActivityForResult(Intent intent, int requestCode)	启动另外一个Activity，并得到新打开Activity关闭后返回的数据
Intent getIntent()	获取启动Activity的Intent
registerForContextMenu(View view)	为某个View注册上下文菜单
onCreateContextMenu (ContextMenu menu, View v, ContextMenuInfo menuInfo)	创建上下文菜单
onContextItemSelected (MenuItem item)	用来处理上下文菜单中的选中事件
onCreateOptionsMenu (Menu menu)	创建选项菜单
onOptionsItemSelected (MenuItem item)	用来处理选项菜单中的选中事件
onBackPressed()	回退键的处理方法，默认情况下是结束当前Activity的生命，但是开发者可以重写这个方法来实现想要的操作
boolean onTouchEvent (MotionEvent event)	用来处理屏幕触摸事件，如果被触摸到的View没有处理这个事件，这个方法会被调用（必须返回true）

6.1.2　Activity生命周期与管理

在一个Android程序中如果有一个Activity，则可以将Activity想象成一个有生命形式存在的对象，有“生老病死”的过程。Activity的各种状态之间的切换通过7个生命周期方法来实现：onCreate()、onStart()、onResume()、onPause()、onStop()、onDestroy()、onRestart()，每个方法的作用如下所述。

- onCreate()：当一个Activity第一次被创建的时候就会调用。在这个方法中，可以完成界面、数据等初始化工作，如显示界面的初始化数据、为控件绑定事件等。
- onStart()：当一个Activity可以被用户看到的时候就会调用该方法。

- onRestart()：当再次启动 Activity 的时候就会调用该方法。
- onResume()：在 Android 应用程序中，所有的 Activity 都存放在一个 Activity 堆栈里面。所谓的堆栈就是遵循 LIFO（Last In First Out）规律的存储空间，对于 Activity 堆栈只有两种操作，即入栈与出栈，所以对于放在最顶上的 Activity 总是最先被看到。onResume()就是当这个 Activity 被置于栈顶的时候调用的方法。
- onPause()：当启动另一个 Activity 的时候会调用此方法，新的 Activity 会把旧的 Activity 遮住。当旧的 Activity 被局部遮住，单击不到的情况下就会调用 onPause()；如果时间久了，原来被遮住的 Activity 都会消失，可以理解为线程挂起的状态。
- onStop()：该方法与 onPause()方法的区别就在于当一个 Activity 被完全遮住的时候就会调用该方法。
- onDestroy()：该方法用来销毁 Activity。当在 Activity 中调用 finish()这个方法也会调用 onDestroy()方法来销毁 Activity 。

Android 使用堆栈对 Activity 进行管理，就是说某一个时刻只有一个 Activity 处在栈顶。当有一个新的 Activity2 被创建出来时，则新的 Activity2 将成为正在运行中的 Activity，而前一个 Activity1 保留在堆栈中。当用户按后退键时，屏幕当前的这个 Activity2 将从堆栈中弹出，而 Activity1 恢复成运行状态。

Activity 各生命周期函数之间调用关系如图 6-1 所示。

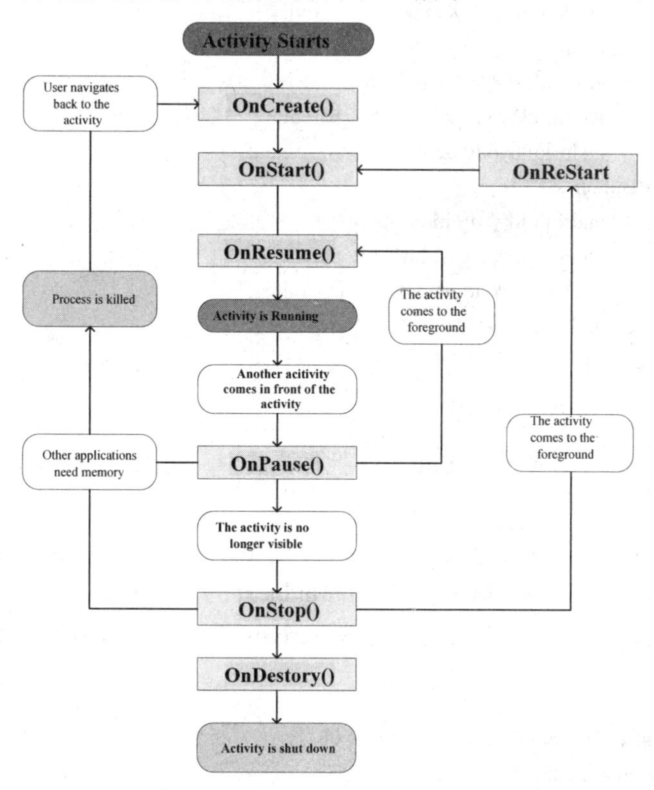

图 6-1　Activity 生命周期函数

6.2 调用其他的 Activity

在一个应用程序中，可能存在多个操作界面，则界面之间难免存在调用关系。本节将通过一个实例来演示在 Android 应用程序中如何实现 Activity 的调用。本实例的实现步骤如下。

（1）创建 EX06_1 项目。

（2）修改主 Activity 的布局文件 activity_main.xml，增加一个命令按钮。源代码如下：

```
1    <?xml version="1.0" encoding="utf-8"?>
2    <LinearLayout xmlns:android="http://schemas.android.com/apk/res/android"
3        android:orientation="vertical"
4        android:layout_width="fill_parent"
5        android:layout_height="fill_parent"
6        >
7        <TextView
8            android:layout_width="fill_parent"
9            android:layout_height="wrap_content"
10             android:text="这是第一个 Activity"/>
11         <EditText
12             android:id="@+id/name"
13             android:layout_width="fill_parent"
14             android:layout_height="wrap_content"/>
15         <Button
16             android:id="@+id/bt_jump"
17             android:layout_width="fill_parent"
18             android:layout_height="wrap_content"
19             android:text="调用第二个 Activity"/>
20     </LinearLayout>
```

说明：

- 第 11～14 行：声明一个 EditText 控件。其中，第 12 行的 android:id 为设置文本框的 ID。
- 第 15～19 行：定义了一个 Button 命令按钮控件。其中，第 16 行的 android:id 为设置命令按钮的 ID；第 19 行的 android:text 为设置命令按钮的文本。

（3）修改 MainActivity 的类文件，为该 Activity 的命令按钮增加单击监听事件。编辑代码如下：

```
1    package com.example.administrator.ex06_1;
2    import android.app.Activity;
3    import android.content.Intent;
4    import android.os.Bundle;
```

```
5    import android.view.View;
6    import android.widget.Button;
7    public class MainActivity extends Activity {
8        private Button bt_jump;
9        @Override
10       protected void onCreate(Bundle savedInstanceState) {
11           super.onCreate(savedInstanceState);
12           setContentView(R.layout.activity_main);
13           bt_jump=(Button)findViewById(R.id.bt_jump);
14           bt_jump.setOnClickListener(new View.OnClickListener(){
15               public void onClick(View v)
16               {
17                   Intent intent=new Intent();
18                   intent.setClass(MainActivity.this, SecondActivity.class);
19                   startActivity(intent);
20               }
21           });
22       }
23   }
```

说明：

- 第 8 行：声明一个 Button 类变量。
- 第 13 行：使用 findViewById()获取 Button 对象。
- 第 14～21 行：为 Button 添加单击监听事件，实现 Activity 的跳转。其中，第 17 行程序定义 Intent 对象；第 18 行程序调用 Intent 类的 setClass()函数，第一个参数为当前 Activity 的类，第二个参数为要启动的 Activity 的类；第 19 行程序调用 startActivity()方法，启动另一个 Activity。

（4）创建第二个 Activity 的布局文件 second.xml。方法如下：

① 在 Res/layout 文件夹右击，选择 New/File 命令。

② 在 filename 框中输入 second.xml。

③ 打开 second.xml 文件，编辑代码如下：

```
1    <?xml version="1.0" encoding="utf-8"?>
2    <LinearLayout xmlns:android="http://schemas.android.com/apk/res/android"
3        android:orientation="vertical"
4        android:layout_width="fill_parent"
5        android:layout_height="fill_parent">
6        <TextView
7            android:id="@+id/tv_message"
8            android:layout_width="fill_parent"
9            android:layout_height="wrap_content"
10            android:text="这是第二个 Activity"/>
11   </LinearLayout>
```

（5）增加第二个 Activity 的类文件。方法如下。

① 在 java/ com.example.administrator.ex06_1 文件夹上右击，选择 New/Java Class 命令。

② 在 Name 框中输入第二个 Activity 对应的类名 SecondActivity，在 Superclass 中输入 Activity 的父类 android.app.activity。

③ 打开文件，编辑代码如下：

```
1    package com.example.administrator.ex06_1;
2    import android.app.Activity;
3    import android.os.Bundle;
4    public class SecondActivity extends Activity {
5        public void onCreate(Bundle savedInstanceState) {
6            super.onCreate(savedInstanceState);
7            setContentView(R.layout.activity_second);
8        }
9    }
```

说明：

第 7 行：设置第二个 Activity 的布局文件。

（6）修改 AndroidManifest.xml 文件，为第二个 Activity 进行配置。在该文件的 <application>节点中增加如下代码：

```
<activity android:name=".SecondActivity"></activity>
```

android:name 为第二个 Activity 对应的类名，注意要区分大小写。

项目 EX06_1 的运行结果如图 6-1 所示，单击按钮，显示第二个 Activity，如图 6-2 所示。

图 6-1　EX06_1 运行结果

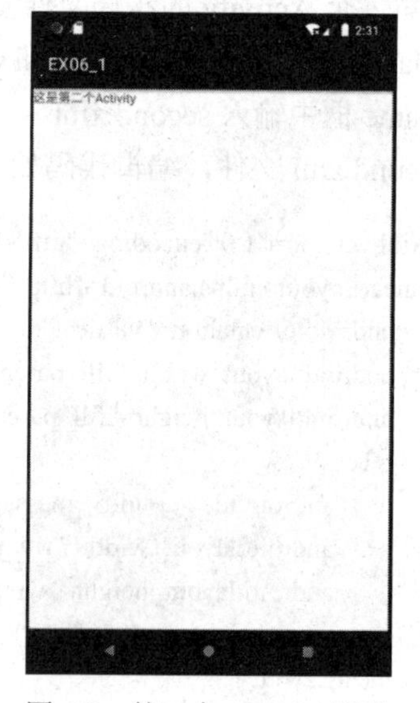

图 6-2　第二个 Activity 界面

6.3 Activity之间数据传送

在6.2节的实例中，介绍了如何在一个Activity中调用另外一个Activity。在实际的开发过程中，有时需要在调用另外一个Activity的同时传递一些数据。对于这种情况，就需要利用Android.os.Bundle对象封装数据，通过Bundle对象与Intent对象在不同的Activity之间传递数据。

在本节实例中，将对6.2节的实例进行扩展修改：在第一个Activity的文本框中输入内容，然后把文本框中的内容传送到第二个Activity，并且进行显示。本实例的实现可以在EX06_1的基础上完成，步骤如下。

（1）修改MainActivity的类文件，为该Activity的命令按钮增加单击监听事件，编写代码如下：

```
1    package com.example.administrator.ex06_2;
2    import android.app.Activity;
3    import android.content.Intent;
4    import android.os.Bundle;
5    import android.view.View;
6    import android.widget.Button;
7    import android.widget.EditText;
8    public class MainActivity extends Activity {
9            Button bt_jump;
10           EditText name;
11           @Override
12           protected void onCreate(Bundle savedInstanceState) {
13                   super.onCreate(savedInstanceState);
14                   setContentView(R.layout.activity_main);
15                   bt_jump=(Button)findViewById(R.id.bt_jump);
16                   name=(EditText)findViewById(R.id.name);
17                   bt_jump.setOnClickListener(new View.OnClickListener(){
18                           public void onClick(View v)
19                           {
20                                   String myName=name.getText().toString();
21                                   Intent intent=new Intent();
22                                   intent.setClass(MainActivity.this, SecondActivity.class);
23                                   Bundle bundle=new Bundle();
24                                   bundle.putString("name", myName);
25                                   intent.putExtras(bundle);
26                                   startActivity(intent);
27                           }
28                   });
29           }
30   }
```

说明：

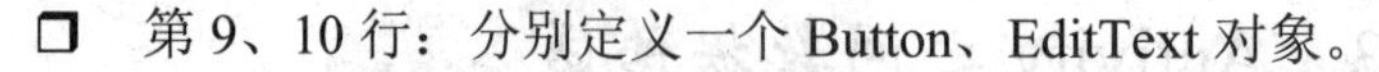

- 第9、10行：分别定义一个Button、EditText对象。

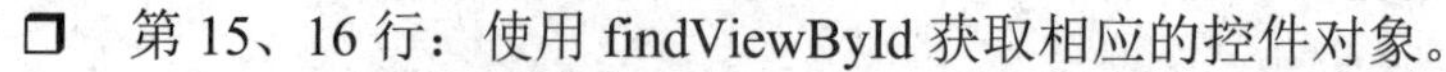

- 第15、16行：使用findViewById获取相应的控件对象。

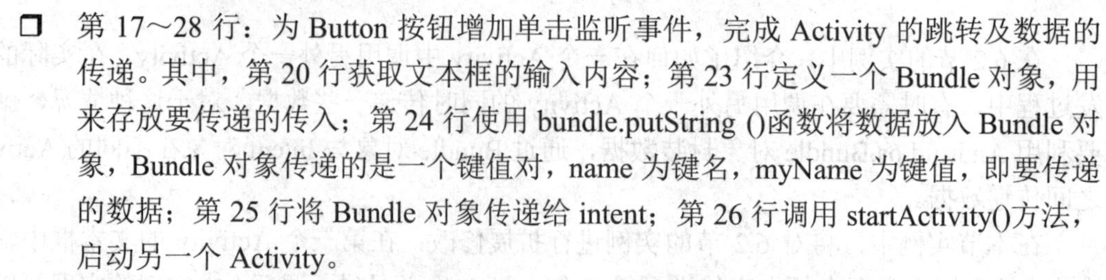

- 第17～28行：为Button按钮增加单击监听事件，完成Activity的跳转及数据的传递。其中，第20行获取文本框的输入内容；第23行定义一个Bundle对象，用来存放要传递的传入；第24行使用bundle.putString ()函数将数据放入Bundle对象，Bundle对象传递的是一个键值对，name为键名，myName为键值，即要传递的数据；第25行将Bundle对象传递给intent；第26行调用startActivity()方法，启动另一个Activity。

（2）修改SecondActivity.java文件，编写代码如下：

```
1    package com.example.administrator.ex06_2;
2    import android.app.Activity;
3    import android.content.Intent;
4    import android.os.Bundle;
5    import android.widget.TextView;
6    public class SecondActivity extends Activity {
7        private TextView tv_message;
8        @Override
9        public void onCreate(Bundle savedInstanceState) {
10           super.onCreate(savedInstanceState);
11           setContentView(R.layout.activity_second);
12           Intent intent=this.getIntent();
13           Bundle bundle=intent.getExtras();
14           String myName=bundle.getString("name");
15           tv_message=(TextView)findViewById(R.id.tv);
16           tv_message.setText("欢迎"+myName+"来到 Android 世界");
17       }
18   }
```

说明：

- 第12行：调用getIntent()方法获取从上一个Actiivty传递过来的Intent对象。
- 第13行：调用getExtras()方法获取Intent中的Bundle对象。
- 第14行：调用getString()获取Bundle对象中的数据，参数为键值对中键的名字。
- 第15行：调用findViewById()获取TextView对象。
- 第16行：设置文本标签的内容。

（3）修改AndroidManifest.xml文件，为第二个Activity进行配置。在该文件的<application>节点中增加如下代码：

```
<activity android:name=".SecondActivity"></activity>
```

android:name为第二个Activity对应的类名，注意要区分大小写。

实例 EX06_2 的运行结果如图 6-3 所示，单击按钮，显示第二个 Activity，如图 6-4 所示。

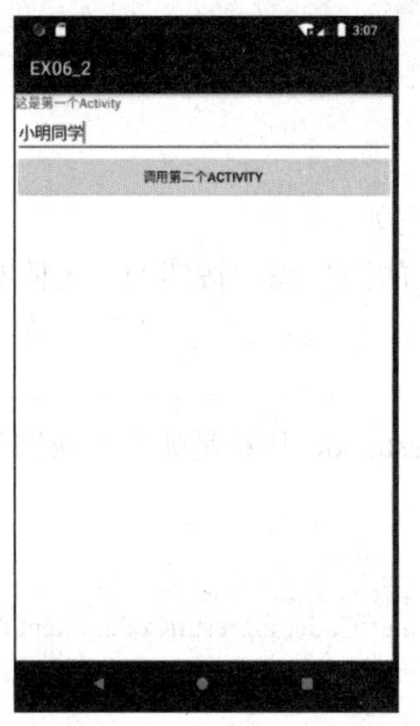

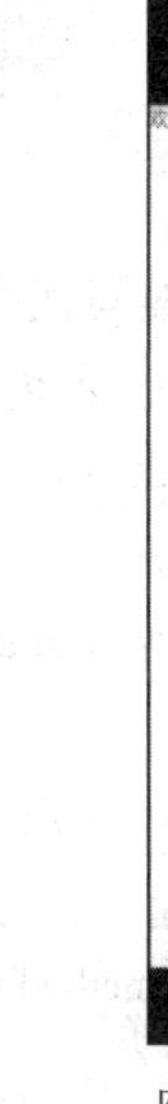

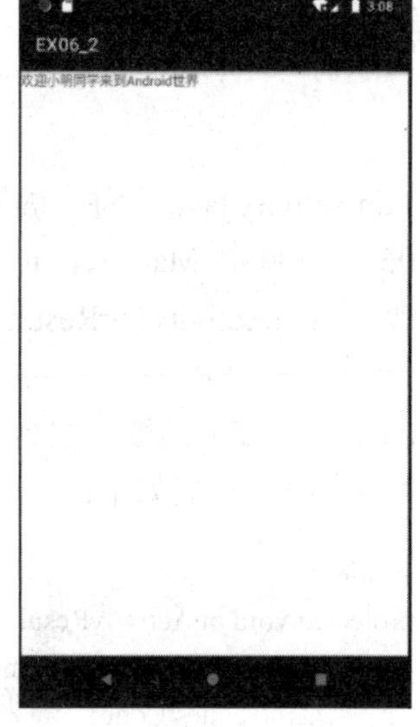

图 6-3　EX06_2 运行结果　　　　图 6-4　第二个 Activity 界面

6.4　返回数据到前一个 Activity

在 6.3 节的实例中，实现了将数据从第一个 Activity 传递到第二个 Activity，完成了 Activity 之间数据的传递。如果在程序的运行过程中，又要返回到上一个页面，会发生什么情况呢？

在访问 Internet 时，可以通过后退键来返回到上一个访问页面。在 Android 应用程序中，则可以通过手机的返回键来完成，但这只是简单地返回到上一页界面，而没有进行数据的返回。在 Android 中，如果要将数据返回到前一个 Activity，那么就必须使用 startActivityForResult()来调用另一个 Activity。startActivityForResult(Intent intent, Int requestCode)函数的第一个参数为 Intent 对象，第二个参数 requestCode 是一个大于等于 0 的整数，将在 onActivityResult()函数中用到，用于在 onActivityResult()中判断是哪个子模块回传的数据。使用这个方法，第一个 Activity 便会有一个等待来接收第二个 Activity 返回的数据，就可以达到想要的结果。另外，如果想要通过手机的返回键来完成数据的返回，需要重写 onBackPressed()方法。

在本节的实例中，将对 6.3 节的实例进行扩展修改：在第二个 Activity 上增加一个 Button 按钮，单击该按钮，将数据返回到第一个 Activity，同时也实现了通过按手机的返回键来返回数据。本实例的实现步骤如下。

（1）创建 EX06_3 项目。

（2）修改 second.xml 文件，在第二个 Activity 上增加一个 Button。

Note

```
<Button
android:id="@+id/returnBack"
android:layout_width="match_parent"
android:layout_height="wrap_content"
android:text="返回上一页"
/>
```

（3）修改 MainActivity.java 文件，编写代码如下：

① 修改 EX06_2 项目中 MainActivity.java 的源代码中按钮的单击监听事件，将 startActivity(intent)修改为 startActivityForResult(intent,1)，1 表示请求代码，将在 onActivityResult 方法中用到。

② 重写 onActivityResult()函数，根据 requestCode 判断是哪个模块回传的数据，并显示在 EditText 控件中，编写代码如下：

```
1    @Override
2        protected void onActivityResult(int requestCode, int resultCode, Intent data) {
3            // TODO Auto-generated method stub
4            switch(requestCode)
5            {
6                case 1:
7                    Bundle bundle=data.getExtras();
8                    String returnValue=bundle.getString("returnStr");
9                    name.setText(returnValue);
10                   break;
11               default: break;
12           }
13       }
```

说明：

第 8～9 行程序：取得来自 SecondActivity 的数据，并显示在 MainActivity 的文本框中。

（4）修改 SecondActivity.java 文件，编辑代码如下：

```
1    package com.example.administrator.ex06_3;
2    import android.app.Activity;
3    import android.content.Intent;
4    import android.os.Bundle;
5    import android.view.View;
6    import android.widget.Button;
7    import android.widget.TextView;
8    public class SecondActivity extends Activity {
9        TextView tv_message;
10       Button returnBack;
11       Intent intent;
12       Bundle bundle;
```

```
13          @Override
14          public void onCreate(Bundle savedInstanceState) {
15              super.onCreate(savedInstanceState);
16              setContentView(R.layout.activity_second);
17              intent=this.getIntent();
18              bundle=intent.getExtras();
19              String myName=bundle.getString("name");
20              tv_message=(TextView)findViewById(R.id.tv);
21              tv_message.setText("欢迎"+myName+"来到 Android 世界");
22              returnBack=(Button)findViewById(R.id.returnBack);
23              returnBack.setOnClickListener(new View.OnClickListener()
24              {
25                  public void onClick(View v){
26                      String returnValue="这是从第二个 Activity 返回的数据";
27                      bundle.putString("returnStr", returnValue);
28                      intent.putExtras(bundle);
29                      SecondActivity.this.setResult(RESULT_OK,intent);
30                      SecondActivity.this.finish();
31                  }
32              });
33          }
34          @Override
35          public void onBackPressed() {
36              String returnValue="这是从第二个 Activity 返回的数据";
37              bundle.putSerializable("returnStr", returnValue);
38              intent.putExtras(bundle);
39              SecondActivity.this.setResult(RESULT_OK,intent);
40              SecondActivity.this.finish();
41          }
42      }
```

说明：

- 第 23～32 行：为返回按钮增加单击监听事件。其中，第 29 行将数据返回到第一个 Activity，RESULT_OK 为 resultCode，也可以用于识别是从哪一个 Activity 返回的数据；第 30 行表示销毁 SecondActivity。
- 第 35～41 行：重写 onBackPressed()方法，实现数据返回到第一个 Activity。

（5）修改 AndroidManifest.xml 文件，为第二个 Activity 进行配置。在该文件的<application>节点中增加如下代码：

```
<activity android:name=".SecondActivity"></activity>
```

实例 EX06_3 的运行结果如图 6-5 所示，单击按钮，结果如图 6-6 所示。单击图 6-6 中的按钮，返回第一个 Activity，结果如图 6-7 所示。

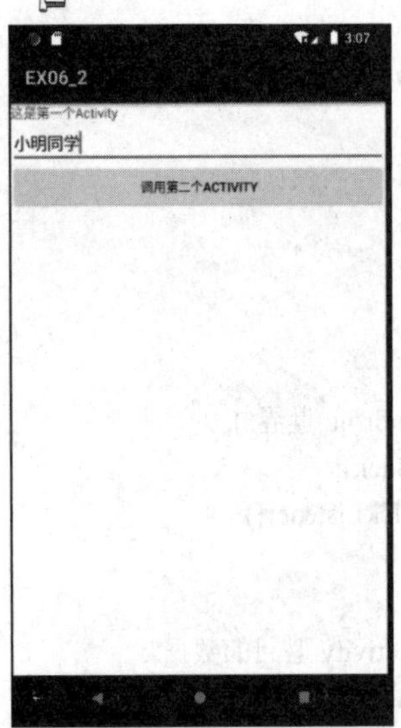

图 6-5 EX06_3 运行结果

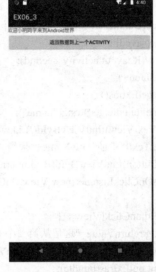

图 6-6 第二个 Activity 界面

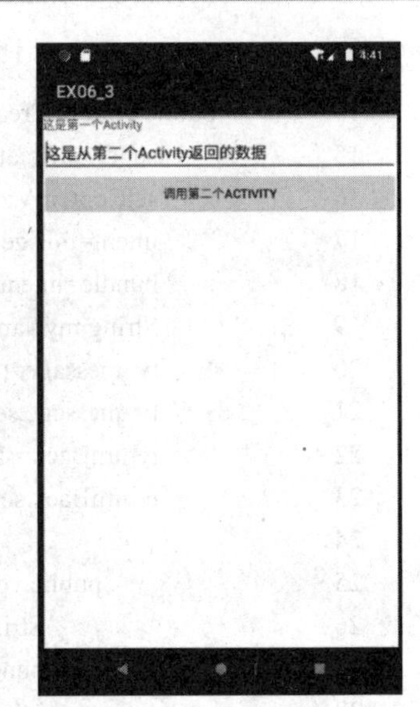

图 6-7 返回结果

6.5 习 题

1．简述 Activity 组件。

2．新建一个 Android 项目，在该项目中实现摄氏温度与华氏温度的转换。在 Activity1 中，输入摄氏温度，将计算结果传递至 Activity2 进行显示，结果如图 6-8 和图 6-9 所示。摄氏温度与华氏温度的转换公式为：

$$华氏温度 = 32 + 摄氏温度 \times 1.8$$

$$摄氏温度 = （华氏温度 - 32）\div 1.8$$

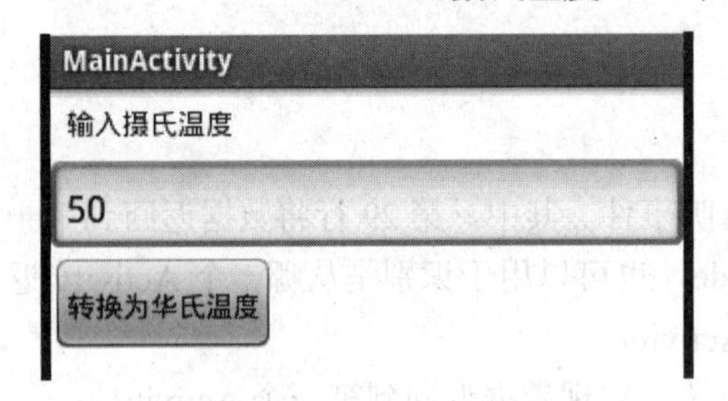

图 6-8 Activity1 界面

MainActivity

华氏温度为：112

图 6-9 Activity2 结果

3．新建一个 Android 项目，在该项目中实现以下功能：在第一个 Activity 中，使用文本控件输入姓名与身高，使用单选按钮选择性别，将结果传递到第二个 Activity；在第二个 Activity 中显示第一个 Activity 传输的数据，并且单击按钮后，将数据返回到第一个 Activity 中，如图 6-10 和图 6-11 所示。

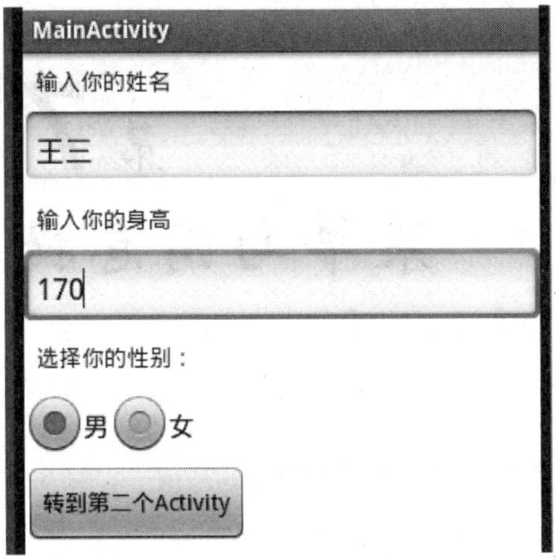

MainActivity

输入你的姓名

王三

输入你的身高

170

选择你的性别：

男　女

转到第二个Activity

图 6-10　Activity1 界面

图 6-11　Activity2 界面

4．简述 Activity 的生命周期及其周期函数的作用。

第7章 菜单与消息提示

【本章内容】

- ❒ 选项菜单
- ❒ 上下文菜单
- ❒ 对话框
- ❒ 消息提示
- ❒ 状态栏通知

在前面章节，介绍了开发 Android 应用程序界面经常用到的基本控件、高级控件以及 UI 设计。对于一个软件来说，仅仅有漂亮的控件是不够的，用户体验同样非常重要，方便的操作、有效的互动、及时的提示都可以给软件增色不少。本章将对 Android 应用程序中菜单、对话框、消息提示以及状态栏通知的使用进行介绍。

7.1 选项菜单

对于 Android 应用程序，除了设计人性化的用户界面之外，添加一些菜单可以让应用程序在功能上更加完善。当 Activity 在前台运行时，如果用户按手机上的 Menu 键，在屏幕底部就会弹出相应的选项菜单，并且 Menu 菜单可以根据用户的需求添加不同的选项菜单。如果开发应用程序时，某一个 Activity 没有实现该功能，则在显示该 Activity 时，点击手机的 Menu 键是不会起作用的。

7.1.1 选项菜单相关类

开发选项菜单主要用到的类有 Menu、MenuItem 以及 SubMenu。下面对这几个类分别进行简单介绍。

1. Menu 类

一个 Menu 对象代表一个菜单。在 Menu 对象中可以添加菜单项 MenuItem，也可以添加子菜单 SubMenu。Menu 类常用的方法如表 7-1 所示。

表 7-1　Menu 类的常用方法及说明

方　　法	参 数 说 明	说　　明
MenuItem add (int groupId, int itemId, int order, CharSequence title) MenuItem add (int groupId, int itemId, int order, int titleRes) MenuItem add (CharSequence title) MenuItem add (int titleRes)	groupId：菜单项所在的组 ID itemID：唯一标示菜单项的 ID order：菜单项的顺序 title：菜单项显示到文本内容 titleResult：String 对象的资源标示符	向 Menu 对象添加一个菜单项，返回 MenuItem 对象
SubMenu addSubMenu (int groupId, int itemId, int order, CharSequence title) SubMenu addSubMenu (int groupId, int itemId, int order, int titleRes) SubMenu addSubMenu (CharSequence title) SubMenu addSubMenu (int titleRes)	groupId：菜单项所在的组 ID itemID：唯一标示菜单项的 ID order：菜单项的顺序 title：菜单项显示到文本内容 titleRes：String 对象的资源标示符	向 Menu 对象添加一个子菜单，返回 SubMenu 对象
MenuItem getItem (int index)	index：菜单项索引	获取菜单中的 MenuItem 对象
MenuItem findItem (int id)	id：菜单项 ID 号	返回指定 ID 的 MenuItem 对象
void removeItem (int id)	id：菜单项 ID 号	移除指定 ID 的 MenuItem

2．MenuItem 类

一个 MenuItem 对象代表一个菜单项，通过 Menu 类的 add()方法，可以将 MenuItem 加入 Menu 中。MenuItem 类常用的方法如表 7-2 所示。

表 7-2　MenuItem 类的常用方法及说明

方　　法	参 数 说 明	说　　明
MenuItem setIcon (int iconRes) MenuItem setIcon (Drawable icon)	iconRes：图片资源的标示符 icon：图标 Drawable 对象	设置 MenuItem 的图标
MenuItem setIntent (Intent intent)	Intent：与 MenuItem 绑定的 Intent 对象	为 MenuItem 绑定 Intent 对象，当该 MenuItem 被选中时，将会调用 startActivity()方法处理动作相应的 Intent
MenuItem setOnMenuItemClickListener (MenuItem.OnMenuItemClickListener menuItemClickListener)	menuItemClickListener：监听器	为 MenuItem 设置单击事件监听器

续表

方　　法	参 数 说 明	说　　明
MenuItem setTitle (int title) MenuItem setTitle (CharSequence title)	title：标题的资源 ID title：标题的名称	为 MenuItem 设置标题
MenuItem setVisible (boolean visible)	visible：true 或者 false	设置 MenuItem 是否显示

3．SubMenu 类

SubMenu 类继承于 Menu 类，一个 SubMenu 对象代表一个子菜单。SubMenu 类中常用的方法如表 7-3 所示。

表 7-3　SubMenu 类的常用方法及说明

方　　法	参 数 说 明	说　　明
SubMenu setHeaderIcon (Drawable icon) SubMenu setHeaderIcon (int iconRes)	icon：标题图标 Drawable 对象 iconRes：标题图标资源 id	设置子菜单的标题图库
SubMenu setHeaderTitle (int titleRes) SubMenu setHeaderTitle (CharSequence title)	titleRes：标题文本的资源 id title：标题文本对象	设置子菜单的标题
SubMenu setIcon (Drawable icon) SubMenu setIcon (int iconRes)	icon：图标 Drawable 对象 iconRes：图标资源 id	设置子菜单在父菜单中显示的图标

在使用选项菜单时，需要重写 OnCreateOptionsMenu()方法，在该方法中通过使用 Menu 类的 add()或者 addSubMenu()方法增加菜单项或者子菜单；同时通过重写 OnOptionsItem Selected()方法，为选项菜单的菜单项增加功能。在目前的安卓系统中，选项菜单默认只显示标题，不显示图标，如果要显示选项菜单的图标，则可以通过重写 onMenuOpened()方法，采用反射的方式来解决。

7.1.2　选项菜单和子菜单使用实例

在本节中将通过一个实例来说明选项菜单及子菜单的使用方法。在本实例中，首先建立选项菜单和子菜单，当点击某一个菜单选项时，在文本控件中显示该选项的内容。本实例的开发步骤如下。

（1）创建项目 EX07_1。

（2）修改主 Activity 的布局文件 activity_main.xml，编写代码如下：

```
1    <?xml version="1.0" encoding="utf-8"?>
2    <LinearLayout xmlns:android="http://schemas.android.com/apk/res/android"
3        xmlns:app="http://schemas.android.com/apk/res-auto"
4        xmlns:tools="http://schemas.android.com/tools"
5        android:layout_width="match_parent"
```

```
6        android:layout_height="match_parent"
7        tools:context=".MainActivity">
8        <TextView
9            android:layout_width="wrap_content"
10           android:layout_height="wrap_content"
11           android:id="@+id/tv_message" />
12   </LinearLayout>
```

说明：

- 第 8～11 行：定义一个 TextView 控件，及其大小、文本字体大小，ID 为 tv_message，用于显示点击选项菜单发送的提示信息。

（2）修改主 Activity 的类文件 MainActivity.java，编写代码如下：

```
1    package com.example.administrator.ex07_1;
2    import android.app.Activity;
3    import android.os.Bundle;
4    import android.view.Menu;
5    import android.view.MenuItem;
6    import android.view.SubMenu;
7    import android.widget.TextView;
8    import java.lang.reflect.Method;
9    public class MainActivity extends Activity {
10       TextView tv_message;
11       @Override
12       protected void onCreate(Bundle savedInstanceState) {
13           super.onCreate(savedInstanceState);
14           setContentView(R.layout.activity_main);
15       }
16       @Override
17       public boolean onCreateOptionsMenu(Menu menu) {
18           SubMenu sub=menu.addSubMenu(0, 0, 0, "发送")
                         .setIcon(android.R.drawable.ic_menu_send);
19           sub.add(0,6,6,"发送到蓝牙");
20           sub.add(0,7,7,"发送到微博");
21           sub.add(0,8,8,"发送到 E-Mail");
22           menu.add(0,1, 1, "保存").setIcon(android.R.drawable.ic_menu_edit);
23           menu.add(0,2, 2, "帮助").setIcon(android.R.drawable.ic_menu_help);
24           menu.add(0, 3, 3, "添加").setIcon(android.R.drawable.ic_menu_add);
25           menu.add(0,4, 4, "详细").setIcon(android.R.drawable.ic_menu_info_details);
26           menu.add(0,5, 5, "退出").setIcon(android.R.drawable.ic_menu_delete);
27           return super.onCreateOptionsMenu(menu);
28       }
```

Note

```
29        @Override
30        public boolean onMenuOpened(int featureId, Menu menu) {
31            if (menu != null) {
32                try {
33                    Method method = menu.getClass()
                          .getDeclaredMethod("setOptionalIconsVisible", Boolean.TYPE);
34                    method.setAccessible(true);
35                    method.invoke(menu, true);
36                } catch (Exception e) {
37                    e.printStackTrace();
38                }
39            }
40            return super.onMenuOpened(featureId, menu);
41        }
42        @Override
43        public boolean onMenuItemSelected(int featureId, MenuItem item) {
44            tv_message=(TextView)findViewById(R.id.tv_message);
45            switch (item.getItemId())
46            {
47                case 0:tv_message.setText("你点击了发送菜单");
48                    break;
49                case 1:tv_message.setText("你点击了保存菜单");
50                    break;
51                case 2:tv_message.setText("你点击了帮助菜单");
52                    break;
53                case 3:tv_message.setText("你点击了添加菜单");
54                    break;
55                case 4:tv_message.setText("你点击了详细菜单");
56                    break;
57                case 5:tv_message.setText("你点击了退出菜单");
58                    break;
59                case 6:tv_message.setText("你点击了发送到蓝牙");
60                    break;
61                case 7:tv_message.setText("你点击了发送到微博");
62                    break;
63                case 8:tv_message.setText("你点击了发送到 E-Mail");
64                    break;
65            }
66            return super.onMenuItemSelected(featureId, item);
67        }
68    }
```

说明：

- 第17～28行：重写onCreateOptionsMenu()方法创建选项菜单。其中，第18行定义一个SubMenu子菜单对象，并且加入menu中，SetIncon为该菜单选项设置图标，在本例中，使用的是安卓自带的图标；第19～21行分别为子菜单对象sub增加3个菜单选项；第22～26行分别为菜单增加5个菜单选项，并设置图标。
- 第30～41行：重写onMenuOpened()方法，用于显示选项菜单的图标。其中，第33行通过反射获取Menu的setOptionalIconsVisible()方法；第34行设置该方法可以访问；第35行调用该方法显示图标。
- 第43～67行：重写onMenuItemSelected()方法，当Menu有命令被选择时，会调用此方法。其中，第44行获取TextView控件的引用；第45～65行根据点击不同的菜单选项，在TextView控件中显示不同信息。

本实例运行结果如图7-1所示。

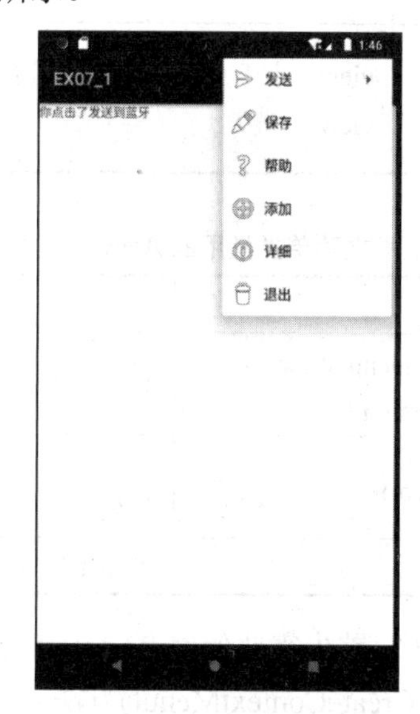

图7-1　选项菜单

7.2　上下文菜单

在上一节介绍了选项菜单的使用，本节将介绍上下文菜单（ContextMenu）。上下文菜单继承于Menu，但是不同于选项菜单。选项菜单服务于某个Activity，而上下文菜单是需要注册到某个View对象上的。如果在某个View对象上注册了上下文菜单，长按对象大约2s，将出现一个具有相关功能的上下文菜单。

7.2.1　ContextMenu类简介

上下文菜单不支持快捷键，菜单选项也不能附带图标，但是可以为标题指定图标。

ContextMenu 类常用的方法如表 7-4 所示。上下文菜单类常用的 Activity 类的成员方法如表 7-5 所示。

表 7-4　ContextMenu 类常用的方法

方　法	参数说明	说　明
ContextMenu setHeaderIcon (Drawable icon) ContextMenu setHeaderIcon (int iconRes)	icon：图标 Drawable 对象 iconRes：图片资源的标示符	设置上下文菜单头部图标
ContextMenu setHeaderTitle (int titleRes) ContextMenu setHeaderTitle (CharSequence title)	titleRes：标题文本的资源 id title：标题文本对象	设置上下文菜单头部标题栏的文字
ContextMenu setHeaderView (View view)	view：上下文菜单头要使用的 view	设置 View 到上下文菜单头部，将替代上下文菜单头部的图标和标题

表 7-5　上下文菜单类常用的 Activity 类的成员方法

方　法	方法说明
onCreateContextMenu(ContextMenu menu,View v,ContextMenu .ContextMenuInfo menuinfo)	每次为 View 对象呼出上下文菜单
onContextItemSelected(MenuItem item)	当用户选择了上下文菜单选项后调用该方法进行处理
RegisterForContextMenu(View view)	为指定的 View 对象注册一个上下文菜单

在使用 ContextMenu 菜单时，首先需要使用 RegisterForContextMenu()方法为某个控件注册上下文菜单，然后重写 OnCreateContextMenu()方法，在该方法中通过使用 Menu 类的 add()方法增加菜单项；同时通过重写 OnContextItemSelected()方法，为 ContextMenu 菜单的菜单项增加功能。

7.2.2　上下文菜单使用实例

本实例将介绍上下文菜单 ContextMenu 的使用方法。在本实例中，将为 TextView 控件和 EditText 控件绑定上下文菜单，将 TextView 控件中的内容复制到 EditText 控件中，实现复制粘贴的功能。本实例开发步骤如下。

（1）创建项目 EX07_2。

（2）修改主 Activity 的布局文件 activity_main.xml，编写代码如下：

```
1    <?xml version="1.0" encoding="utf-8"?>
2    <LinearLayout xmlns:android="http://schemas.android.com/apk/res/android"
```

```
3          android:orientation="vertical"
4          android:layout_width="fill_parent"
5          android:layout_height="fill_parent"
6          >
7          <TextView
8              android:id="@+id/tv"
9              android:layout_width="fill_parent"
10             android:layout_height="wrap_content"
11             android:text="这是一个上下文菜单 ContextMenu 的示例"/>
12         <EditText
13             android:id="@+id/myEd"
14             android:layout_width="fill_parent"
15             android:layout_height="wrap_content"/>
16     </LinearLayout>
```

说明：

- 第 7～11 行：定义一个 TextView 控件及其大小、文字，ID 为 tv。
- 第 12～15 行：定义一个 EditText 控件及其大小，ID 为 myEd。

（3）修改主 Activity 的类文件 MainActivity.java，编写代码如下：

```
1      package com.example.administrator.ex07_2;
2      import android.app.Activity;
3      import android.os.Bundle;
4      import android.view.ContextMenu;
5      import android.view.MenuItem;
6      import android.view.View;
7      import android.widget.EditText;
8      import android.widget.TextView;
9      public class MainActivity extends Activity {
10         private String tempStr;
11         private TextView tv;
12         private EditText myEd;
13         @Override
14         protected void onCreate(Bundle savedInstanceState) {
15             super.onCreate(savedInstanceState);
16             setContentView(R.layout.activity_main);
17             this.registerForContextMenu(findViewById(R.id.tv));
18             this.registerForContextMenu(findViewById(R.id.myEd));
19         }
20         @Override
21         public void onCreateContextMenu(ContextMenu menu, View v,
                                   ContextMenu.ContextMenuInfo menuInfo)
22         {
23             if(v==findViewById(R.id.tv))
24             {
```

Note

```
25                  menu.add(0,1,0,"复制");
26                  menu.add(0,2,0,"剪切");
27                  menu.add(0,3,0,"删除");
28              }
29              if(v==findViewById(R.id.myEd))
30              {
31                  menu.add(0,4,0,"粘贴");
32                  menu.add(0,5,0,"删除");
33              }
34          }
35          @Override
36          public boolean onContextItemSelected(MenuItem item)
37          {
38              tv=(TextView)findViewById(R.id.tv);
39              myEd=(EditText)findViewById(R.id.myEd);
40              switch(item.getItemId())
41              {
42                  case 1:tempStr=tv.getText().toString();
43                          break;
44                  case 2:tempStr=tv.getText().toString();
45                          tv.setText("");
46                          break;
47                  case 3:tv.setText("");
48                          break;
49                  case 4:myEd.setText(tempStr);
50                          break;
51                  case 5:myEd.setText("");
52                          break;
53              }
54              return true;
55          }
56      }
```

说明：

- ❐ 第 10～12 行：分别定义 String、TextView、EditText 对象。
- ❐ 第 17 行：为 TextView 控件绑定上下文菜单。
- ❐ 第 18 行：为 EditText 控件绑定上下文菜单。
- ❐ 第 21～34 行：重写 onCreateContextMenu()方法，根据长按的控件 ID，创建相应的上下文菜单。其中，第 23～28 行为 TextView 控件的上下文菜单增加菜单项；第 29～33 行为 EditText 控件的上下文菜单增加菜单项。
- ❐ 第 36～55 行：重写 onContextItemSelected()方法，为每一个菜单项增加方法，完成复制、粘贴、剪切、删除等功能。

本实例运行结果如图 7-2 和图 7-3 所示。

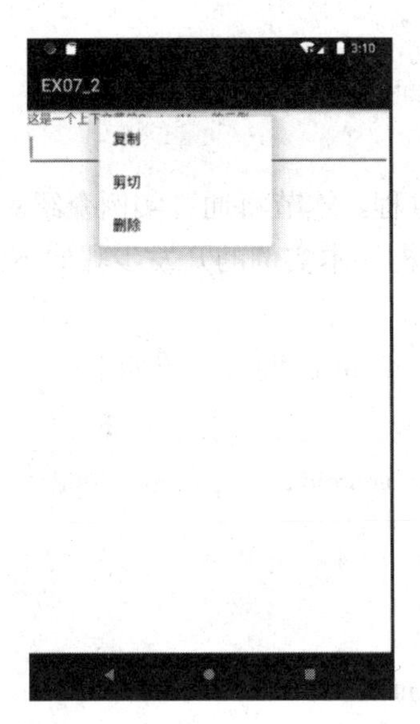

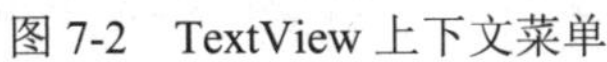

图 7-2 TextView 上下文菜单

图 7-3 EditText 上下文菜单

7.3 Alert 对话框

在用户应用程序中，对话框也是程序与用户进行交互的主要途径之一。通过对话框，可以给用户反馈程序的运行状态，或者程序的警告消息等。Android 平台下的对话框非常丰富，如普通对话框、选项对话框、单选和多选对话框、日期和时间对话框等。本节将对 Android 平台下对话框的使用进行介绍。

7.3.1 对话框简介

对话框是 Activity 运行时显示的小窗口。当显示对话框时，当前的 Activity 失去焦点，对话框获得焦点与用户进行交流。对话框是 Activity 的一部分，在程序中创建对话框的方法如下。

onCreateDialog(int)：用于初始化对话框。当使用这个回调函数时，Android 系统设置这个 Activity 为对话框的所有者，从而自动管理每个对话框的状态并挂靠到 Activity 上。这样，每个对话框就可以继承这个 Activity 的特定属性。当想显示一个 Dialog 的时候，调用 showDialog(int)方法，传递的参数是唯一能标识想要显示的对话框的 ID。

showDialog(int) ：用于显示对话框。当想要显示一个对话框时，调用 showDialog(int id)方法并传递一个唯一标识这个对话框的整数。

dismissDialog(int)：当准备关闭对话框时，可以通过调用 dismiss()来消除这个对话框，也可以从这个 Activity 中调用 dismissDialog(int id) 方法，这时也将为这个对话框调用 dismiss()方法。

7.3.2 对话框使用实例

在 7.3.1 节中，介绍了对话框的创建方法与过程，本节将通过实例介绍对话框的使用。在本实例中，将通过不同的按钮显示不同的对话框。本实例的开发步骤如下。

（1）创建项目 EX07_3。

（2）修改主 Activity 的布局文件 activity_main.xml，编写代码如下：

```
1   <?xml version="1.0" encoding="utf-8"?>
2   <LinearLayout xmlns:android="http://schemas.android.com/apk/res/android"
3       android:orientation="vertical"
4       android:layout_width="match_parent"
5       android:layout_height="match_parent">
6       <TextView
7           android:layout_width="match_parent"
8           android:layout_height="wrap_content"
9           android:text="这是一个对话框的示例"/>
10      <Button
11          android:id="@+id/bt_showCommonDialog"
12          android:layout_width="match_parent"
13          android:layout_height="wrap_content"
14          android:text="显示普通对话框"/>
15      <Button
16          android:id="@+id/bt_showButtonDialog"
17          android:layout_width="match_parent"
18          android:layout_height="wrap_content"
19          android:text="显示带按钮的对话框"/>
20      <Button
21          android:id="@+id/bt_showInputDialog"
22          android:layout_width="match_parent"
23          android:layout_height="wrap_content"
24          android:text="显示输入对话框"/>
25      <Button
26          android:id="@+id/bt_showListDialog"
27          android:layout_width="match_parent"
28          android:layout_height="wrap_content"
29          android:text="显示列表对话框"/>
30      <Button
31          android:id="@+id/bt_showRadioDialog"
32          android:layout_width="match_parent"
33          android:layout_height="wrap_content"
34          android:text="显示单选按钮对话框"/>
35      <Button
36          android:id="@+id/bt_showCheckBoxDialog"
37          android:layout_width="match_parent"
38          android:layout_height="wrap_content"
```

```
39                android:text="显示复选框对话框"/>
40           <Button
41                android:id="@+id/bt_showDatetimePickDialog"
42                android:layout_width="match_parent"
43                android:layout_height="wrap_content"
44                android:text="显示日期时间对话框"/>
45           <Button
46                android:id="@+id/bt_showProgressDialog"
47                android:layout_width="match_parent"
48                android:layout_height="wrap_content"
49                android:text="显示进度条对话框"/>
50           <Button
51                android:id="@+id/bt_showMyDialog"
52                android:layout_width="match_parent"
53                android:layout_height="wrap_content"
54                android:text="显示自定义对话框"/>
55      </LinearLayout>
```

说明：

- 第 2～5 行：定义一个纵向的线性布局及其大小为整个屏幕。
- 第 6～9 行：定义一个 TextView 控件及其大小、文本。
- 第 10～14 行：定义一个 ID 为 bt_showCommonDialog 的 Button 控件及其大小、文本。
- 第 15～19 行：定义一个 ID 为 bt_showButtonDialog 的 Button 控件及其大小、文本。
- 第 20～24 行：定义一个 ID 为 bt_showInputDialog 的 Button 控件及其大小、文本。
- 第 25～29 行：定义一个 ID 为 bt_showListDialog 的 Button 控件及其大小、文本。
- 第 30～34 行：定义一个 ID 为 bt_showRadioDialog 的 Button 控件及其大小、文本。
- 第 35～39 行：定义一个 ID 为 bt_showCheckBoxDialog 的 Button 控件及其大小、文本。
- 第 40～44 行：定义一个 ID 为 bt_showDatetimePickDialog 的 Button 控件及其大小、文本。
- 第 45～49 行：定义一个 ID 为 bt_showProgressDialog 的 Button 控件及其大小、文本。
- 第 50～54 行：定义一个 ID 为 bt_showMyDialog 的 Button 控件及其大小、文本。

（3）新建 login.xml 布局文件，作为自定义对话框的布局，编写代码如下：

```
1     <?xml version="1.0" encoding="utf-8"?>
2     <LinearLayout xmlns:android="http://schemas.android.com/apk/res/android"
3          android:layout_width="fill_parent"
4          android:layout_height="fill_parent"
5          android:orientation="vertical" >
6          <LinearLayout
```

Note

```
7              android:layout_width="fill_parent"
8              android:layout_height="wrap_content"
9              android:gravity="center"
10              android:orientation="horizontal">
11              <TextView
12                  android:layout_width="0dp"
13                  android:layout_height="wrap_content"
14                  android:layout_weight="1"
15                  android:text="用户名：" />
16              <EditText
17                  android:layout_width="wrap_content"
18                  android:layout_height="wrap_content"
19                  android:layout_weight="2" />
20          </LinearLayout>
21          <LinearLayout
22              android:layout_width="fill_parent"
23              android:layout_height="wrap_content"
24              android:gravity="center"
25              android:orientation="horizontal">
26              <TextView
27                  android:layout_width="0dp"
28                  android:layout_height="wrap_content"
29                  android:layout_weight="1"
30                  android:text="密    码：" />
31              <EditText
32                  android:layout_width="wrap_content"
33                  android:layout_height="wrap_content"
34                  android:layout_weight="2" />
35          </LinearLayout>
36      </LinearLayout>
```

说明：

- 第 6～20 行：在纵向的线性布局中嵌套一个横向的线性布局，对齐方式为居中。其中，第 11～15 行定义一个 TextView 控件及其大小、文本及比重；第 16～19 行定义一个 EditText 控件、大小及比重。
- 第 21～35 行：在纵向的线性布局中嵌套一个横向的线性布局，对齐方式为居中。其中，第 26～30 行定义一个 TextView 控件及其大小、文本及比重；第 31～34 行定义一个 EditText 控件、大小及比重。

（4）修改主 Activity 的类文件 MainActivity.java，编写代码如下：

```
1    package com.example.administrator.ex07_3;
2    import android.app.Activity;
3    import android.app.AlertDialog;
4    import android.app.DatePickerDialog;
```

```
5    import android.app.Dialog;
6    import android.app.ProgressDialog;
7    import android.content.DialogInterface;
8    import android.os.Bundle;
9    import android.view.LayoutInflater;
10   import android.view.View;
11   import android.widget.Button;
12   import android.view.View.OnClickListener;
13   import android.widget.EditText;
14   import java.util.Calendar;
15   public class MainActivity extends Activity {
16       Button bt_showCommonDialog;
17       Button bt_showButtonDialog;
18       Button bt_showInputDialog;
19       Button bt_showListDialog;
20       Button bt_showRadioDialog;
21       Button bt_showCheckBoxDialog;
22       Button bt_showDatetimePickDialog;
23       Button bt_showProgressDialog;
24       Button bt_showMyDialog;
25       String[] arrayHobby = {"篮球", "足球", "羽毛球", "兵乓球"};
26       @Override
27       public void onCreate(Bundle savedInstanceState) {
28           super.onCreate(savedInstanceState);
29           setContentView(R.layout.activity_main);
30           bt_showCommonDialog = (Button) findViewById(R.id.bt_showCommonDialog);
31           bt_showButtonDialog = (Button) findViewById(R.id.bt_showButtonDialog);
32           bt_showInputDialog = (Button) findViewById(R.id.bt_showInputDialog);
33           bt_showListDialog = (Button) findViewById(R.id.bt_showListDialog);
34           bt_showRadioDialog = (Button) findViewById(R.id.bt_showRadioDialog);
35           bt_showCheckBoxDialog = (Button) findViewById
                                  (R.id.bt_showCheckBoxDialog);
36           bt_showDatetimePickDialog = (Button) findViewById
                                  (R.id.bt_showDatetimePickDialog);
37           bt_showProgressDialog = (Button) findViewById(R.id.bt_showProgressDialog);
38           bt_showMyDialog = (Button) findViewById(R.id.bt_showMyDialog);
39           bt_showCommonDialog.setOnClickListener(new BtClickListener());
40           bt_showButtonDialog.setOnClickListener(new BtClickListener());
41           bt_showInputDialog.setOnClickListener(new BtClickListener());
42           bt_showListDialog.setOnClickListener(new BtClickListener());
43           bt_showRadioDialog.setOnClickListener(new BtClickListener());
44           bt_showCheckBoxDialog.setOnClickListener(new BtClickListener());
45           bt_showDatetimePickDialog.setOnClickListener(new BtClickListener());
46           bt_showProgressDialog.setOnClickListener(new BtClickListener());
47           bt_showMyDialog.setOnClickListener(new BtClickListener());
48       }
```

Note

```
49          class BtClickListener implements OnClickListener {
50              @Override
51              public void onClick(View v) {
52                  // TODO Auto-generated method stub
53                  switch (v.getId()) {
54                      case R.id.bt_showCommonDialog:
55                          showDialog(1);break;
56                      case R.id.bt_showButtonDialog:
57                          showDialog(2);break;
58                      case R.id.bt_showInputDialog:
59                          showDialog(3);break;
60                      case R.id.bt_showListDialog:
61                          showDialog(4);break;
62                      case R.id.bt_showRadioDialog:
63                          showDialog(5);break;
64                      case R.id.bt_showCheckBoxDialog:
65                          showDialog(6);break;
66                      case R.id.bt_showDatetimePickDialog:
67                          showDialog(7);break;
68                      case R.id.bt_showProgressDialog:
69                          showDialog(8);break;
70                      case R.id.bt_showMyDialog:
71                          showDialog(9);break;
72                  }
73              }
74          }
75          @Override
76          protected Dialog onCreateDialog(int id) {
77              // TODO Auto-generated method stub
78              Dialog alertDialog = null;
79              switch (id) {
80                  case 1:
81                      alertDialog = new AlertDialog.Builder(this)
82                          .setTitle("普通对话框")
83                          .setMessage("这是一个普通对话框")
84                          .setIcon(R.mipmap.ic_launcher)
85                          .create();
86                      break;
87                  case 2:
88                      alertDialog = new AlertDialog.Builder(this)
89                          .setTitle("确定退出？")
90                          .setMessage("您确定退出程序吗？")
91                          .setIcon(R.mipmap.ic_launcher)
92                          .setPositiveButton("确定", new DialogInterface.OnClickListener() {
93                                  @Override
94                                  public void onClick(DialogInterface dialog, int which) {
```

```
95                            finish();
96                        }
97                    })
98                .setNegativeButton("取消", new DialogInterface.OnClickListener() {
99                        @Override
100                       public void onClick(DialogInterface dialog, int which) {
101                       }
102                   })
103                   .create();
104           break;
105       case 3:
106           alertDialog = new AlertDialog.Builder(this)
107                   .setTitle("请输入")
108                   .setIcon(R.mipmap.ic_launcher)
109                   .setView(new EditText(this))
110                   .setPositiveButton("确定", null)
111                   .setNegativeButton("取消", null)
112                   .create();
113           break;
114       case 4:
115           alertDialog = new AlertDialog.Builder(this)
116                   .setTitle("运动列表")
117                   .setIcon(R.mipmap.ic_launcher)
118                   .setItems(arrayHobby, null)
119                   .setPositiveButton("确认", null)
120                   .setNegativeButton("取消", null)
121                   .create();
122           break;
123       case 5:
124           alertDialog = new AlertDialog.Builder(this)
125                   .setTitle("你喜欢哪种运动？")
126                   .setIcon(R.mipmap.ic_launcher)
127                   .setSingleChoiceItems(arrayHobby, 0, null)
128                   .setPositiveButton("确认", null)
129                   .setNegativeButton("取消", null)
130                   .create();
131           break;
132       case 6:
133           alertDialog = new AlertDialog.Builder(this)
134                   .setTitle("你喜欢哪些运动？")
135                   .setIcon(R.mipmap.ic_launcher)
136                   .setMultiChoiceItems(arrayHobby, null, null)
137                   .setPositiveButton("确认", null)
138                   .setNegativeButton("取消", null)
139                   .create();
140           break;
```

Note

```
141                 case 7:
142                     Calendar c = Calendar.getInstance();
143                     alertDialog = new DatePickerDialog(this, null, c.get(Calendar.YEAR),
                            c.get(Calendar.MONTH), c.get(Calendar.DAY_OF_MONTH));
144                     break;
145                 case 8:
146                     ProgressDialog pd = new ProgressDialog(this);
147                     pd.setTitle("下载进度");
148                     pd.setMax(100);
149                     pd.setProgressStyle(ProgressDialog.STYLE_HORIZONTAL);
150                     pd.setProgress(10);
151                     pd.setCancelable(true);
152                     alertDialog = (Dialog) pd;
153                     break;
154                 case 9:
155                     LayoutInflater layoutInflater = LayoutInflater.from(this);
156                     View loginView = layoutInflater.inflate(R.layout.login, null);
157                     alertDialog = new AlertDialog.Builder(this)
158                             .setTitle("用户登录")
159                             .setIcon(R.mipmap.ic_launcher)
160                             .setView(loginView)
161                             .setPositiveButton("登录", null)
162                             .setNegativeButton("取消", null)
163                             .create();
164                     break;
165             }
166             return alertDialog;
167         }
168     }
```

说明：

- 第 16～24 行：分别定义九个 Button 类对象。
- 第 25 行：定义字符数组 arrayHobby，用于存储列表对话框、单选对话框、多选对话框中显示的数据。
- 第 30～38 行：获取 Button 控件的引用。
- 第 39～47 行：为 Button 控件增加单击监听事件，setOnClickListener()的参数为继承于 OnClickListener 类的内部类 BtClickListener 对象。
- 第 49～74 行：实现内部类 BtClickListener。在该类中重载了 OnClick()函数，根据点击的 Button 按钮不同，显示不同的对话框。showDialog()函数的参数为对话框的 ID。
- 第 76～167 行：重载 onCreateDialog()函数。根据 ID 的不同，显示不同的对话框。第 82 行设置对话框的标题。第 84 行设置对话框的图标。第 81 行创建该对话框。第 92～97、98～102 行为对话框设置按钮，并分别为按钮增加单击监听事件，如

果不想为增加监听事件，则可以将监听器对象设置为 null。第 109 行为对话框设置视图，在该视图中增加一个 EditText 对象。第 118 行为对话框设置列表项目。第 127 行为对话框设置单选列表项目。第 136 行为对话框设置多选列表项目。第 142 行声明一个日历对象，并获取当前实例。第 143 行声明一个日期对话框，并使用当前年、月、日初始化该日期对话框。第 146 行声明一个进度条对话框。第 147 行设置该进度条对话框的标题。第 148 行设置该进度条对话框的最大值。第 149 行设置进度条对话框的样式。第 150 行设置进度条对话框的当前进度。第 151 行设置该进度条对话框是否可以取消。第 152 行将进度条对话框强制转换为 Dialog 对象，并赋值给 alertDialog。第 155～156 行获取 login 布局对象。第 160 行设置对话框的布局。

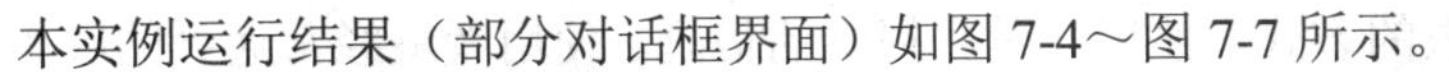

本实例运行结果（部分对话框界面）如图 7-4～图 7-7 所示。

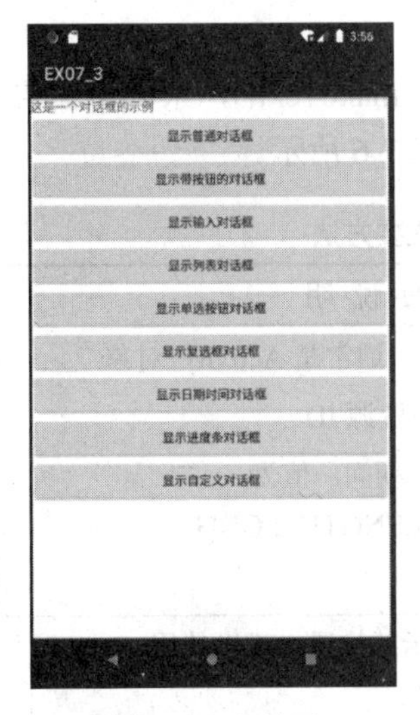

图 7-4　主界面

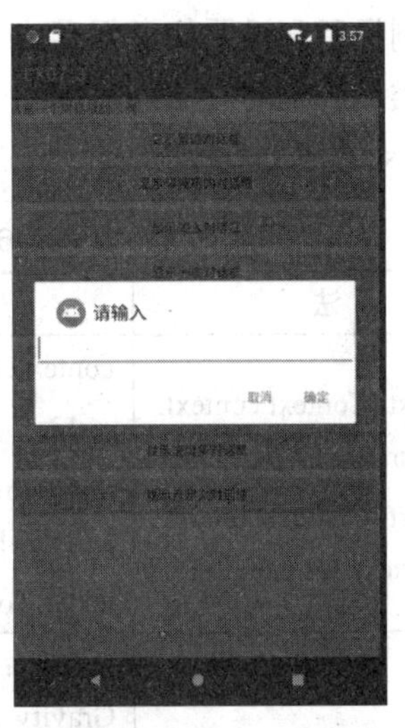

图 7-5　输入对话框

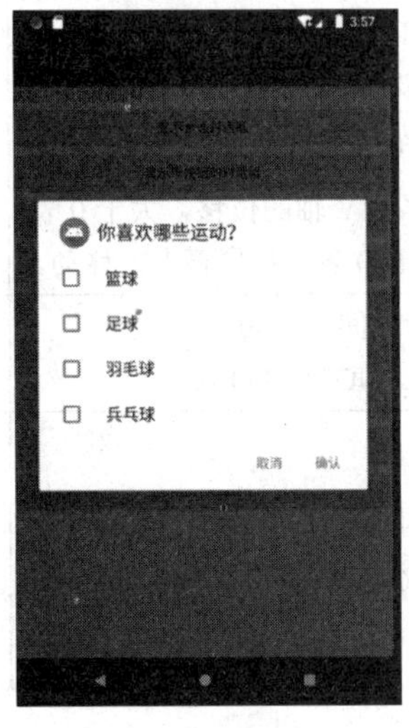

图 7-6　复选框对话框

图 7-7　自定义对话框

7.4 Toast消息提示

Note

在Android平台下，除了使用7.3节介绍的对话框进行消息提示外，还可以使用Toast进行消息提示。本节将介绍Toast的使用方法。

7.4.1 Toast简介

Toast是一种提供给用户简洁信息的视图，可以创建和显示信息，该视图以浮于应用程序之上的形式呈现给用户。因为它并不获得焦点，即使用户正在输入也不会受到影响。它的目标是尽可能以不显眼的方式，使用户看到提供的信息。使用者最经常遇到的应用场景就是音量控制提示和设置信息保存成功提示。

使用该类最简单的方法就是调用一个静态方法makeText()，来构造需要的一切并返回一个新的Toast对象。Toast类的一些主要方法如表7-6所示。

表7-6　Toast类的主要方法

方　法	参数说明	说　明
Toast makeText (Context context, int resId, int duration) Toast makeText (Context context, CharSequence text, int duration)	context：使用的上下文。通常是Activity 对象 resId：要使用的字符串资源ID duration：该信息的存续期间。值为LENGTH_SHORT 或 LENGTH_LONG text：Toast显示的文本	生成一个从资源中取得的包含文本视图的标准 Toast 对象
void setGravity (int gravity, int xOffset, int yOffset)	Gravity：Toast组件显示的位置，可以使用Gravity类的常量，比如：Gravity.CENTER,Gravity.BOTTOM,Gravity.LEFT, Gravity.RIGHT,Gravity.TOP等 xOffset：toast位于屏幕X轴的位移，大于0表示往屏幕右边移动，小于0表示往屏幕左边移动。 yOffset：与toast位于屏幕Y轴的位移，大于0表示往屏幕下方移动，小于0表示往屏幕上方移动。	设置提示信息在屏幕上的显示位置
void setDuration (int duration)	duration：该信息的存续期间。值为LENGTH_SHORT 或 LENGTH_LONG	设置存续期间
void setText (int resId) void setText (CharSequence s)	resId：Toast 指定的新的字符串资源ID s：Toast 指定的新的文本	设置之前通过makeText() 方法生成的Toast对象的文本内容

7.4.2　Toast 使用实例

本节将通过一个实例来介绍 Toast 的使用方法。在本实例中，单击命令按钮，将会产生一个 Toast 提示。本实例的开发步骤如下。

（1）创建项目 EX07_4。

（2）修改主 Activity 的布局文件 activity_main.xml，编写代码如下：

```
1    <?xml version="1.0" encoding="utf-8"?>
2    <LinearLayout xmlns:android="http://schemas.android.com/apk/res/android"
3        android:orientation="vertical"
4        android:layout_width="fill_parent"
5        android:layout_height="fill_parent">
6        <TextView
7            android:layout_width="fill_parent"
8            android:layout_height="wrap_content"
9            android:text="这是一个 Toast 示例"/>
10       <Button
11           android:id="@+id/bt_showToast"
12           android:layout_width="fill_parent"
13           android:layout_height="wrap_content"
14           android:text="显示 Toast"/>
15   </LinearLayout>
```

说明：

- 第 6～9 行：定义一个 TextView 控件及其大小、文本。
- 第 10～14 行：定义一个 ID 为 bt_showToast 的 Button 控件及其大小、文本。

（3）修改主 Activity 的类文件 MainActivity.java，编写代码如下：

```
1    package com.example.administrator.ex07_4;
2    import android.app.Activity;
3    import android.os.Bundle;
4    import android.view.View;
5    import android.widget.Button;
6    import android.widget.Toast;
7    public class MainActivity extends Activity {
8        Button bt_showToast;
9        @Override
10       protected void onCreate(Bundle savedInstanceState) {
11           super.onCreate(savedInstanceState);
12           setContentView(R.layout.activity_main);
13           bt_showToast=(Button)findViewById(R.id.bt_showToast);
14           bt_showToast.setOnClickListener(new View.OnClickListener()
15           {
16               @Override
17               public void onClick(View v) {
```

Note

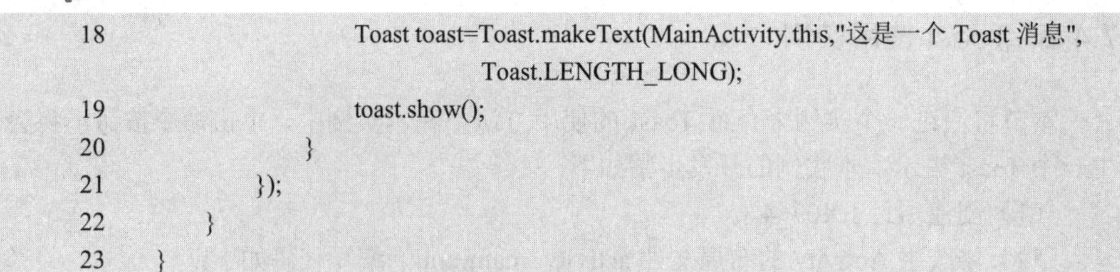

```
18                      Toast toast=Toast.makeText(MainActivity.this,"这是一个 Toast 消息",
                                Toast.LENGTH_LONG);
19                      toast.show();
20                  }
21              });
22          }
23      }
```

说明：

- 第 14～21 行：为 Button 控件增加单击监听事件。其中，第 18 行生成一个 Toast 对象；第 19 行显示该 Toast 对象。

本实例运行结果如图 7-8 所示。

图 7-8　显示 Toast

7.5　Notification 状态栏通知

Notification 状态栏通知是 Android 平台下另外一种消息提示的方式。Notification 位于手机的状态栏（位于屏幕的最上方，通常显示电池电量、信号强度等），用手指按状态栏并向下拉可以查看状态栏的系统提示消息。

7.5.1　Notification 类简介

Notification 类表示一个持久的通知，可以让应用程序在没有开启情况下或在后台运行提醒用户。它是看不见的程序组件（Broadcast Receiver，Service 和不活跃的 Activity）提醒用户有需要注意的事件发生的最好途径。创建通知的时候，需要判断 Android 系统的版本是否为 8.0 以上，如果是 8.0 以上则需要创建通知渠道。Notification 类的主要方法如表 7-7 所示。

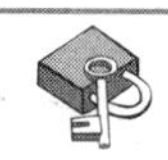

表 7-7　Notification 类的主要方法

方　　法	参 数 说 明	说　　明
void cancel (int id) void cancel (String tag，int id)	id：通知的 id tag：通知的标签	移除一个已经显示的通知，如果该通知是短暂的，会隐藏视图；如果通知是持久的，会从状态栏中移除
void cancelAll ()		移除已经显示的所有通知
void notify (int id，Notification notification) void notify (String tag，int id，Notification notification)	id：应用中通知的唯一标识 notification：一个通知对象，用来描述向用户展示什么信息，不能为空 tag：用来标识通知的字符串，可以为空	提交一个通知在状态栏中显示。如果拥有相同 id 的通知已经被提交而且没有被移除，该方法会用新的信息来替换之前的通知
void setLatestEventInfo(Context context , CharSequencecontent Title,CharSequence contentText, PendingIntent contentIntent)	context：上下文环境 contentTitle：状态栏中的大标题 contentText：状态栏中的小标题 contentInten：单击后将发送 PendingIntent 对象	显示在拉伸状态栏中的 Notification 属性，单击后将发送 PendingIntent 对象

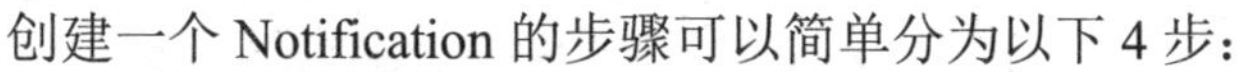

创建一个 Notification 的步骤可以简单分为以下 4 步：

（1）通过 getSystemService()方法得到 NotificationManager 对象。

（2）对 Notification 的一些属性进行设置，如内容、图标、标题，对相应 notification 的动作进行处理等。

（3）通过 NotificationManager 对象的 notify()方法来执行一个 notification 的通知。

（4）通过 NotificationManager 对象的 cancel()方法来取消一个 notificatioin 的通知。

7.5.2　Notification 使用实例

本节将通过一个实例来介绍 Notification 的使用方法。本实例开发步骤如下。

（1）创建项目 EX07_5。

（2）修改主 Activity 的布局文件 activity_main.xml，编写代码如下：

```
1    <?xml version="1.0" encoding="utf-8"?>
2    <LinearLayout xmlns:android="http://schemas.android.com/apk/res/android"
3        android:orientation="vertical"
4        android:layout_width="fill_parent"
5        android:layout_height="fill_parent">
6        <TextView
7            android:layout_width="fill_parent"
8            android:layout_height="wrap_content"
```

```
9              android:text="这是一个 Notification 使用示例"/>
10         <Button
11             android:id="@+id/bt_sendNotification"
12             android:layout_width="fill_parent"
13             android:layout_height="wrap_content"
14             android:text="发送 Notification"/>
15     </LinearLayout>
```

说明：

- 第6～9行：定义一个 TextView 控件及其大小、文本。
- 第10～14行：定义一个 ID 为 bt_sendNotification 的 Button 控件及其大小、文本。

（3）修改主 Activity 的类文件 MainActivity.java，编写代码如下：

```
1   package com.example.administrator.ex07_5;
2   import android.app.Activity;
3   import android.app.Notification;
4   import android.app.NotificationChannel;
5   import android.app.NotificationManager;
6   import android.app.PendingIntent;
7   import android.content.Intent;
8   import android.graphics.BitmapFactory;
9   import android.os.Build;
10  import android.os.Bundle;
11  import android.support.v4.app.NotificationCompat;
12  import android.view.View;
13  import android.widget.Button;
14  public class MainActivity extends Activity {
15      private Button bt_sendNotification = null;
16      private Intent intent = null;
17      private PendingIntent mPendingIntent = null;
18      private Notification mNotification = null;
19      private NotificationManager mNotificationManager = null;
20      @Override
21      protected void onCreate(Bundle savedInstanceState) {
22          super.onCreate(savedInstanceState);
23          setContentView(R.layout.activity_main);
24          bt_sendNotification=(Button)findViewById(R.id.bt_sendNotification);
25          bt_sendNotification.setOnClickListener(new View.OnClickListener()
26          {
27              @Override
28              public void onClick(View v)
29              {
30                  NotificationManager notificationManager=(NotificationManager)
                                getSystemService(NOTIFICATION_SERVICE);
31                  NotificationCompat.Builder builder = null;
```

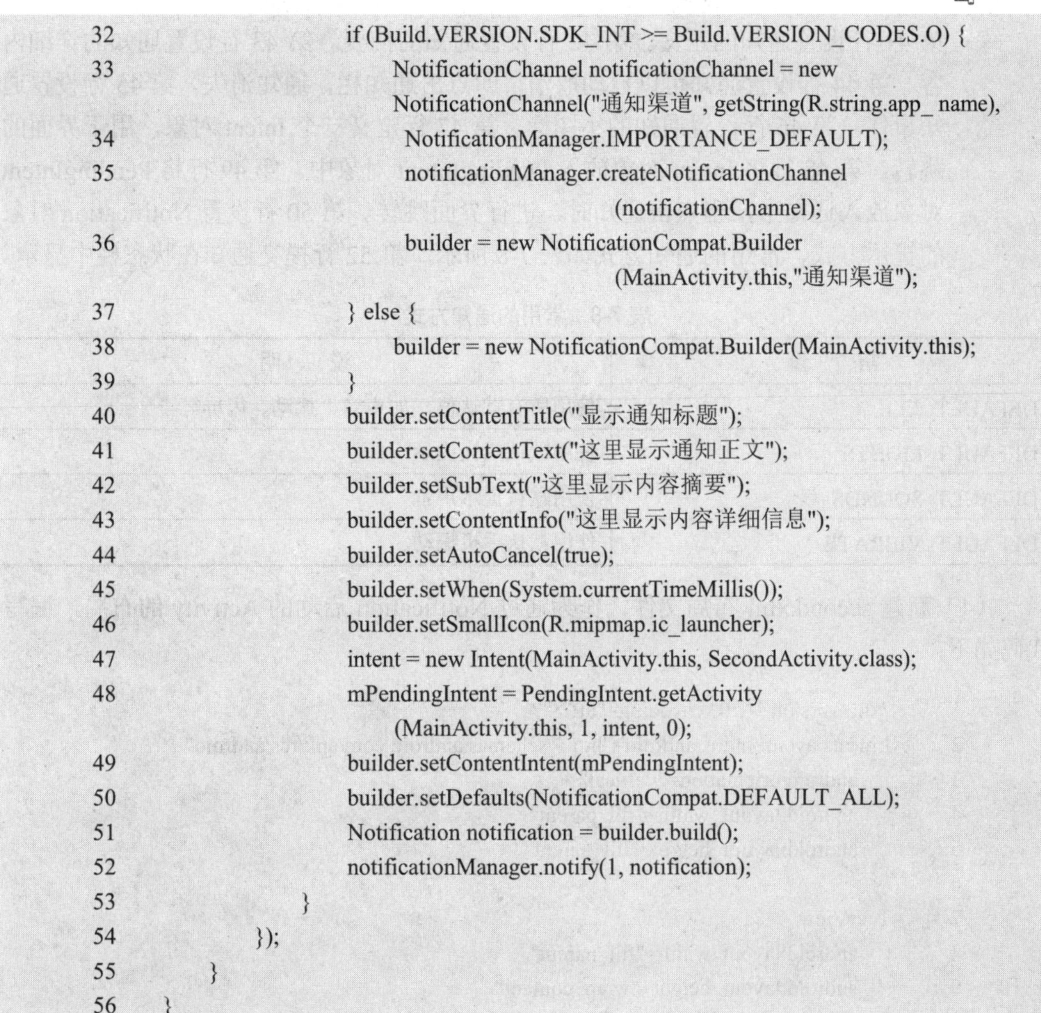

```
32                  if (Build.VERSION.SDK_INT >= Build.VERSION_CODES.O) {
33                      NotificationChannel notificationChannel = new
                        NotificationChannel("通知渠道", getString(R.string.app_ name),
34                       NotificationManager.IMPORTANCE_DEFAULT);
35                       notificationManager.createNotificationChannel
                                  (notificationChannel);
36                       builder = new NotificationCompat.Builder
                                  (MainActivity.this,"通知渠道");
37                  } else {
38                      builder = new NotificationCompat.Builder(MainActivity.this);
39                  }
40                  builder.setContentTitle("显示通知标题");
41                  builder.setContentText("这里显示通知正文");
42                  builder.setSubText("这里显示内容摘要");
43                  builder.setContentInfo("这里显示内容详细信息");
44                  builder.setAutoCancel(true);
45                  builder.setWhen(System.currentTimeMillis());
46                  builder.setSmallIcon(R.mipmap.ic_launcher);
47                  intent = new Intent(MainActivity.this, SecondActivity.class);
48                  mPendingIntent = PendingIntent.getActivity
                        (MainActivity.this, 1, intent, 0);
49                  builder.setContentIntent(mPendingIntent);
50                  builder.setDefaults(NotificationCompat.DEFAULT_ALL);
51                  Notification notification = builder.build();
52                  notificationManager.notify(1, notification);
53              }
54          });
55      }
56  }
```

说明：

- 第 15 行：声明一个 Button 对象。
- 第 16 行：声明一个 Intent 对象。
- 第 17 行：声明一个 PendingIntent 对象，PendingIntent 可以理解为延迟执行的 intent，是对 Intent 对象的一个包装。
- 第 18 行：声明一个 Notification 对象。
- 第 19 行：声明一个 NotificationManager 对象，用来管理 Notification 对象。
- 第 21 行：获取 Button 控件的引用。
- 第 25～54 行：为 Button 控件增加单击监听事件，用来发送通知。第 30 行通过 getSystemService()方法得到 NotificationManager 对象。第 31 行定义一个通知的构造者，在老的版本中是使用 Notification，新的版本是使用 Notification.Builder，为了兼容性现在使用 NotificationCompat.Builder。第 32～39 行判断系统的 SDK 版本是不是大于 8.0，如果大于 8.0，则创建通知渠道。第 40 行设置通知的标题。

第 41 行设置通知的正文。第 42 行设置通知的摘要。第 43 行设置通知的详细内容。第 44 行设置通知可以自动取消，即点击通知栏，通知消失。第 45 行设置通知事件。第 46 行设置通知的小图标。第 47 行定义一个 Intent 对象，用于界面的跳转。第 48 行将 Intent 对象放入 PendingIntent 对象中。第 49 行将 PendingIntent 对象放入通知中，当点击通知时，进行界面跳转。第 50 行设置 Notification 对象的提示方式，常用的通知方式如表 7-8 所示。第 52 行提交通知在状态栏中显示。

表 7-8　常用的通知方式

常　量	说　明
DEFAULT_ALL	使用所有默认值，如声音、振动、闪屏等
DEFAULT_LIGHTS	使用默认闪光提示
DEFAULT_SOUNDS	使用默认提示声音
DEFAULT_VIBRATE	使用默认手机振动

（4）新建 second.xml 布局文件，作为通过 Notification 启动的 Activity 的布局，编写代码如下：

```
1   <?xml version="1.0" encoding="utf-8"?>
2   <LinearLayout xmlns:android="http://schemas.android.com/apk/res/android"
3       android:orientation="vertical"
4       android:layout_width="fill_parent"
5       android:layout_height="fill_parent"
6       >
7   <TextView
8       android:layout_width="fill_parent"
9       android:layout_height="wrap_content"
10       android:text="这是一个通过 Notification 启动的 Activity"
11       />
12  </LinearLayout>
```

说明：

第 7～11 行：定义一个 TextView 控件及其大小、文本。

（5）建立 SecondActivity.java 文件，编写代码如下：

```
1   package com.example.administrator.ex07_5;
2   import android.app.Activity;
3   import android.os.Bundle;
4   public class SecondActivity extends Activity {
5       /** Called when the activity is first created. */
6       @Override
7       public void onCreate(Bundle savedInstanceState) {
8           super.onCreate(savedInstanceState);
9           setContentView(R.layout.activity_second);
```

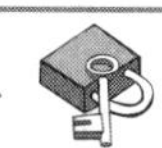

```
10            }
11      }
```

（6）开发一个新的 Activity 对象 SecondActivity，需要在 AndroidManifest.xml 进行声明，否则系统将无法得知该 Activity 的存在，并进行权限设置。打开 AndroidManifest.xml 文件，在<application>与</application>标记之间加入如下代码：

```
<activity android:name=".SecondActivity"></activity>
```

本实例运行结果如图 7-9 和图 7-10 所示。

图 7-9　查看 Notification

图 7-10　通过 Notification 打开第二个界面

7.6　习　　题

1．在 Android 程序中，实现以下选项菜单，包含菜单项：添加、保存、发送、详细、查找、更多。点击“更多”后，显示帮助、分享、删除菜单项。

2．在 Android 程序中，使用 Alert 对话框，模拟 QQ 的登录界面。

3．设计一个 Android 程序，实现以下功能：

① 使用 ListView 显示手机中联系人的姓名。

② 在 ListView 中注册上下文菜单，通过上下文菜单的命令，查看该联系人的详细信息。

③ 通过 ListView 的上下文菜单，对联系人信息进行删除，删除后，使用 Toast 进行提示。

4．设计一个 Android 程序，按手机的返回键时，程序在后台运行，程序的图标使用 Notification 在状态栏显示；在状态栏中点击该程序图标后，显示该程序的界面。

第 8 章 Android 事件处理

【本章内容】

- ❐ 监听接口事件处理
- ❐ 回调机制事件处理

对于一个应用程序，除了有漂亮的界面之外，还需要有更具内涵的东西：功能。对于移动终端的应用，如何利用 Android 的事件处理，完成相应的功能，提高用户体验，是一个非常值得研究的内容。在前几章的案例中，用到了很多事件处理，如按钮的单击监听事件、Spinner 的监听事件、Activity 的生命周期、创建菜单等。Android 的事件处理主要分为两大类：监听接口事件处理与回调机制事件处理，本章将对 Android 的事件处理进行归纳总结，从而让读者对 Android 的事件处理有一个更加全面的理解。

8.1 监听接口事件

8.1.1 监听接口事件机制

事件监听机制是一种委派式的事件处理机制，事件源（组件）将事件处理委托给事件监听器。当事件源发生指定事件时，就通知指定事件监听器，执行相应的操作，也就是说当事件源发生事件后，触发事件监听器，事件监听器根据注册的事件处理程序，将事件委托给具体的处理程序进行处理。

在监听事件处理过程中，主要有三个要素：

- ❐ 事件源：引发事件的场所，通常为各个组件，如按钮、窗口、菜单等。注意，各个控件在不同情况下触发的事件不完全相同，产生事件的对象也可能不同。
- ❐ 事件：封装了应用程序界面上各个组件发生的特定事情，用于完成相应的功能。如果程序需要获得界面组件上所发生事件的相关信息，一般通过事件对象来取得。
- ❐ 事件监听器：实现了特定的结构，负责监听事件源所发生的事件，并对各种事件做出相应的响应。在具体实现时，根据事件的不同，重写不同的事件处理方法来处理相应的事件。

在 Android 应用程序开发中，监听事件处理过程如下：

（1）为某个事件源（组件）设置一个监听器，用于监听用户操作。

（2）用户执行操作，触发事件源的监听器。

（3）生成对应的事件对象。

（4）将这个事件源对象作为参数传给事件监听器。

（5）事件监听器对事件对象进行判断，执行对应的事件处理器（对应事件的处理方法）。

监听事件的流程图如图 8-1 所示，Android 常用的监听事件如表 8-1 所示。

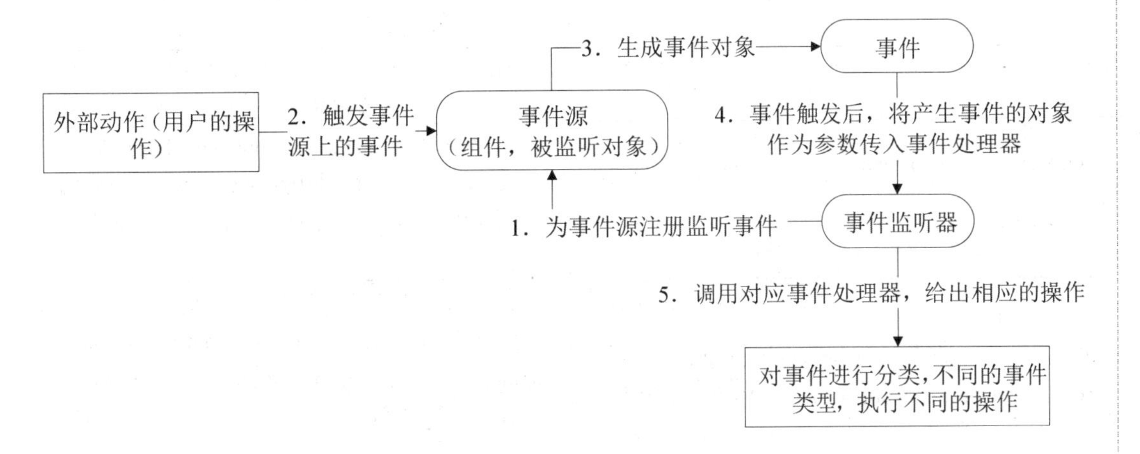

图 8-1　监听事件处理流程图

表 8-1　Android 常用的监听事件

事 件 名 称	事　件　源	说　　明
OnClickListener	View 内部接口、Button 按钮	此接口处理的是单击事件，当单击事件发生时，OnClickListener 接口会回调 public void onClick(View v)方法对事件进行处理。其中参数 v 指的是发生单击事件的 View 组件
OnLongClickListener	View 内部接口	此接口处理的是长按事件，当长时间按某个 View 组件时触发该事件。其对应的回调方法为 public boolean onLongClick(View v)，当返回 true 时，表示已经处理完此事件，若事件未处理完，则返回 false，该事件还可以继续被其他监听器捕获并处理
OnKeyListener	View 内部接口、EditText	此接口用于对手机键盘事件进行监听，当 View 获得焦点并且键盘被敲击时会触发该事件。其对应的回调方法为 public boolean onKey(View v, int keyCode, KeyEvent event)，keyCode 为键盘码，event 为键盘事件封装类的对象

Note

续表

事件名称	事件源	说明
OnTouchListener	View 内部接口	此接口用来处理手机屏幕事件，当在 View 的范围内有触摸、按下、抬起、滑动等动作时都会触发该事件，并触发该接口中的回调方法。其对应的回调方法为 public boolean onTouch(View v, Motion Event event)，keyCode 为键盘码，event 为键盘事件封装类的对象
OnFocusChangeListener	View 内部接口	此接口用于处理 View 组件焦点改变事件。当 View 组件失去或获得焦点时会触发该事件。其对应的回调方法为 public void onFocusChange(View v, Boolean hasFocus)，其中参数 v 表示产生事件的事件源，hasFocus 表示事件源的状态，即是否获得焦点
OnCreateContextMenuListener	View 内部接口	此接口用于处理上下文菜单被创建的事件。其对应的回调方法为 public void onCreateContext Menu(ContextMenu menu, View v, ContextMenu Info info)，其中参数 menu 为事件的上下文菜单，参数 info 是该对象中封装了有关上下文菜单的其他信息
OnSeekBarChangedListener	SeekBar	此接口主要监听 SeekBar 滑块改变的事件。其对应的回调方法有三个：onProgressChanged(SeekBar seekBar, int progress, boolean fromUser)，用于监听滑块进度的改变事件；onStartTrackingTouch(Seek BarseekBar) 用于监听滑块滑动开始的事件；onStopTrackingTouch(SeekBar seekBar)，用于监听滑块滑动结束的事件
OnCheckedChangeListener	RadioGroup	此接口主要监听 RadioGroup 中各个 RadioButton 的选中情况变化的事件。其对应的回调方法为 onCheckedChanged(RadioGroup group, int checkedId)，checkedId 为 RadioButton 的 ID
OnItemSelectedListener	Spinner	此接口主要监听 Spinner 中的 Item 被选择的监听事件。其对应的回调方法有两个：onItemSelected (AdapterView<?> parent, View view, int position, long id)，用于监听被选中的事件，position 为选中项的索引；onNothingSelected(AdapterView<?> parent)，用于监听没有被选中的事件
onOptionsItemSelected	Menu	此接口主要监听选项菜单中菜单项的选择事件
onContextItemSelected	ContextMenu	此接口主要监听上下文菜单中菜单项的选择事件

Note

续表

事件名称	事件源	说明
OnDateChangedListener	DatePicker	此接口主要监听 DatePicker 中日期发生改变的事件。其对应的回调方法为 onDateChanged(DatePicker view, int year, int monthOfYear, intdayOfMonth)
OnTimeChangedListener	TimePicker	此接口主要监听 TimePicker 中日期发生改变的事件。其对应的回调方法为 onTimeChanged(TimePicker view, int hourOfDay, int minute)

8.1.2　监听接口事件实例

在上一节介绍了 Android 监听接口事件的处理机制以及常用的监听事件，其中各个控件的监听事件在常用基本控件（第 3 章）、高级控件（第 4 章）、菜单与消息提示（第 7 章）等章节中通过实例进行了演示与实现，在此不再介绍。本节将介绍 View 类的内部接口事件，在主 Activity 中实现各个监听接口事件，然后通过显示相应的消息，来观察监听事件的产生与处理过程。本实例的实现步骤如下：

（1）创建实例 EX08_1。

（2）修改主 Activity 的布局文件 activity_main.xml，编写代码如下：

```
1    <?xml version="1.0" encoding="utf-8"?>
2    <LinearLayout xmlns:android="http://schemas.android.com/apk/res/android"
3        xmlns:app="http://schemas.android.com/apk/res-auto"
4        xmlns:tools="http://schemas.android.com/tools"
5        android:layout_width="match_parent"
6        android:layout_height="match_parent"
7        tools:context=".MainActivity"
8        android:orientation="vertical">
9        <Button
10           android:layout_width="match_parent"
11           android:layout_height="wrap_content"
12           android:text="测试 OnClickListener 监听事件"
13           android:id="@+id/bt_testListener"
14           android:focusableInTouchMode="true"/>
15        <TextView
16           android:layout_width="wrap_content"
17           android:layout_height="wrap_content"
18           android:id="@+id/tv_message"/>
19        <EditText
20           android:layout_width="match_parent"
21           android:layout_height="wrap_content"
22           android:id="@+id/et_input"
23           android:focusable="true"/>
24   </LinearLayout>
```

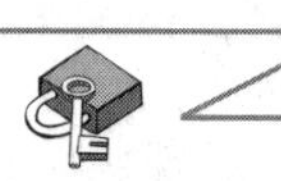

说明：

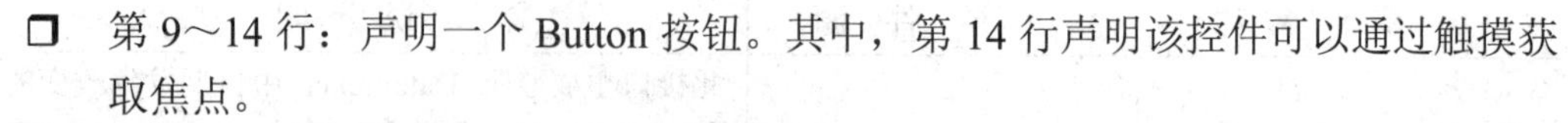

- 第 9～14 行：声明一个 Button 按钮。其中，第 14 行声明该控件可以通过触摸获取焦点。

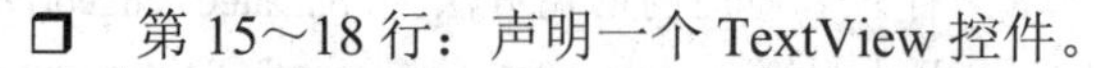

- 第 15～18 行：声明一个 TextView 控件。

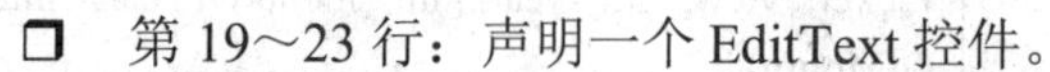

- 第 19～23 行：声明一个 EditText 控件。

（3）修改主 Activity 的类文件 MainActivity.java，编写代码如下：

```
1   package com.example.administrator.ex08_1;
2   import android.app.Activity;
3   import android.os.Bundle;
4   import android.view.KeyEvent;
5   import android.view.MotionEvent;
6   import android.view.View;
7   import android.widget.Button;
8   import android.widget.EditText;
9   import android.widget.TextView;
10  import android.widget.Toast;
11  public class MainActivity extends Activity implements View.OnClickListener,
            View.OnLongClickListener, View.OnKeyListener,
            View.OnFocusChangeListener,View.OnTouchListener
12  {
13      Button bt_testListener;
14      TextView tv_message;
15      EditText et_input;
16      @Override
17      protected void onCreate(Bundle savedInstanceState) {
18          super.onCreate(savedInstanceState);
19          setContentView(R.layout.activity_main);
20          bt_testListener=(Button)findViewById(R.id.bt_testListener);
21          tv_message=(TextView)findViewById(R.id.tv_message);
22          et_input=(EditText)findViewById(R.id.et_input);
23          bt_testListener.setOnClickListener(this);
24          bt_testListener.setOnLongClickListener(this);
25          bt_testListener.setOnFocusChangeListener(this);
26          bt_testListener.setOnTouchListener(this);
27          et_input.setOnFocusChangeListener(this);
28          et_input.setOnKeyListener(this);
29      }
30      @Override
31      public boolean onKey(View v, int keyCode, KeyEvent event) {
32          if(keyCode>=29 && keyCode<=55)
33          {
34              tv_message.setText("你按下了"+(char)(keyCode+68));
35          }
```

```
36          else if(keyCode>=7 && keyCode<=16)
37          {
38              tv_message.setText("你按下了"+(keyCode-7));
39          }
40          return false;
41      }
42      @Override
43      public void onFocusChange(View v, boolean hasFocus) {
44          switch (v.getId()) {
45              case R.id.bt_testListener:
46                  Toast.makeText(MainActivity.this,"bt_testListener 按钮获得了焦点",
                                  Toast.LENGTH_LONG).show();
47                  break;
48              case R.id.et_input:
49                  Toast.makeText(MainActivity.this,"EditText 文本框获得了焦点",
                                  Toast.LENGTH_LONG).show();
50                  break;
51          }
52      }
53      @Override
54      public boolean onTouch(View v, MotionEvent event) {
55          Toast.makeText(MainActivity.this,"本消息来源于 OnTouchListener",
                          Toast.LENGTH_LONG).show();
56          return false;
57      }
58      @Override
59      public void onClick(View v) {
60          tv_message.setText("本消息来源于 OnClickListener");
61      }
62      @Override
63      public boolean onLongClick(View v) {
64          tv_message.setText("本消息来源于 OnLongClickListener");
65          return true;
66      }
67  }
```

说明：

- 第 11 行：声明 MainActivity 类要实现的接口。
- 第 13～15 行：声明三个控件对象。
- 第 20～22 行：获取相应控件的引用。
- 第 23～28 行：为各个控件增加监听事件。
- 第 31～40 行：为 OnKeyListener 监听事件实现 OnKey()方法，根据 keyCode 判断按的是实体键盘的什么键，然后显示相应的消息。实体键盘中 a～z 对应的 keyCode 为 29～55，0～9 对应的 keyCode 为 7～16。其中，第 34 行 keyCode+68 是将对应的 keyCode 转换为对应字母的 ASCII 值，然后强制转换为英文字符；第 38 行将 keyCode 转换为对应的数字。

- 第 43～52 行：为 OnFocusChangeListener 监听事件实现 onFocusChange()方法。根据所点击的控件，显示相应的 Toast 消息。
- 第 54～57 行：为 OnTouchListener 监听事件实现 onTouch()方法。
- 第 59～61 行：为 OnClickListener 监听事件实现 OnClick()方法。
- 第 63～66 行：为 OnLongClickListener 监听事件实现 onLongClick()方法。

该实例运行结果如图 8-2 和图 8-3 所示。

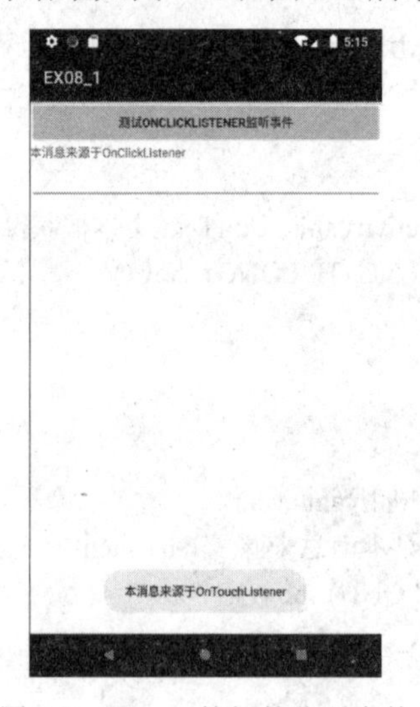

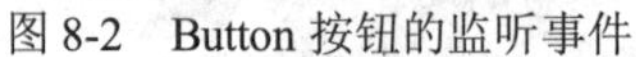
图 8-2　Button 按钮的监听事件

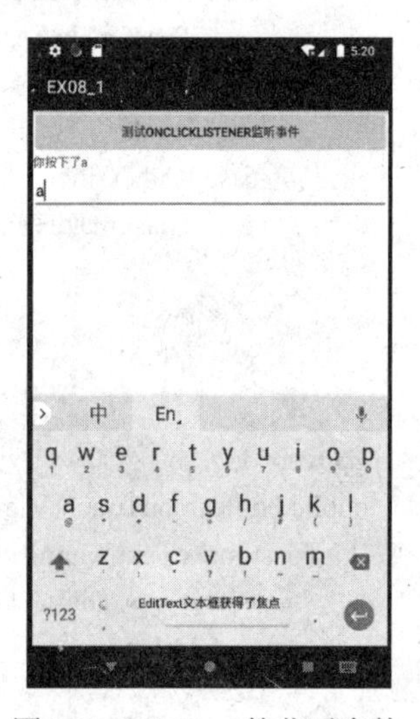

图 8-3　EditText 的监听事件

8.2　回调机制事件

8.2.1　回调机制原理与过程

基于回调的事件处理机制是将事件源和事件处理程序进行了统一。当事件发生时，直接调用事件源相关的方法完成具体事件处理。例如，对于 View 对象，Android 提供了很多默认的事件处理方法，如 onTouchEvent()、onKeyDown()等，当开发者使用自定义的 View 时，只需要重新调用这些方法，就可以按照开发者自己的业务逻辑去完成具体的事件处理。也就是说与事件监听机制不同，基于回调的方法使用的是组件自身的事件处理方法。

Android 为所有 GUI 组件提供了相应的回调方法，如 onKeyDown()、onKeyLongPress()等。几乎所有基于回调的事件处理方法都有一个 boolean 类型的返回值。当事件被触发时，最先触发的是该组件上绑定的事件监听器，然后是该组件提供的事件监听方法，最后是该组件所在的 Activity。如果中途遇到回调函数返回值为 true，则停止传播，流程如图 8-4 所示。

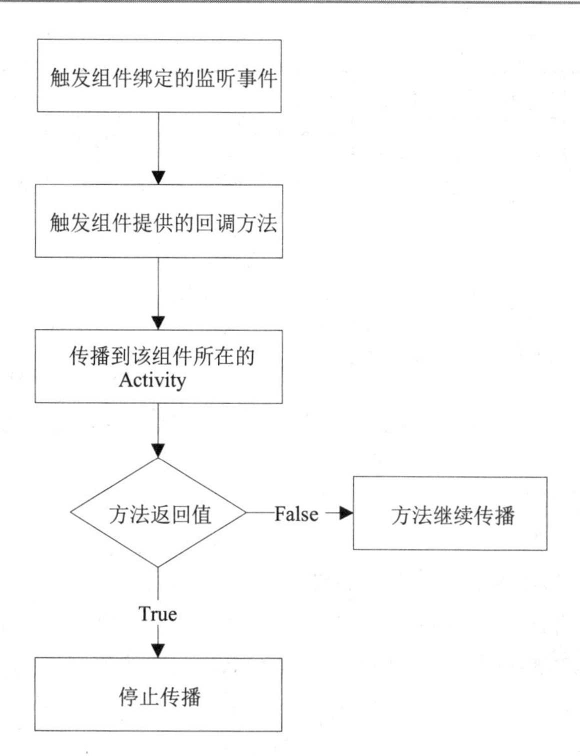

图 8-4 回调机制事件处理流程图

当用户在 GUI 组件上激发某个事件时，组件有自己特定的方法负责处理该事件。通常用法是：① 继承基本的 GUI 组件；② 重写该组件的事件处理方法，即自定义 View。Android SDK 为 View 组件提供了多个默认的回调方法，如果某个事件没有被任意一个 View 处理，就会在 Activity 中调用响应的回调方法。常用的回调方法如表 8-2 所示。

表 8-2 回调机制事件方法

名 称	调用时间	说 明
public boolean onKeyDown(int keyCode, KeyEvent event)	键盘按键被按下时由系统调用	接口 KeyEvent.Callback 中的抽象方法。keyCode 即键盘码，系统根据键盘码得知按下的是哪个按钮。event 为按钮事件的对象，包含触发事件的详细信息。例如，事件的类型、状态等
public boolean onKeyUp (int keyCode, KeyEvent event)	按钮向上弹起时被调用	接口 KeyEvent.Callback 中的抽象方法。keyCode 即键盘码，系统根据键盘码得知按下的是哪个按钮。event 为按钮事件的对象，包含触发事件的详细信息。例如，事件的类型、状态等
public boolean onTouchEvent(MotionEvent event)	用户触摸屏幕时被自动调用	方法在 View 中定义。event 为触摸事件封装类的对象，封装了该事件的相关信息。当用户点击屏幕时，MotionEvent.getAction()的值为 MotionEvent.ACTION_DOWN；当用户将触控物体离开屏幕时，MotionEvent.getAction()的值为 MotionEvent.ACTION_UP；当触控物体在屏幕上滑动时，MotionEvent.getAction()的值为 MotionEvent.ACTION_MOVE

续表

名　　称	调 用 时 间	说　　明
public boolean onTrackballEvent(MotionEvent event)	当触摸轨迹球时被调用	处理手机中轨迹球的相关事件。在 Activity 中重写，也可以在 View 中重写。event 为手机轨迹球事件封装类的对象
protected void onFocusChanged(boolean gainFocus, int direction, Rect previouslyFocusedRect)	当视图获取或失去焦点时触发	只能在 View 中重写，当 View 组件焦点改变时被自动调用。参数 gainFocus 表示触发该事件的 View 是否获得了焦点，获得焦点为 true，参数 direction 表示焦点移动的方向；参数 previouslyFocusedRect 是在触发事件的 View 的坐标系中前一个获得焦点的矩形区域

8.2.2　回调机制事件实例

在上一节介绍了 Android 回调事件的处理机制以及常用的回调方法。本节将通过一个实例介绍回调机制事件的处理。在本实例中，分别重写了派生于 Button 按钮与 TextView 控件的两个控件：MyButton 与 MyTextView，在 MyButton 类中重写了相应的方法，通过日志的输出观察回调函数的调用过程；在 MyTextView 中，通过重写 OnTouchEvent()方法，实现在 TextView 中画矩形。本实例的实现步骤如下。

（1）创建项目 EX08_2。

（2）新增 MyButton 类的类文件 MyButton.java，MyButton 派生于 Button 类，编写代码如下：

```
1    package com.example.administrator.ex08_2;
2    import android.content.Context;
3    import android.graphics.Rect;
4    import android.util.AttributeSet;
5    import android.util.Log;
6    import android.view.KeyEvent;
7    import android.view.MotionEvent;
8    import android.widget.Button;
9    public class MyButton extends Button {
10       private Context c;
11       public MyButton(Context context, AttributeSet attrs) {
12           super(context, attrs);
13       }
14       @Override
15       public boolean onKeyDown(int keyCode, KeyEvent event) {
16           super.onKeyDown(keyCode,event);
17           Log.d("EX08_2","基于回调的 onKeyDown 事件处理");
18           return true;
19       }
20       @Override
```

```
21          public boolean onKeyUp(int keyCode, KeyEvent event) {
22              Log.d("EX08_2","基于回调的 onKeyUp 事件处理");
23              return true;
24          }
25          @Override
26          protected void onFocusChanged(boolean focused, int direction,
                                        Rect previouslyFocusedRect) {
27              Log.d("EX08_2","基于回调的 onFocusChanged 事件处理");
28              super.onFocusChanged(focused, direction, previouslyFocusedRect);
29          }
30          @Override
31          public boolean onTouchEvent(MotionEvent event) {
32              Log.d("EX08_2","基于回调的 onTouchEvent 事件处理");
33              return true;
34          }
35          @Override
36          public boolean onTrackballEvent(MotionEvent event) {
37              Log.d("EX08_2","基于回调的 onTrackballEvent 事件处理");
38              return true;
39          }
40      }
```

说明：

- 第 9 行：声明 MyButton 类派生于 Button 类。
- 第 11～13 行：MyButton 的构造函数。
- 第 15～19 行：重写 onKeyDown()方法，在该方法中使用 Log 类输出一条日志信息。其中，第 18 行返回 true 后，消息停止传播。
- 第 21～24 行：重写 onKeyUp()方法。
- 第 26～29 行：重写 onFocusChanged()方法。
- 第 31～34 行：重写 onTouchEvent()方法。
- 第 36～39 行：重写 onTrackballEvent()方法。

（3）新增 MyTextView 类的类文件 MyTextView.java，MyTextView 派生于 TextView 类，编写代码如下：

```
1   package com.example.administrator.ex08_2;
2   import android.content.Context;
3   import android.graphics.Canvas;
4   import android.graphics.Color;
5   import android.graphics.Paint;
6   import android.graphics.Rect;
7   import android.util.AttributeSet;
8   import android.util.Log;
9   import android.view.MotionEvent;
```

```
10  import android.widget.TextView;
11  public class MyTextView extends TextView {
12      Paint mPaint;
13      int StrokeWidth = 5;
14      Rect rect=new Rect(0,0,0,0);
15      public MyTextView(Context context,AttributeSet attrs) {
16          super(context, attrs);
17      }
18      @Override
19      public boolean onTouchEvent(MotionEvent event) {
20          int x = (int)event.getX();
21          int y = (int)event.getY();
22          switch (event.getAction())
23          {
24              case MotionEvent.ACTION_DOWN:
25                  rect.right+=StrokeWidth;
26                  rect.bottom+=StrokeWidth;
27                  invalidate(rect);
28                  rect.left = x;
29                  rect.top = y;
30                  rect.right =rect.left;
31                  rect.bottom = rect.top;
32                  break;
33              case MotionEvent.ACTION_MOVE:
34                  Rect old =new
                    Rect(rect.left,rect.top,rect.right+StrokeWidth,rect.bottom+StrokeWidth);
35                  rect.right = x;
36                  rect.bottom = y;
37                  old.union(x,y);
38                  invalidate(old);
39                  break;
40              case MotionEvent.ACTION_UP:
41                  break;
42          }
43          return true;
44      }
45      @Override
46      protected void onDraw(Canvas canvas) {
47          mPaint=new Paint();
48          mPaint.setAntiAlias(true);
49          mPaint.setStyle(Paint.Style.STROKE);
50          mPaint.setStrokeWidth(StrokeWidth);
```

```
51            mPaint.setAlpha(100);
52            mPaint.setColor(Color.RED);
53            canvas.drawRect(rect,mPaint);
54            super.onDraw(canvas);
55        }
56  }
```

Note

说明：

- 第 11 行：声明 MyTextView 派生于 TextView 类。
- 第 12 行：在 MyTextView 声明一个 Paint 对象，用于在自定义的控件中画矩形。
- 第 13 行：定义一个整型变量，为矩形框的宽度。
- 第 14 行：定义一个矩形对象。
- 第 15～17 行：定义 MyTextView 类的构造函数。
- 第 19～44 行：重写 onTouchEvent()方法，目的在于获得触摸屏最初的坐标（作为矩形左上角的顶点的坐标），以及在触摸屏上移动时的坐标（作为矩形右下角的顶点的坐标）。其中，第 20～21 行获取触摸屏当前的坐标位置；第 22～44 行根据事件不同的行为，进行不同的处理，设置矩形对象的上、下、左、右的坐标值；第 27 行实现界面的刷新。
- 第 46～55 行：重写 OnDraw()方法。其中，第 47 行生成一个 Paint 对象；第 48 行设置画笔的边缘没有锯齿；第 49 行设置画笔的风格；第 50 行设置画笔的宽度；第 51 行设置画笔的透明度；第 52 行设置画笔的颜色；第 53 行使用画笔绘制指定的矩形对象。

（4）修改主 Activity 的布局文件 activity_main.xml，编写代码如下：

```
1    <?xml version="1.0" encoding="utf-8"?>
2    <LinearLayout xmlns:android="http://schemas.android.com/apk/res/android"
3        xmlns:app="http://schemas.android.com/apk/res-auto"
4        xmlns:tools="http://schemas.android.com/tools"
5        android:layout_width="match_parent"
6        android:layout_height="match_parent"
7        android:orientation="vertical"
8        tools:context=".MainActivity">
9        <com.example.administrator.ex08_2.MyButton
10           android:id="@+id/bt_myButton"
11           android:layout_width="match_parent"
12           android:layout_height="wrap_content"
13           android:text="自定义的 Button 控件" />
14        <com.example.administrator.ex08_2.MyTextView
15           android:layout_width="match_parent"
16           android:layout_height="match_parent" />
17  </LinearLayout>
```

Note

说明：

- 第9～13行：在布局文件中声明一个自定义的Button控件。其中，第9行为该控件的类名。
- 第14～16行：在布局文件中声明一个自定义的TextView控件。其中，第14行为该控件的类名。

（5）主Activity的类文件MainActivity.java，不需要进行任何修改。

运行本结果时，Mybutton按钮回调方法输出的日志可以通过LogCat进行查看。本实例的运行结果如图8-5和图8-6所示。

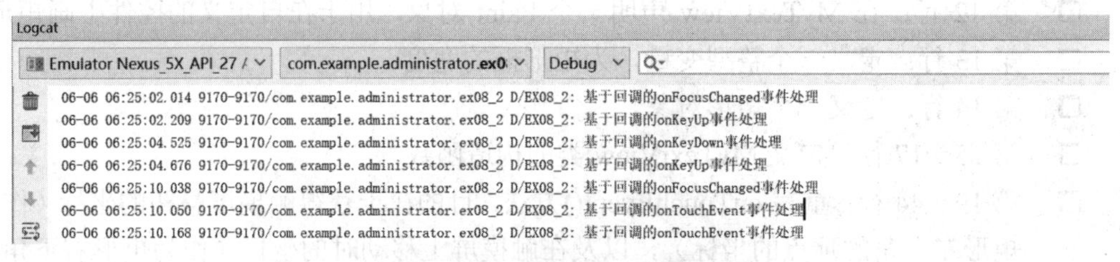

图8-5　MyButton回调方法的输出日志

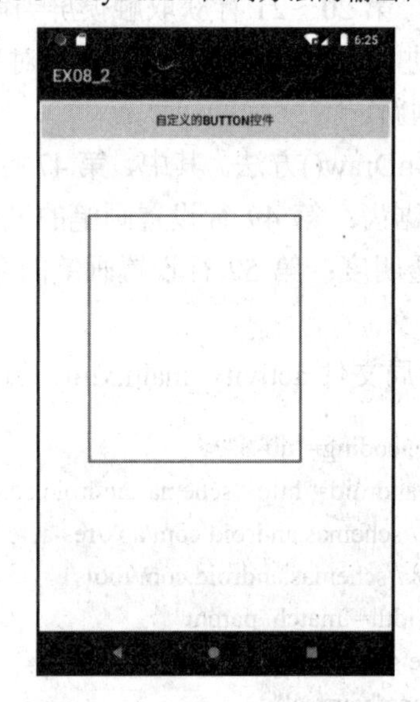

图8-6　在MyTextView画矩形

8.3　习　　题

1．简述Android监听接口事件的处理过程。
2．简述Android回调事件的处理机制。
3．使用Android回调事件实现按钮随着手指进行移动的事件。

第 9 章 Android 程序调试

【本章内容】

- ❒ Android Device Monitor 的工作原理
- ❒ Android Device Monitor 的启动及介绍
- ❒ File Explorer 文件操作
- ❒ 模拟器控制
- ❒ 程序日志 LogCat
- ❒ 模拟器程序调试

在前面几章，介绍了 Android 应用程序开发的基本组件、控件及消息提示。通过上述几章的介绍，读者可以开发设计一些简单的 Android 应用程序，但是在开发过程中，不可避免地会遇到各种各样的错误。当遇到错误时，开发人员除了要凭借错误提示以及经验之外，还可以借助于集成开发环境自身的工具进行调试程序、排查错误，达到解决问题的目的。在 Android 平台下，程序的开发人员除了可以借助 Android Device Monitor 或者其他的调试工具进行程序的调试工作之外，还可以通过手机进行 Android 程序的调试。

9.1 Android Device Monitor 的工作原理

Android Device Monitor 是 Android 开发环境中的 Dalvik 虚拟机调试监控服务。它主要是对系统运行后台日志、系统线程、模拟器状态进行监控，还可以提供以下功能：为测试设备截屏，针对特定的进程查看正在运行的线程，CPU、内存与网络的使用信息以及 Logcat 日志查看信息，广播状态信息，模拟电话呼叫信息，模拟收发短信，发送虚拟地理坐标，等等。

Android Device Monitor 的工作原理：Android Device Monitor 搭建起 Android Studio 与测试终端（Emulator 或者 connected device）的连接，它们应用各自独立的端口监听调试信息，可以实时监测到测试终端的连接情况。当有新的测试终端连接后，Android Device Monitor 将捕捉到终端的 ID，并通过 adb 建立调试器，从而实现发送指令到测试终端的目的。

Note

9.2 Android Device Monitor 的启动及介绍

9.2.1 Android Device Monitor 的启动

对于 Android Device Monitor 的启动，在不同的 Android Studio 版本中，启动方法不尽相同。下面是各个版本启动 Android Device Monitor 的方法。

（1）在 Android Studio 2.X 中，可以通过 Tools/Android/Android Device Monitor 打开 Android Device Monitor。

（2）在 Android Studio 3.X 中，Android Device Monitor 工具已经不在工具栏显示了，开发者可以先找到 SDK 的安装路径（可以通过 File/Settings/Appearance&Behavior/System Settings/Android SDK，在右侧的 Android SDK Location 中找到），然后在 Windows 资源管理器中打开 SDK 所在的目录，在 tools 文件夹下找到 monitor.bat 文件。运行 monitor.bat 文件，即可打开 Android Device Monitor。

Android Device Monitor 的界面如图 9-1 所示。

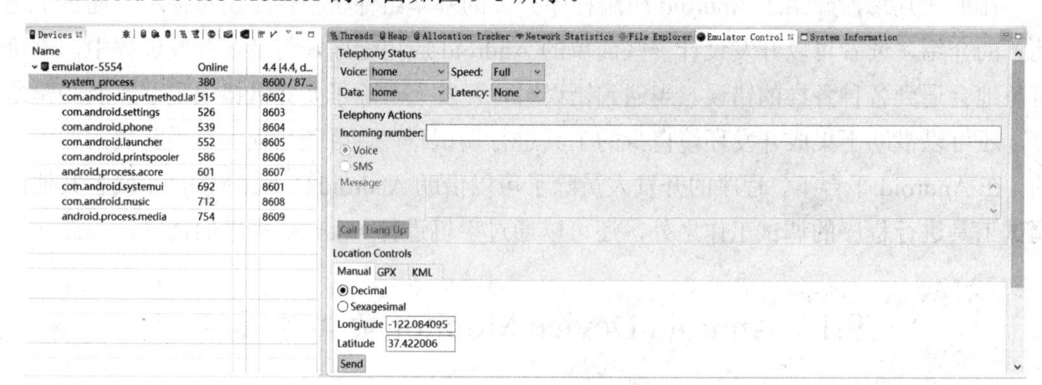

图 9-1　Android Device Monitor 界面

9.2.2 Android Device Monitor 各组成部分的功能简介

Android Device Monitor 主要有以下组成部分。

（1）Devices：可以查看到所有与 DDMS 连接的模拟器详细信息，以及每个模拟器正在运行的 App 进程，每个进程最右边相对应的是与调试器连接的端口。

（2）Heap：可以监测应用进程使用内存情况。

（3）Threads：可以查看某个进程里的所有线程的活动。

（4）Emulator Control：可以实现对模拟器的控制，比如接听电话、根据选项模拟各种不同网络情况、模拟接收 SMS 消息和发送虚拟地址坐标用于测试 GPS 功能等。

① Telephony Status：通过选项模拟语音质量以及信号连接模式。

② Telephony Actions：模拟电话接听和发送 SMS 到测试终端。

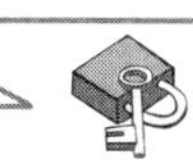

③ Location Control：模拟地理坐标或者模拟动态的路线坐标变化并显示预设的地理标识，可以通过以下三种方式。

- Manual：手动为终端发送二维经纬坐标。
- GPX：通过 GPX 文件导入序列动态变化地理坐标，模拟行进中 GPS 变化的数值。
- KML：通过 KML 文件导入独特的地理标识，并以动态形式根据变化的地理坐标显示在测试终端。

（5）File Explorer：最常用的就是 File Explorer 文件浏览器。通过 File Explorer 可以查看模拟器中的文件，还可以把文件上传到 Android 手机、从手机下载文件或者删除文件。

（6）LogCat 主要显示日志信息，日志包括 ERROR、WARN、INFO、DEBUG 和 VERBOSE 五种类型，在 LogCat 中使用其大写首字母来代替：V 为所有的信息，D 为 Debug 信息，I 为 info 信息，W 为警告信息，E 为错误提示的信息。

通常在代码中使用如下方法来记录日志：Log.v()、Log.d()、Log.i()、Log.w()、Log.e()，具体的参数可以参考 API。在运行项目时可以通过 LogCat 监控到很多的系统日志，了解系统的运行状况以及错误提示。

9.3　Android Profiler

虽然手机的硬件能力越来越强大，但是相对而言，还是有一定的限制，这就对应用程序的性能提出了要求。而对于开发者而言，需要对应用程序的性能进行优化调试，尽可能地使程序少占用资源的同时提高程序的性能，使程序更加流畅。对于应用程序的调优一般从 CPU、内存、网络三方面进行。

在 Android Studio 3.X 中，提供了一种应用程序活动的实时、统一的视图，即 Android Profiler 窗口，该窗口取代了原来的 Android 监控窗口。Android Profiler 分为三大模块：CPU、内存、网络，可以检测到程序运行时 CPU、内存、网络的使用情况，并进行统计分析。

在 Android Studio 3.X 中可以通过 View/Tool Windows/Android Profiler 启动 Android Profiler，如图 9-2 所示。

图 9-2　Android Profiler

在 Android Profiler 中单击 CPU、MEMORY、NETWORK 中的某个模块，可以详细观察到该模块具体的使用情况，下面以 CPU 模块为例，观察第 7 章的状态栏通知一节实例

（EX07_5）的 CPU 使用情况，如图 9-3 所示。

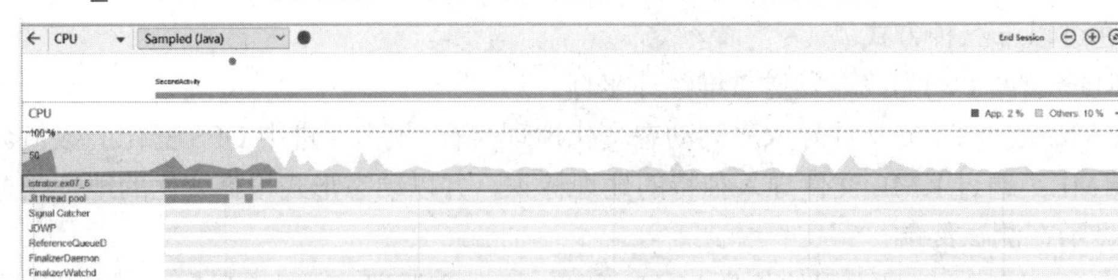

图 9-3　EX07_5 运行时 CPU 的使用情况

9.4　模拟器控制

在 Android Studio 中可以通过模拟器的 Emulator Control（模拟控制）来操作模拟器实例，在此之前必须先启动模拟器。启动模拟控制器的方法是单击模拟器右侧的 More 按钮，如图 9-4 所示。

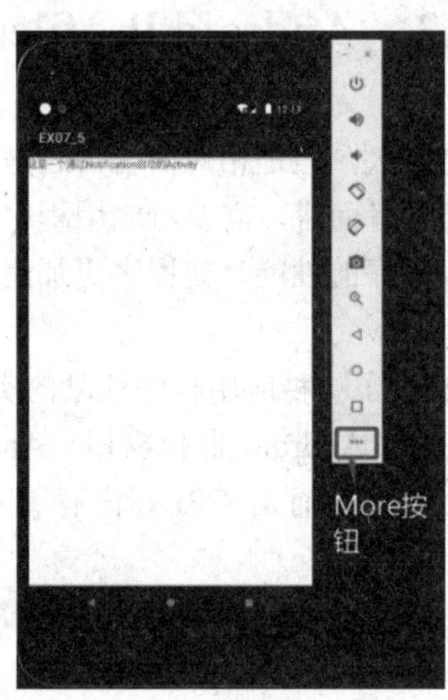

图 9-4　模拟控制器

启动界面如图 9-5 所示。

通过模拟控制器，可以完成以下模拟控制。

（1）模拟位置坐标：可以通过导入 GPX 或者 KML 文件实现。

（2）模拟蜂窝网络：可以模拟网络类型、信号强度、声音状态与数据状态。

（3）电池状态：可以模拟电池电量、电池健康程度、电池状态等。

（4）模拟虚拟照相机：可以导入静态图片作为照相机的虚拟场景。

（5）模拟语音通话呼入与 SMS 消息：可以模拟拨打电话、挂断电话或者发送 SMS 消息。

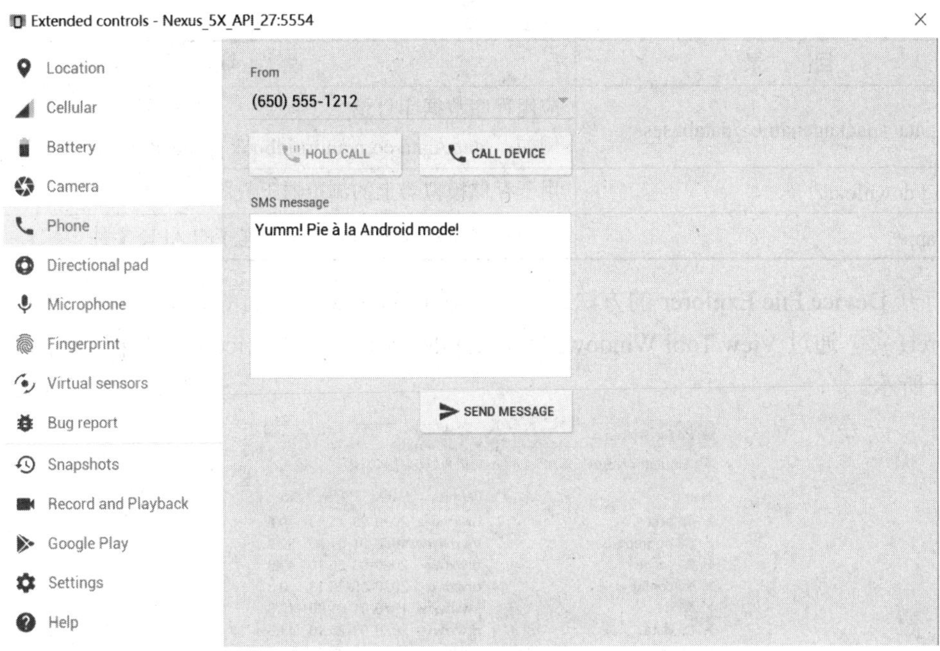

图 9-5　模拟控制器界面

（6）模拟麦克风：可以设置虚拟的插入时头戴设备、头戴设备有麦克风等。

（7）模拟指纹：模拟指纹识别。

（8）模拟虚拟传感器；模拟手机的旋转角度等。

（9）快照：截取手机当前屏幕。

（10）记录与回放：对手机进行录屏、回访。

（11）设置：对模拟器进行设置。

9.5　Device File Explorer

开发人员可以使用 Device File Explorer 来查看并操作模拟器或设备上的 Android 文件系统。表 9-1 给出了 Android 文件系统中的某些重要区域。

表 9-1　Android 文件系统中的某些重要区域

目　录	说　明
/data/data/<packagename>/	应用程序顶层目录 例如：/data/data/com.androidbook.pettracker
/data/data/<packagename>/shared_prefs/	应用程序共享首选项目录 命名的首选项以 XML 文件的方式进行存储
/data/data/<packagename>/files/	应用程序文件目录
/data/data/<packagename>/cache/	应用程序缓存目录

续表

目　　录	说　　明
/data/data/<packagename>/databases/	应用程序数据库目录 例如：/data/data/com.androidbook.pettracker/databases/test.db
/sdcard/download/	用于存储模拟器上的浏览器下载图像
/data/app/	用于存储第三方 Android 应用程序的 APK 文件

打开 Device File Explorer 的方法：① 在 Android Studio 界面的右下角单击 Device File Explorer；② 通过 View/Tool Windows/Device File Explorer。Device File Explorer 的界面如图 9-6 所示。

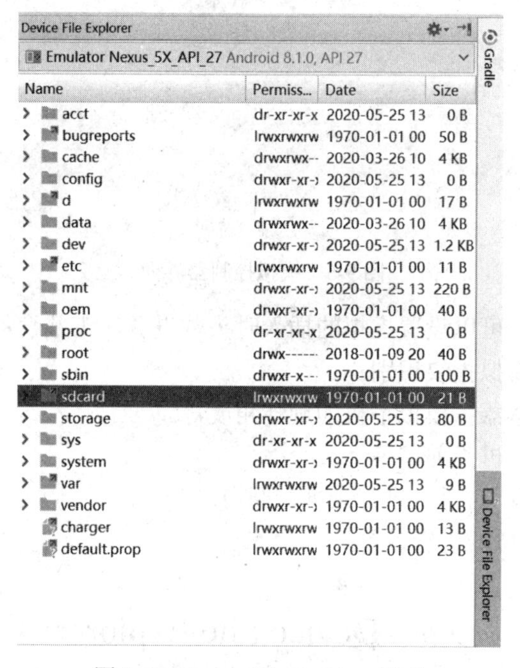

图 9-6　Device File Explorer 界面

通过 Device File Explorer，可以进行以下操作。

（1）浏览 Android 文件系统：展开某个文件夹，即可浏览该文件夹下的文件。

（2）从模拟器或设备上复制文件：右击想要复制的文件，选择 Save as 命令即可。

（3）向模拟器或设备复制文件：右击某个文件夹，选择 Upload 命令即可。

（4）删除模拟器或设备上的文件夹：右击想要删除的文件或者文件夹，选择 Delete 命令即可。

9.6　LogCat

在进行 Android 程序的设计开发过程中，开发人员会遇到各种各样的错误。除了基本

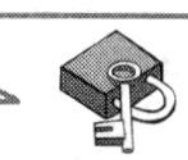

的语法错误之外，还有程序运行过程中发生的错误。对于语法错误，开发人员能够快速地找到，并根据提示进行修改。但是运行时产生的错误，就很难寻找原因，除了进行必要的异常处理外，更重要的是能够找到产生错误的原因，而 LogCat 就是获取此类错误信息的一个有效工具。

下面以第 7 章的 EX07_5 为例来说明如何通过 LogCat 获取错误。在该项目中，将 MainActivity.java 文件中的第 24 行代码

```
bt_sendNotification=(Button)findViewById(R.id.bt_sendNotification);
```

注释掉，然后运行该程序，会产生一个错误，导致程序意外退出，如图 9-7 所示。

图 9-7　程序意外终止

当遇到此类错误时，仅仅根据程序的提示，无法知道程序的错误发生在什么地方。但是程序的运行会在 LogCat 形成日志，即程序的运行过程。当遇到此类错误时，可以通过查看 LogCat 获取发生错误的原因。在 IDE 的底部，选择 LogCat 选项卡，然后在第三个下拉列表中选择消息类型为 Error，如图 9-8 所示。

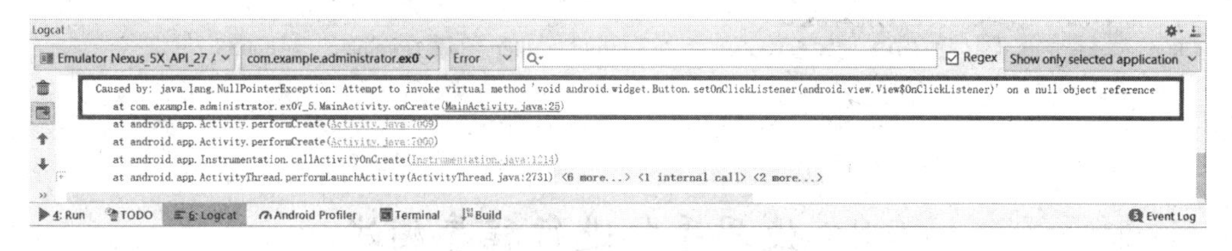

图 9-8　LogCat

在图 9-8 中，可以看到在 LogCat 中不仅显示了发生错误的原因 NullPointerException（空指针异常），也显示了错误发生的位置 MainActivity.java: 25（MainActivity.java 文件的第 25 行代码）。获取了错误的类型及位置，开发者就可以很方便地修改程序的错误。

Note

9.7 程序调试 Debug

开发者在开发 Android 程序时，除了发生意外终止的错误之外，还会经常遇到一种错误，即程序可以正常运行，不报错，但是结果不正确或者不符合预期值。当遇到这种错误时，仅仅使用 LogCat 不能够满足程序调试的需求。在此时，可以使用 Android Studio 3.X 提供的功能非常强大的程序调试功能。

使用 Debug 进行程序调试时，步骤如下。

（1）在程序的某行代码左侧单击，增加断点。

（2）选择菜单栏中的 Run/Debug app 命令或者单击工具栏中的 Debug app 按钮，进行程序调试，如图 9-9 所示。

（3）使用相应的调试按钮，对程序进行调试。在图 9-9 方框中的四个按钮分别为 Step Over、Step Into、Force Step Into 和 Step Out。

① Step Into：单步执行，遇到子函数就进入并且继续单步执行。

② Step Over：在单步执行时，在函数内遇到子函数时不会进入子函数内单步执行，而是将子函数整个执行完再停止，也就是把子函数整个作为一步。

③ Step Out：当单步执行到子函数内时，用 Step Out 就可以执行完子函数余下部分，并返回到上一层函数。

（4）在图 9-9 的右侧 Variables 区域，可以观察到相应变量的值。

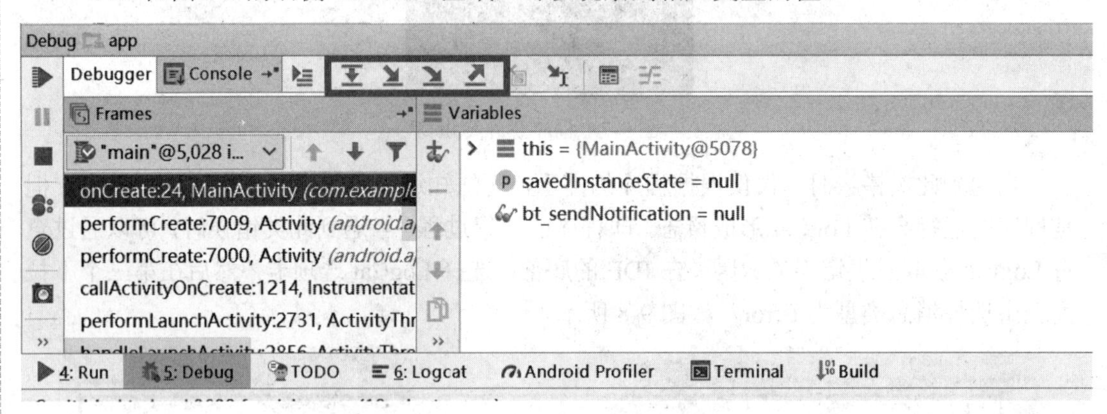

图 9-9 Debug 界面

9.8 使用手机进行程序调试

Android Studio 开发平台的模拟器运行速度虽然进行了改善，但是相对来说还是比较慢，另外还有很多功能是模拟器不具备的，如摄像头、振动提示等。如果需要进行测试的功能，模拟器不具备或者很难完成，则可以在真实的手机上进行程序的调试。下面以华为

手机为例，步骤如下。

（1）首先打开手机的开发者模式。不同品牌的手机，打开方式不尽相同，需要开发者根据所使用的具体手机进行设置。

（2）在开发者模式中，选中 USB 调试模式与连接 USB 时总是弹出提示。

（3）用数据线连接手机和计算机，如果是第一次连接，有些手机需要进行 USB 调试授权。

（4）连接成功后，选择 USB 连接方式（默认为仅充电），选择传输文件或者传输照片（不同手机品牌，选项不尽相同）。

（5）在运行程序时，可以看到连接的手机设备，如图 9-10 所示。

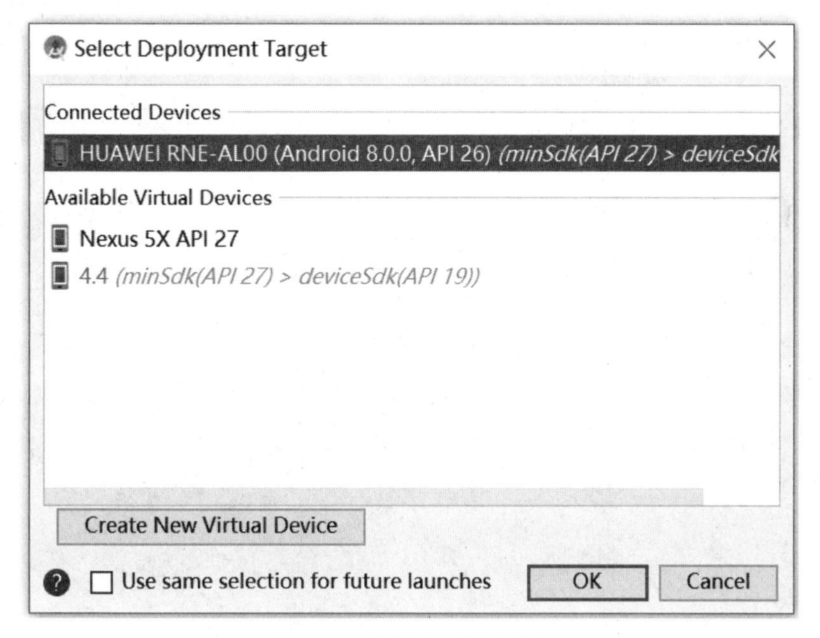

图 9-10　使用手机调试程序

9.9　习　　题

1．简述 Android Device Monitor 的运行原理。
2．通过 File Explorer 在模拟器中导入/导出文件。
3．将一个 Android 应用程序安装到手机上并且运行。
4．通过 LogCat 查看运行程序所产生的日志。

▶▶ 第2篇

提高篇

第 10 章 Android 数据存储与处理

【本章内容】

- ❒ 文件存储
- ❒ 首选项
- ❒ SQLite 数据库
- ❒ 内容提供者

无论是在桌面平台还是移动平台，应用程序都需要持久存储其数据，所以每个平台都提供了相应的数据存储机制。例如，Windows 平台提供了文件系统用于持久存储用户数据；在 Linux 系统中采用 rsyslogd 服务管理的日志文件。在 Android 平台，主要提供了五种数据存储方式：文件存储、首选项（SharedPreferences）、SQLite 存储、内容提供者和网络存储。本章将分别介绍前四种的存储方式使用方法，网络存储在后面章节介绍。

10.1 文件存储

Android 平台允许应用程序在移动设备或者移动存储设备上直接存储文件。不同的是，Android 应用程序所存储的文件默认是不能被其他应用程序访问的，因为 Android 的文件系统是基于 Linux 并且支持基于模式的权限。文件存储分内部存储和外部存储。

10.1.1 内部存储

Android 中读取和写入文件的方法，与 Java 中的 I/O 是一样的，提供了 openFileInput() 和 openFileOutput()方法来读取设备上的文件，不同的是，因为 Android 是基于 Linux 的，在读写文件的时候，还需加上文件的操作模式。在默认状态下，文件是不能在不同的程序之间共享的，以上两个方法只支持读取该应用目录下的文件，读取非其自身目录下的文件将会抛出 FileNotFoundException 异常。创建的文件存放在/data/data/<package name>/files 目录下。常用的文件操作方法如表 10-1 所示。

表 10-1 常用的文件操作方法

方 法	返 回 值	描述和参数说明
openFileInput(String name)	FileInputStream	打开指定的私有文件输入流。 name：要打开的文件名，不能包含路径分隔符

续表

方　　法	返　回　值	描述和参数说明
openFileOutput(String name,int mode)	FileOutputStream	打开指定的私有文件输出流。 name：要打开的文件名，不能包含路径分隔符。 mode：操作模式。值如下：Context.MODE_PRIVATE，为默认操作模式，代表该文件是私有数据，只能被应用本身访问，在该模式下，写入的内容会覆盖原文件的内容；Context.MODE_APPEND：模式会检查文件是否存在，存在就向文件追加内容，否则就创建新文件；MODE_WORLD_READABLE：表示当前文件可以被其他应用读取；MODE_WORLD_WRITEABLE：表示当前文件可以被其他应用写入
deleteFile(String name)	boolean	删除指定的文件 name：要删除的文件名，不能包含路径
fileList()	String[]	返回与调用这个函数相关的 Context 的应用程包相关的所有私有文件的文件名

下面通过一个实例来演示内部存储文件的读写，开发步骤如下。

（1）创建 EX10_1 项目。

（2）修改 MainActivity 的布局文件 activity_main.xml。源代码如下：

```
1     <?xml version="1.0" encoding="utf-8"?>
2     <androidx.constraintlayout.widget.ConstraintLayout
          xmlns:android="http://schemas.android.com/apk/res/android"
3         xmlns:app="http://schemas.android.com/apk/res-auto"
4         xmlns:tools="http://schemas.android.com/tools"
5         android:layout_width="match_parent"
6         android:layout_height="match_parent"
7         tools:context=".MainActivity">
8
9         <LinearLayout
10            android:layout_width="match_parent"
11            android:layout_height="match_parent"
12            android:orientation="vertical"
13            tools:context="com.example.ex10_1.MainActivity">
14
15            <TextView
16                android:layout_width="wrap_content"
17                android:layout_height="wrap_content"
18                android:text="请输入文件名" />
19
20            <EditText
21                android:id="@+id/editname"
```

```
22                  android:layout_width="match_parent"
23                  android:layout_height="wrap_content"
24                  android:hint="文件名" />
25
26              <TextView
27                  android:layout_width="wrap_content"
28                  android:layout_height="wrap_content"
29                  android:text="请输入文件内容" />
30
31              <EditText
32                  android:id="@+id/editdetail"
33                  android:layout_width="match_parent"
34                  android:layout_height="wrap_content"
35                  android:minLines="2" />
36
37              <LinearLayout
38                  android:layout_width="fill_parent"
39                  android:layout_height="wrap_content"
40                  android:orientation="horizontal">
41
42                  <Button
43                      android:id="@+id/btnsave"
44                      android:layout_width="wrap_content"
45                      android:layout_height="wrap_content"
46                      android:text="写入" />
47
48                  <Button
49                      android:id="@+id/btnclean"
50                      android:layout_width="wrap_content"
51                      android:layout_height="wrap_content"
52                      android:text="清空" />
53              </LinearLayout>
54
55              <Button
56                  android:id="@+id/btnread"
57                  android:layout_width="wrap_content"
58                  android:layout_height="wrap_content"
59                  android:text="读取文件内容" />
60          </LinearLayout>
61      </androidx.constraintlayout.widget.ConstraintLayout>
```

（3）编写文件辅助类 FileHelper.java，代码如下：

```
1   package com.example.ex10_1;
2
3   ...//省略导包
```

```
4
5   public class FileHelper {
6       private Context mContext;
7
8       public FileHelper(Context mContext) {
9           super();
10          this.mContext = mContext;
11      }
12
13      public void save(String filename, String filecontent) throws Exception {
14          FileOutputStream output = mContext.openFileOutput(filename,
                                           Context.MODE_PRIVATE);
15          output.write(filecontent.getBytes());
16          output.close();
17      }
18
19      public String read(String filename) throws IOException {
20          FileInputStream input = mContext.openFileInput(filename);
21          byte[] temp = new byte[1024];
22          StringBuilder sb = new StringBuilder("");
23          int len = 0;
24          while ((len = input.read(temp)) > 0) {
25              sb.append(new String(temp, 0, len));
26          }
27          input.close();
28          return sb.toString();
29      }
30  }
```

说明：

- 第 14 行：使用私有模式，创建出来的文件只能被本应用访问，还会覆盖原文件。
- 第 15 行：将 String 字符串以字节流的形式写入输出流中。
- 第 16 行：关闭输出流。
- 第 19 行：定义文件读取的方法。
- 第 20 行：打开文件输入流。
- 第 24～26 行：读取文件内容。
- 第 27 行：关闭输入流。

（4）编写 MainActivity 的类文件，代码如下：

```
1   package com.example.ex10_1;
2
3   ...//省略导包
4
5   public class MainActivity extends AppCompatActivity implements View.OnClickListener {
```

Note

```
6          private EditText editname, editdetail;
7          private Button btnsave, btnclean, btnread;
8          private Context mContext;
9
10         @Override
11         protected void onCreate(Bundle savedInstanceState) {
12             super.onCreate(savedInstanceState);
13             setContentView(R.layout.activity_main);
14             mContext = getApplicationContext();
15             bindViews();
16         }
17
18         private void bindViews() {
19             editdetail = (EditText) findViewById(R.id.editdetail);
20             editname = (EditText) findViewById(R.id.editname);
21             btnclean = (Button) findViewById(R.id.btnclean);
22             btnsave = (Button) findViewById(R.id.btnsave);
23             btnread = (Button) findViewById(R.id.btnread);
24
25             btnclean.setOnClickListener(this);
26             btnsave.setOnClickListener(this);
27             btnread.setOnClickListener(this);
28         }
29
30         @Override
31         public void onClick(View v) {
32             switch (v.getId()) {
33                 case R.id.btnclean:
34                     editdetail.setText("");
35                     editname.setText("");
36                     break;
37                 case R.id.btnsave:
38                     FileHelper fHelper = new FileHelper(mContext);
39                     String filename = editname.getText().toString();
40                     String filedetail = editdetail.getText().toString();
41                     try {
42                         fHelper.save(filename, filedetail);
43                         Toast.makeText(getApplicationContext(), "数据写入成功",
                                               Toast.LENGTH_SHORT).show();
44                     } catch (Exception e) {
45                         e.printStackTrace();
46                         Toast.makeText(getApplicationContext(), "数据写入失败",
                                               Toast.LENGTH_SHORT).show();
47                     }
48                     break;
49                 case R.id.btnread:
```

```
50                  String detail = "";
51                  FileHelper fHelper2 = new FileHelper(getApplicationContext());
52                  try {
53                      String fname = editname.getText().toString();
54                      detail = fHelper2.read(fname);
55                  } catch (IOException e) {
56                      e.printStackTrace();
57                  }
58                  Toast.makeText(getApplicationContext(), detail,
                                        Toast.LENGTH_SHORT).show();
59                  break;
60          }
61      }
62  }
```

说明：

- 第 5 行：在当前类中实现 OnClickListener 接口，可以不使用匿名内部类进行 button 的响应。
- 第 14 行：返回应用的上下文，生命周期是整个应用。
- 第 18 行：定义 bindViews()方法，实例化所用控件，注册按钮的监听，即三个按钮，绑定三个事件。
- 第 31 行：用一个监听器（Listener）来实现多个按钮的 onClick 监听，可以轻松地处理许多按钮单击事件并使管理简洁。
- 第 33 行：单击清空文本框。
- 第 37 行：单击存入文件内容，并提示是否成功。
- 第 49 行：单击读取文件内容并显示。

本实例运行结果如图 10-1 所示。

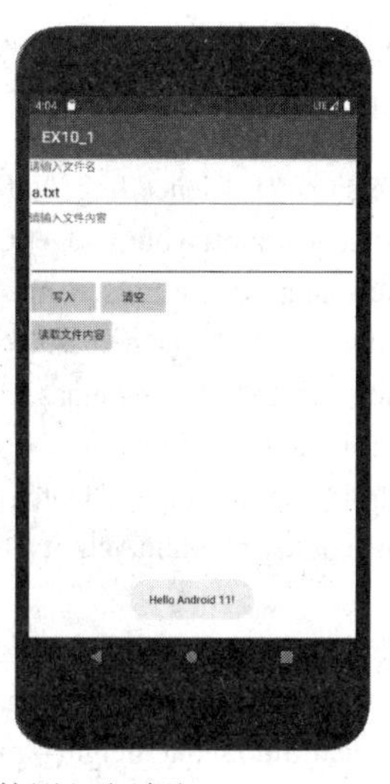

图 10-1　内部存储文件的写入和读取

为了验证程序是否操作成功，在 Android Studio 菜单栏选择 View/Tool Windows/Device File Explorer，找到 data/data 下面对应包名的 files 文件夹下的 a.txt 文件，如图 10-2 所示。可以直接双击打开，也可以另存将文件导出。

Note

注意内部存储不是内存。内部存储位于系统中很特殊的一个位置，如果用户想将文件存储于内部存储中，那么文件默认只能被用户的应用访问到，且一个应用所创建的所有文件都在和应用包名相同的目录下。也就是说应用创建于内部存储的文件，且与这个文件是关联起来的。当一个应用卸载之后，内部存储中的这些文件也被删除。

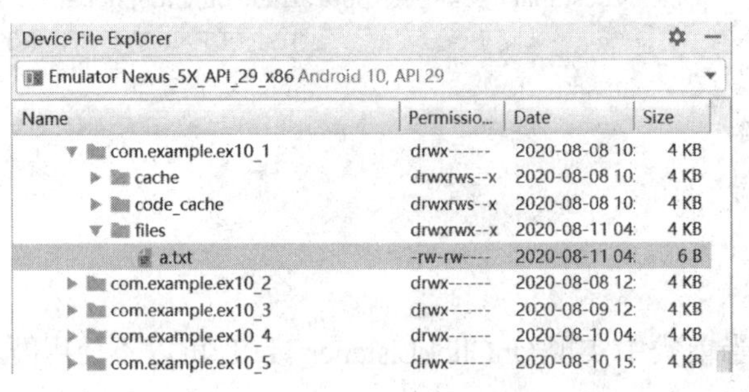

图 10-2　a.txt 文件所在目录

另外，内部存储也是系统本身和系统应用程序主要的数据存储所在地，一旦内部存储空间耗尽，手机也就无法使用了。所以对于内部存储空间，要尽量避免使用。首选项（Shared Preferences）和 SQLite 数据库都是存储在内部存储空间上的。

10.1.2　外部存储

外部存储，也常说外置存储卡，手机出厂时并不存在，是由用户自由扩展的存储空间，常见的就是 SD 卡，类比计算机的外接移动硬盘。下面通过一个实例来演示外部存储卡 SD 卡的读写，开发步骤如下。

（1）创建 EX10_2 项目。

（2）修改 MainActivity 的布局文件 activity_main.xml。源代码如下：

```
1    <?xml version="1.0" encoding="utf-8"?>
2    <androidx.constraintlayout.widget.ConstraintLayout
         xmlns:android="http://schemas.android.com/apk/res/android"
3        xmlns:app="http://schemas.android.com/apk/res-auto"
4        xmlns:tools="http://schemas.android.com/tools"
5        android:layout_width="match_parent"
6        android:layout_height="match_parent"
7        tools:context=".MainActivity">
8
9        <LinearLayout
10           android:layout_width="match_parent"
11           android:layout_height="match_parent"
12           android:orientation="vertical"
```

```
13          tools:context="com.example.ex10_2.MainActivity">
14
15          <TextView
16              android:layout_width="wrap_content"
17              android:layout_height="wrap_content"
18              android:text="请输入文件名" />
19
20          <EditText
21              android:id="@+id/editname"
22              android:layout_width="match_parent"
23              android:layout_height="wrap_content" />
24
25          <TextView
26              android:layout_width="wrap_content"
27              android:layout_height="wrap_content"
28              android:text="@string/detailtitle" />
29
30          <EditText
31              android:id="@+id/editdetail"
32              android:layout_width="match_parent"
33              android:layout_height="wrap_content"
34              android:hint="文件名" />
35
36          <LinearLayout
37              android:layout_width="fill_parent"
38              android:layout_height="wrap_content"
39              android:orientation="horizontal">
40
41              <Button
42                  android:id="@+id/btnsave"
43                  android:layout_width="wrap_content"
44                  android:layout_height="wrap_content"
45                  android:text= "保存到 SD 卡" />
46
47              <Button
48                  android:id="@+id/btnclean"
49                  android:layout_width="wrap_content"
50                  android:layout_height="wrap_content"
51                  android:text="清空" />
52          </LinearLayout>
53
54          <Button
55              android:id="@+id/btnread"
56              android:layout_width="wrap_content"
57              android:layout_height="wrap_content"
58              android:text="读取 sd 卡中的文件" />
```

```
59          </LinearLayout>
60  </androidx.constraintlayout.widget.ConstraintLayout>
```

（3）编写文件辅助类 SDFileHelper.java，代码如下：

```
1   package com.example.ex10_2;
2
3   ...//省略导包
4
5   public class SDFileHelper {
6       private Context context;
7
8       public SDFileHelper(Context context) {
9           super();
10          this.context = context;
11      }
12
13      public void savaFileToSD(String filename, String filecontent) throws Exception {
14    if (Environment.getExternalStorageState().equals(Environment.MEDIA_MOUNTED)) {
15              filename = Environment.getExternalStorageDirectory().getCanonicalPath()
                        + "/" + filename;
16              FileOutputStream output = new FileOutputStream(filename);
17              output.write(filecontent.getBytes());
18              output.close();
19              } else Toast.makeText(context, "SD 卡不存在或者不可读写",
                                Toast.LENGTH_SHORT).show();
20      }
21
22      public String readFromSD(String filename) throws IOException {
23          StringBuilder sb = new StringBuilder("");
24    if (Environment.getExternalStorageState().equals(Environment.MEDIA_MOUNTED)) {
25              filename = Environment.getExternalStorageDirectory().getCanonicalPath() +
                        "/" + filename;
26              FileInputStream input = new FileInputStream(filename);
27              byte[] temp = new byte[1024];
28
29              int len = 0;
30              while ((len = input.read(temp)) > 0) {
31                  sb.append(new String(temp, 0, len));
32              }
33              input.close();
34          }
35          return sb.toString();
36      }
37  }
```

说明：

- 第 13 行：往 SD 卡写入文件的方法。
- 第 14 行：判断 SD 卡是否存在，并且是否具有读写权限。方法 Environment.getExternalStorageState()获得当前 SD 卡状态，Environment.MEDIA_MOUNTED 表示 SD 卡在手机上是正常使用状态。
- 第 15 行：获得存储卡的路径。

- 第 16 行：创建文件字节输出流对象。
- 第 17 行：将 String 字符串以字节流的形式写入输出流中。
- 第 22 行：定义读取 SD 卡中文件的方法。
- 第 26 行：打开文件输入流。
- 第 30 行：读取文件内容。

（4）编写 MainActivity 的类文件，代码如下：

```
1    package com.example.ex10_2;
2
3    ...//省略导包
4
5    public class MainActivity extends AppCompatActivity implements View.OnClickListener {
6        private EditText editname, editdetail;
7        private Button btnsave, btnclean, btnread;
8        private Context mContext;
9
10       @Override
11       protected void onCreate(Bundle savedInstanceState) {
12           super.onCreate(savedInstanceState);
13           setContentView(R.layout.activity_main);
14           mContext = getApplicationContext();
15           bindViews();
16       }
17
18       private void bindViews() {
19           editname = (EditText) findViewById(R.id.edittitle);
20           editdetail = (EditText) findViewById(R.id.editdetail);
21           btnsave = (Button) findViewById(R.id.btnsave);
22           btnclean = (Button) findViewById(R.id.btnclean);
23           btnread = (Button) findViewById(R.id.btnread);
24
25           btnsave.setOnClickListener(this);
26           btnclean.setOnClickListener(this);
27           btnread.setOnClickListener(this);
28       }
```

Note

```
29
30        @Override
31        public void onClick(View v) {
32            switch (v.getId()) {
33                case R.id.btnclean:
34                    editdetail.setText("");
35                    editname.setText("");
36                    break;
37                case R.id.btnsave:
38                    String filename = editname.getText().toString();
39                    String filedetail = editdetail.getText().toString();
40                    SDFileHelper sdHelper = new SDFileHelper(mContext);
41                    try {
42                        sdHelper.savaFileToSD(filename, filedetail);
43                        Toast.makeText(getApplicationContext(), "数据写入成功",
                                      Toast.LENGTH_SHORT).show();
44                    } catch (Exception e) {
45                        e.printStackTrace();
46                        Toast.makeText(getApplicationContext(), "数据写入失败",
                                     Toast.LENGTH_SHORT).show();
47                    }
48                    break;
49                case R.id.btnread:
50                    String detail = "";
51                    SDFileHelper sdHelper2 = new SDFileHelper(mContext);
52                    try {
53                        String filename2 = editname.getText().toString();
54                        detail = sdHelper2.readFromSD(filename2);
55                    } catch (IOException e) {
56                        e.printStackTrace();
57                    }
58                    Toast.makeText(getApplicationContext(), detail,
                                     Toast.LENGTH_SHORT).show();
59                    break;
60            }
61        }
62    }
```

说明：

- 第5行：在当前类中实现OnClickListener接口，可以不使用匿名内部类进行button的响应。
- 第14行：返回应用的上下文，生命周期是整个应用。

- 第 18 行：定义 bindViews()方法，实例化所用控件，注册按钮的监听，即三个按钮，绑定三个事件。
- 第 31 行：用一个监听器（Listener）来实现多个按钮的 onClick 监听，可以轻松地处理许多按钮单击事件并使管理简洁。
- 第 33 行：单击清空文本框。
- 第 37 行：单击存入文件内容，并提示是否成功。
- 第 49 行：单击读取文件内容并显示。

（5）设置 SD 卡读写权限。修改 AndroidManifest.xml，加入如下代码：

```
<!-- 在 SDCard 中创建与删除文件权限 -->
<uses-permission android:name="android.permission.MOUNT_UNMOUNT_FILESYSTEMS"/>
<!-- 往 SDCard 写入数据权限 -->
<uses-permission android:name="android.permission.WRITE_EXTERNAL_STORAGE"/>
```

注意

由于 Android 10 中加入文件读写的新特性，还需要在 Androidmanifast 的 application 节点中加入属性 android:requestLegacyExternalStorage="true"。

本实例运行结果如图 10-3 所示。

为了验证程序是否操作成功，在 Android Studio 菜单栏中选择 View/Tool Windows/Device File Explorer，找到 sdcard 下面的 b.txt 文件，如图 10-4 所示。可以直接双击打开，也可以另存将文件导出。

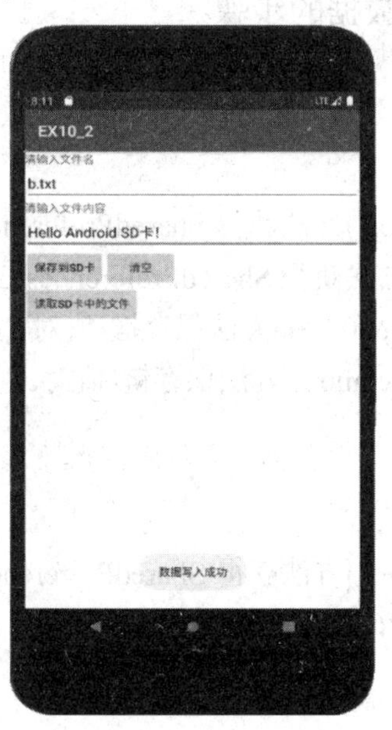

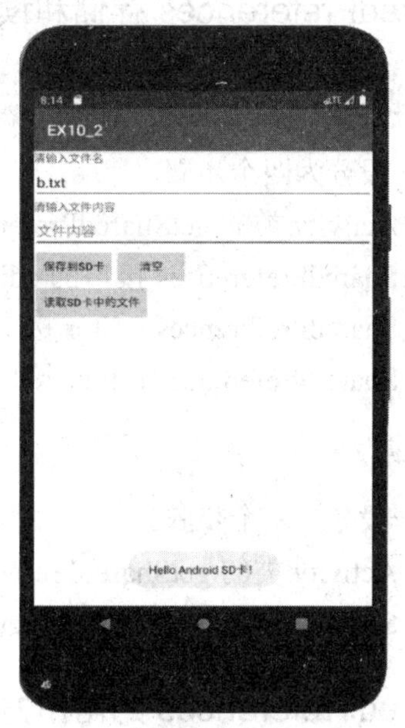

图 10-3　外部存储卡 SD 卡的写入和读取

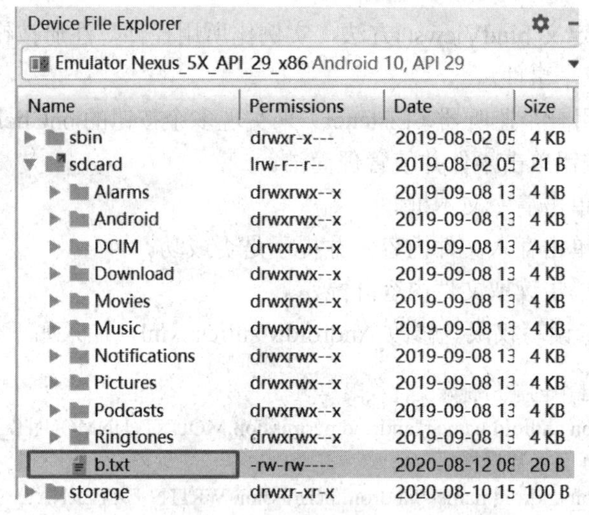

图 10-4　b.txt 文件所在目录

10.2　首选项 SharedPreferences

首选项（SharedPreferences）是 Android 平台上一个轻量级的存储类，用来保存应用的一些常用配置，使用 XML 文件存放数据，文件存放在/data/data/<package name>/shared_prefs 目录下。可以保存的数据类型有 int、boolean、float、long、String 和 Set<String>。

10.2.1　SharedPreferences 存储和读取数据的步骤

1. 存储数据

保存数据一般分为四个步骤。

（1）使用 Activity 类的 getSharedPreferences()方法获得 SharedPreferences 对象。

（2）使用 SharedPreferences 接口的 edit()方法获得 SharedPreferences.Editor 对象。

（3）通过 SharedPreferences.Editor 接口的 put×××()方法保存键-值对。

（4）通过 SharedPreferences.Editor 接口的 commit 方法保存键-值对。

2. 读取数据

读取数据一般分为两个步骤。

（1）使用 Activity 类的 getSharedPreferences()方法获得 SharedPreferences 对象。

（2）通过 SharedPreferences 对象的 get×××()方法获取数据。

10.2.2　SharedPreferences 的常用方法

SharedPreferences 的常用方法如表 10-2 所示。

表 10-2 SharedPreferences 的常用方法

方法名称	作　用	描述和参数说明
public abstract SharedPreferences getSharedPreferences (String name, int mode)	获取 SharedPreferences 对象	name：命名 mode：模式，包括 MODE_PRIVATE：只能被自己的应用程序访问）；MODE_WORLD_READABLE（除了自己访问外，还可以被其他应该用序读取）；MODE_WORLD_WRITEABLE（除了自己访问外，还可以被其他应用程序读取和写入）
abstract SharedPreferences.Editor edit()	获取 Editor 对象	由 SharedPreferences 对象调用
abstract SharedPreferences.Editor putT(String key, T value)	写入数据	key：指定数据对应的 key value：指定的值，值的类型有 int、boolean、float、long、String 和 Set<String> 由 Editor 对象调用
abstract SharedPreferences.Editor remove(String key)	移除指定 key 的数据	key：指定数据的 key 由 Editor 对象调用
abstract SharedPreferences.Editor clear()	清空数据	由 Editor 对象调用
abstract boolean commit()	提交数据	由 Editor 对象调用
abstract Map<String, ?> getAll() abstract T getT(String key, T defValue)	读取数据	key：指定数据的 key defValue：当读取不到指定的数据时，使用的默认值，值的类型有 int、boolean、float、long、String 和 Set<String> 由 SharedPreferences 对象调用

下面通过一个实例来演示 SharedPreferences 保存和读取用户登录信息，开发步骤如下。

（1）创建 EX10_3 项目。

（2）修改 MainActivity 的布局文件 activity_main.xml。源代码如下：

```
1   <?xml version="1.0" encoding="utf-8"?>
2   <LinearLayout xmlns:android="http://schemas.android.com/apk/res/android"
        xmlns:app="http://schemas.android.com/apk/res-auto"
3       xmlns:tools="http://schemas.android.com/tools"
4       android:layout_width="match_parent"
5       android:layout_height="match_parent"
6       android:orientation="vertical"
7       tools:context="com.example.ex10_3.MainActivity">
8
9       <EditText
10          android:id="@+id/etName"
```

Note

```
11              android:layout_width="300dp"
12              android:layout_height="50dp"
13              android:layout_marginTop="20dp"
14              android:hint="请输入用户名"
15              android:textSize="24sp" />
16
17          <EditText
18              android:id="@+id/etPassword"
19              android:layout_width="300dp"
20              android:layout_height="50dp"
21              android:layout_marginTop="20dp"
22              android:hint="请输入密码"
23              android:inputType="textPassword"
24              android:textSize="24sp" />
25
26          <CheckBox
27              android:id="@+id/cbMark"
28              android:layout_width="wrap_content"
29              android:layout_height="wrap_content"
30              android:checked="true"
31              android:text="记住密码" />
32
33          <Button
34              android:id="@+id/btnOk"
35              android:layout_width="wrap_content"
36              android:layout_height="wrap_content"
37              android:layout_marginTop="20dp"
38              android:text="确定" />
39      </LinearLayout>
```

（3）编写 MainActivity 的类文件，代码如下：

```
1       package com.example.ex10_3;
2
3       …//省略导包
4
5       public class MainActivity extends AppCompatActivity implements View.OnClickListener {
6           private EditText mEtName, mEtPassword;
7           private CheckBox mCbMark;
8           private Button mBtnOk;
9           private final String KEY_NAME = "name", KEY_PASSWORD = "password",
                        KEY_MARK = "mark";
10
11          @Override
12          protected void onCreate(Bundle savedInstanceState) {
```

```
13          super.onCreate(savedInstanceState);
14          setContentView(R.layout.activity_main);
15          initViews();
16      }
17
18      @Override
19      public void onClick(View v) {
20          String name = mEtName.getText().toString().trim();
21          String password = mEtPassword.getText().toString().trim();
22          if ("".equalsIgnoreCase(name) || "".equalsIgnoreCase(password)) {
23              Toast.makeText(this, "账号和密码不能为空！",
                                      Toast.LENGTH_LONG).show();
24          } else {
25              SharedPreferences userInfo = getSharedPreferences("user_info",
                                            MODE_PRIVATE);
26              SharedPreferences.Editor editor = userInfo.edit();
27              editor.putString(KEY_NAME, name);
28              editor.putBoolean(KEY_MARK, mCbMark.isChecked());
29              if (mCbMark.isChecked()) {
30                  editor.putString(KEY_PASSWORD, password);
31              } else {
32                  editor.putString(KEY_PASSWORD, "");
33              }
34              editor. commit() ;
35              Toast.makeText(this, "用户信息保存成功！",
                                    Toast.LENGTH_LONG).show();
36          }
37      }
38
39      private void initViews() {
40          SharedPreferences userInfo = getSharedPreferences("user_info",
                                                      MODE_PRIVATE);
41          mEtName = (EditText) findViewById(R.id.etName);
42          mEtPassword = (EditText) findViewById(R.id.etPassword);
43          mCbMark = (CheckBox) findViewById(R.id.cbMark);
44          mBtnOk = (Button) findViewById(R.id.btnOk);
45
46          mBtnOk.setOnClickListener(this);
47          mEtName.setText(userInfo.getString(KEY_NAME, ""));
48          if (userInfo.getBoolean(KEY_MARK, true)) {
49              mEtPassword.setText(userInfo.getString(KEY_PASSWORD, ""));
50              mCbMark.setChecked(true);
```

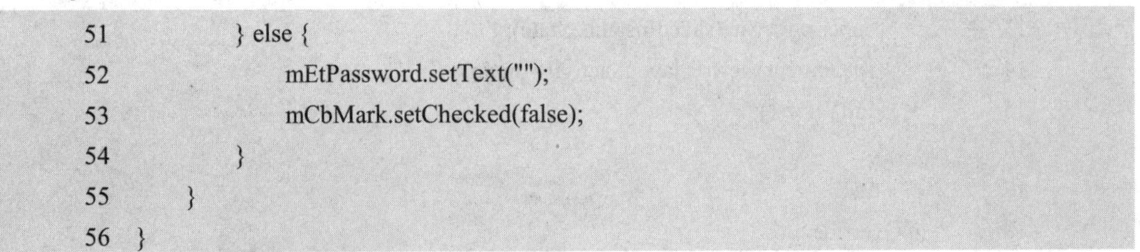

```
51              } else {
52                  mEtPassword.setText("");
53                  mCbMark.setChecked(false);
54              }
55          }
56  }
```

Note

说明：

- 第 5 行：在当前类中实现 OnClickListener 接口，可以不使用匿名内部类进行 button 的响应。
- 第 15 行：定义初始化方法。
- 第 22～23 行：判断账号和密码是否为空。
- 第 25 行：获取 SharedPreferences 对象，第一个参数是存储时的 XML 文件名称，第二个参数是文件的打开方式。
- 第 26 行：获取 Editor 对象。
- 第 27～33 行：存入数据。
- 第 34 行：提交修改的数据。也可以使用 apply()方法。两者区别是 apply()方法没有返回值，而 commit()方法返回 boolean 表明修改是否提交成功。
- 第 40 行：获取 SharedPreferences 对象。
- 第 41～44 行：获取四个控件对象。
- 第 47～54 行：读取 name、mark 和 password。

本实例运行结果如图 10-5 所示。

图 10-5　保存和读取用户登录信息

为了验证程序是否操作成功，在 Android Studio 菜单栏中选择 View/Tool Windows/

Device File Explorer，找到 data/data 下面对应包名的 shared_prefs 目录下的 user_info.xml 文件，如图 10-6 所示。可以直接双击打开，也可以另存将文件导出。

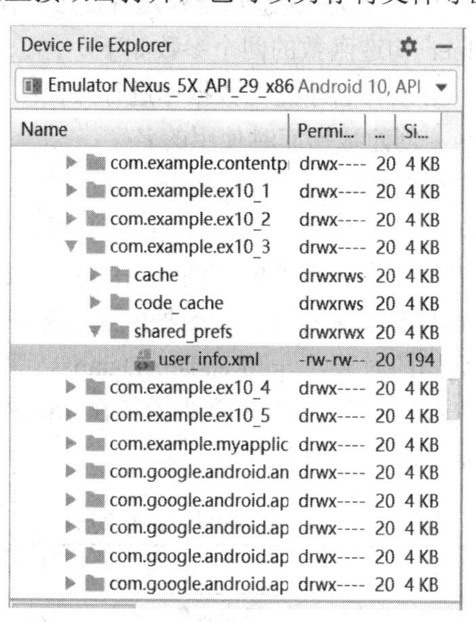

图 10-6　user_info.xml 文件所在目录

10.3　SQLite 存储

10.3.1　SQLite 数据库简介

数据库机制实际上也可以视为文件方式，Android 平台提供了创建和使用 SQLite 数据库的 API。与文件存取机制一样，每个数据库是其创建程序私有的，并不像普通桌面平台，数据库系统本身一般都是共享的，数据的访问权限是通过数据库管理系统来管理的。

SQLite 是一款轻型的嵌入式数据库，遵守 ACID 的关系式数据库管理系统，占用资源非常少。目前已经在很多嵌入式产品中使用了 SQLite，因为在嵌入式设备中，SQLite 可能只需要几百千字节的内存就够了。它能够支持 Windows、Linux、UNIX 等主流的操作系统，同时能够跟很多程序语言相结合，比如 C#、PHP、Java 等。与 MySQL、PostgreSQL 这两款世界著名的开源数据库管理系统相比，SQLite 的处理速度更快。SQLite 第一个 Alpha 版本诞生于 2000 年 5 月，至今已经有 20 多年，SQLite 也迎来了另一个版本——SQLite 3。

10.3.2　SQLite 数据库的说明和应用

Android 为了让开发者非常方便地管理一个数据库，专门提供了一个 SQLiteOpenHelper 帮助类以及 SQLiteDatabase 类，借助这两个类开发者对数据库进行创建，对数据进行增加、删除、修改、查询等操作。

Note

1．SQLiteOpenHelper

SQLiteOpenHelper 是一个抽象类，这意味着开发者使用时需要创建一个自己的帮助类来继承它。SQLiteOpenHelper 构造函数的四个参数如下。

第一个参数：Context，必须有它才能对数据库进行操作；

第二个参数：数据库名，创建数据库时使用的名字；

第三个参数：允许用户在查询时返回的 Cursor ，一般传入 null；

第四个参数：当前数据库的版本号，可用于数据库升级。

SQLiteOpenHelper 还有两个非常重要的实例方法：getReadableDatabase() 和 Writable Database()，这两个方法都可以创建或打开一个数据库（已存在），并返回一个可以对数据库进行读写的对象。当磁盘满的时候， getReadableDatabase 将以只读的形式返回数据库对象，WritableDatabase 会出现错误。创建的数据库放在 /data/data/package name/database/目录下。SQLiteOpenHelper 常用方法如表 10-3 所示。

表 10-3　SQLiteOpenHelper 常用方法

方 法 名 称	方 法 描 述
public SQLiteOpenHelper (Context context, String name, SQLiteDatabase.CursorFactory factory, int version)	创建一个帮助对象，该方法需要在自类中调用。调用时只是指定数据库文件名和数据库的版本号，并没有真正创建数据库文件，在调用 getWritableDatabase() 或 getReadableDatabase()时才会创建或打开数据库文件
Public synchronized void close ()	关闭任何打开的数据库对象
Public String getDatabaseName ()	返回正被打开的通过构造函数传递进来的 SQLite 数据库的名字
Public synchronized SQLiteDatabase getReadableDatabase ()	创建或打开一个数据库。这和 getWritableDatabase()返回的对象是同一个，除非一些因素要求数据库只能以 read-only 的方式被打开，比如磁盘满了。在这种情况下，一个只读的数据库对象将被返回。如果这个问题被修改掉，将来调用 getWritableDatabase()就可能成功，而这时 read-only 数据库对象将被关闭，并且读写对象将被返回
Public synchronized SQLiteDatabase getWritableDatabase ()	创建或打开一个数据库，用于读写。该方法第一次被调用的时候，数据库被打开，并且 onCreate(SQLiteDatabase)，onUpgrade (SQLiteDatabase，int，int) 或 onOpen(SQLiteDatabase)将被调用
Public abstract void onCreate (SQLiteDatabase db)	当第一次创建数据库时调用，表格的创建在这里完成

2．SQLiteDatabase

SQLiteDatabase 类用于管理 SQLite 数据库，对数据库中的数据进行增加、修改、删除、查询、执行 SQL 命令，并执行其他常见的数据库管理任务。该类常用的方法如表 10-4 所示。

表 10-4 SQLiteDatabase 常用方法

方 法 名 称	参 数 说 明	方 法 描 述
public void beginTransaction() public void beginTransactionWithListener (SQLiteTransactionListener transactionListener)	transactionListener：通知在事务开始时，提交或回滚调用的监听器	开始事务
public void endTransaction()		结束事务
public void execSQL(String sql, Object[] bindArgs) public void execSQL(String sql)	bindArgs：SQL 语句的参数 sql：sql 语句	执行一个非查询的 SQL 语句
public long insert(String table, String nullColumnHack, ContentValues values)	table：表名 values：插入的数据，是一个键值对，键为表的列名，值为要插入的数据	插入数据
public int delete(String table, String whereClause, String[] whereArgs)	table：表名 whereClause：删除数据的条件，如果为 null，则删除表中所有的数据	删除数据
public int update(String table, ContentValues values, String whereClause, String[] whereArgs)	table：表名 values：修改的数据； whereClause：修改数据的条件，如果为 null，则修改表中所有的数据	修改数据
public Cursor query(boolean distinct, String table, String[] columns, String selection, String[] selectionArgs, String groupBy, String having, String orderBy, String limit) public Cursor query(String table, String[] columns, String selection, String[] selectionArgs, String groupBy, String having, String orderBy) public Cursor query(String table, String[] columns, String selection, String[] selectionArgs, String groupBy, String having, String orderBy, String limit)	distinct：如果为 true，则在查询结果中去掉重复的行 table：表名 columns：查询列的列表 selection：查询条件 selectionArgs：查询条件参数 groupBy：分组字段，格式化为一个 SQL 的 GROUP BY 子句 having：格式化为 SQL HAVING 子句 orderBy：格式化为一个 SQL ORDER BY 子句 limit：返回的行数	查询数据

10.3.3 SQLite 数据库使用实例

在 10.3.2 节中，介绍了 SQLite 数据库操作的相关类，在本节中将通过一个实例介绍 SQLite 数据库的使用方法。在本实例中，将创建一个数据库 Db_People，在该数据库中创建一张表 tb_people，其结构如表 10-5 所示。

本实例要实现以下功能。

（1）使用 ListView 控件显示 tb_people 表中的数据。

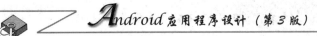

Note

（2）在 ListView 控件上绑定上下文菜单，在上下文菜单中，对 ListView 选中项可以进行修改和删除。

（3）通过选项菜单可以跳转到插入数据的 Activity，向 tb_people 表中插入数据。

表 10-5　tb_people 表结构

列　　名	数据类型	描　　述	说　　明
_id	integer	编号	primary key autoincrement
name	varchar(20)	姓名	
phone	varchar(12)	电话	
mobile	varchar(12)	手机	
email	varchar(30)	电子信箱	

本实例的开发步骤如下。

（1）创建项目 EX10_4。

（2）编写数据库帮助类 DbHelper 文件 DbHelper.java，编写代码如下：

```
1    package com.example.administrator.ex10_4;
2    import android.content.Context;
3    import android.database.sqlite.SQLiteDatabase;
4    import android.database.sqlite.SQLiteDatabase.CursorFactory;
5    import android.database.sqlite.SQLiteOpenHelper;
6    public class DbHelper extends SQLiteOpenHelper {
7        public DbHelper(Context context,String name,CursorFactory factory,int version)
8        {
9            super(context,name,factory,version);
10       }
11       @Override
12       public void onCreate(SQLiteDatabase db) {
13           // TODO Auto-generated method stub
14           db.execSQL("create table if not exists tb_people" +
15                   "(_id integer primary key autoincrement," +
16                   "name varchar(20)," +
17                   "phone varchar(12)," +
18                   "mobile varchar(12)," +
19                   "email varchar(30))");
20       }
21       @Override
22       public void onUpgrade(SQLiteDatabase db, int oldVersion, int newVersion) {
23           // TODO Auto-generated method stub
24       }
25   }
```

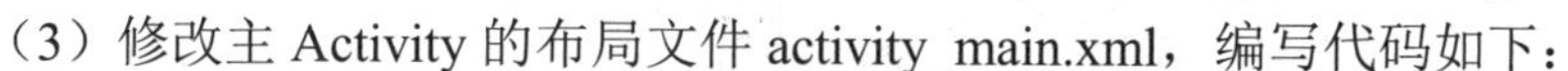

说明：

- 第 7～10 行：重写 DbHelper 的构造函数，回调父函数的 super(context,name, factory,version)。
- 第 12～20 行：重写 OnCreate()函数。在本函数中，创建数据库中的表。因为在本例中要使用 SimpleCursorAdapter，而 SimpleCursorAdapter 要求表的主键为_ID，否则会出现“不存在_ID 列”的错误，所以本表的主键列为_ID。

（3）修改主 Activity 的布局文件 activity_main.xml，编写代码如下：

```
1    <?xml version="1.0" encoding="utf-8"?>
2    <LinearLayout xmlns:android="http://schemas.android.com/apk/res/android"
3        android:orientation="vertical"
4        android:layout_width="fill_parent"
5        android:layout_height="fill_parent"
6        >
7       <TextView
8           android:layout_width="fill_parent"
9           android:layout_height="wrap_content"
10          android:text="所有联系人："
11          android:textSize="20dp"
12          />
13      <LinearLayout
14        android:orientation="horizontal"
15        android:layout_width="fill_parent"
16        android:layout_height="wrap_content">
17          <TextView
18                  android:layout_width="0dp"
19                  android:layout_weight="1"
20                  android:layout_height="wrap_content"
21                  android:text="编号"
22                  android:textSize="20dp"
23          />
24          <TextView
25                  android:layout_width="0dp"
26                  android:layout_weight="1"
27                  android:layout_height="wrap_content"
28                  android:text="姓名"
29                  android:textSize="20dp"
30          />
31           <TextView
32                  android:layout_width="0dp"
33                  android:layout_weight="1"
34                  android:layout_height="wrap_content"
35                  android:text="电话"
36                  android:textSize="20dp"
```

Note

```
37              />
38              <TextView
39                      android:layout_width="0dp"
40                      android:layout_weight="1"
41                      android:layout_height="wrap_content"
42                      android:text="手机"
43                      android:textSize="20dp"
44              />
45              <TextView
46                      android:layout_width="0dp"
47                      android:layout_weight="1"
48                      android:layout_height="wrap_content"
49                      android:text="电子信箱"
50                      android:textSize="20dp"
51              />
52          </LinearLayout>
53          <ListView
54              android:layout_width="match_parent"
55              android:layout_height="fill_parent"
56              android:id="@+id/list_people"
57              />
58      </LinearLayout>
```

说明：

在本布局文件中，首先定义一个屏幕大小的纵向线性布局，包含一个 TextView 控件、一个嵌套的横向线性布局、一个 ListView 控件。横向的线性布局中包含五个 TextView 控件，用作显示用户信息列表的表头。ListView 控件用于显示从数据库中读取出的数据。

（4）编写 ListView 的 Item 显示布局文件 peoplelist.xml，编写代码如下：

```
1   <?xml version="1.0" encoding="utf-8"?>
2   <LinearLayout
3     xmlns:android="http://schemas.android.com/apk/res/android"
4     android:layout_width="match_parent"
5     android:layout_height="wrap_content"
6     android:orientation="horizontal">
7      <TextView
8         android:id="@+id/id"
9         android:layout_width="0dp"
10        android:layout_weight="1"
11        android:layout_height="wrap_content"
12        android:textSize="20dp"
13        />
14        <TextView
15        android:id="@+id/name"
16        android:layout_width="0dp"
```

```
17              android:layout_weight="1"
18              android:layout_height="wrap_content"
19              android:textSize="20dp"
20              />
21          <TextView
22              android:id="@+id/phone"
23              android:layout_width="0dp"
24              android:layout_weight="1"
25              android:layout_height="wrap_content"
26              android:textSize="20dp"
27              />
28          <TextView
29              android:id="@+id/mobile"
30              android:layout_width="0dp"
31              android:layout_weight="1"
32              android:layout_height="wrap_content"
33              android:textSize="20dp"
34              />
35          <TextView
36              android:id="@+id/email"
37              android:layout_width="0dp"
38              android:layout_weight="1"
39              android:layout_height="wrap_content"
40              android:textSize="20dp"
41              />
42      </LinearLayout>
```

（5）修改主 Activity 的类文件 MainActivity .java。在这个 Activity 中，首先使用 ListView 显示数据库中所有的数据，在 ListView 中绑定了上下文菜单，在某一项上长按，可以对该项进行修改和删除；通过选项菜单可以增加数据和退出程序。编写代码如下：

```
1       package com.example.administrator.ex10_4;
2       import android.app.Activity;
3       import android.content.Intent;
4       import android.database.Cursor;
5       import android.database.sqlite.SQLiteDatabase;
6       import android.os.Bundle;
7       import android.view.ContextMenu;
8       import android.view.Menu;
9       import android.view.MenuItem;
10      import android.view.View;
11      import android.view.ContextMenu.ContextMenuInfo;
12      import android.widget.AdapterView.AdapterContextMenuInfo;
13      import android.widget.ListView;
14      import android.widget.SimpleCursorAdapter;
15      import android.widget.TextView;
```

Note

```
16    public class MainActivity extends Activity {
17        /** Called when the activity is first created. */
18        private ListView list_people;
19        private DbHelper dbhelper;
20        private SQLiteDatabase db;
21        @Override
22        public void onCreate(Bundle savedInstanceState) {
23            super.onCreate(savedInstanceState);
24            setContentView(R.layout.activity_main);
25            list_people=(ListView)findViewById(R.id.list_people);
26            ShowPeopleData();
27            this.registerForContextMenu(list_people);
28        }
29        public void ShowPeopleData()
30        {
31            dbhelper=new DbHelper(this, "Db_People",null, 1);
32            db=dbhelper.getReadableDatabase();
33            Cursor c=db.query("tb_people",
                          new String[]{"_id","name","phone","mobile","email"},
                          null, null,null,null,null);
34            SimpleCursorAdapter adapter=new SimpleCursorAdapter(this,
35                    R.layout.peoplelist,
36                    c,
37                    new String[]{"_id","name","phone","mobile","email"},
38                    new int[]{R.id.id,R.id.name,R.id.phone,R.id.mobile,R.id.email});
39            this.list_people.setAdapter(adapter);
40            db.close();
41        }
42        @Override
43        public boolean onCreateOptionsMenu(Menu menu) {
44            // TODO Auto-generated method stub
45            menu.add(Menu.NONE, Menu.FIRST + 1, 1, "添加")
                    .setIcon(android.R.drawable.ic_menu_add);
46            menu.add(Menu.NONE, Menu.FIRST + 2, 2, "退出")
                    .setIcon(android.R.drawable.ic_menu_delete);
47            return true;
48        }
49        @Override
50        public boolean onOptionsItemSelected(MenuItem item)
51        {
52            switch (item.getItemId())
53            {
54                case Menu.FIRST + 1:Intent intent=new Intent();
55                    intent.setClass(MainActivity.this, AddPeopleActivity.class);
56                    startActivityForResult(intent,1);
57                    break;
```

```
58                  case Menu.FIRST + 2:finish();
59                      break;
60              }
61              return super.onOptionsItemSelected(item);
62          }
63          @Override
64          public void onCreateContextMenu(ContextMenu menu, View v,
                                                    ContextMenuInfo menuInfo)
65          {
66              // TODO Auto-generated method stub
67              menu.add(0,3,0,"修改");
68              menu.add(0,4,0,"删除");
69          }
70          @Override
71          public boolean onContextItemSelected(MenuItem item)
72          {
73              AdapterContextMenuInfo menuInfo =
                              (AdapterContextMenuInfo) item.getMenuInfo();
74              // TODO Auto-generated method stub
75              switch(item.getItemId())
76              {
77                  case 3:
78                      String name = ((TextView) menuInfo.targetView
                                .findViewById(R.id.name)).getText().toString();
79                      String phone = ((TextView) menuInfo.targetView
                                .findViewById(R.id.phone)).getText().toString();
80                      String mobile = ((TextView) menuInfo.targetView
                                .findViewById(R.id.mobile)).getText().toString();
81                      String email = ((TextView) menuInfo.targetView
                                .findViewById(R.id.email)).getText().toString();
82                      Intent intent=new Intent();
83                      intent.setClass(MainActivity.this, AddPeopleActivity.class);
84                      Bundle bundle=new Bundle();
85                      bundle.putLong("id", menuInfo.id);
86                      bundle.putString("name",name);
87                      bundle.putString("phone",phone);
88                      bundle.putString("mobile", mobile);
89                      bundle.putString("email", email);
90                      intent.putExtras(bundle);
91                      startActivityForResult(intent,1);
92                      break;
93                  case 4:
94                      dbhelper=new DbHelper(this, "Db_People",null, 1);
95                      db=dbhelper.getReadableDatabase();
96                      db.delete("tb_people","_id=?", new String[]{menuInfo.id+""});
97                      ShowPeopleData();
```

Note

```
98                  db.close();
99                  break;
100             }
101             return true;
102         }
103         @Override
104         protected void onActivityResult(int requestCode, int resultCode, Intent data) {
105             ShowPeopleData();
106             super.onActivityResult(requestCode, resultCode, data);
107         }
108     }
```

说明：

- 第 26 行：定义 ShowPeopleData()方法，用来显示数据库中的数据。
- 第 27 行：为 ListView 控件注册上下文菜单。
- 第 29～41 行：实现 ShowPeopleData()方法。其中，第 31 行：创建 Db_People 数据库；第 32 行使用 getReadableDatabase()打开数据库；第 33 行定义一个游标，从 tb_people 表中查询数据；第 34 行定义 SimpleCursorAdapter 对象，使用的资源文件为 R.layout.peoplelist，用第 33 行定义的游标作为适配器的数据源；第 39 行将第 34 行定义的适配器设置为 ListView 控件的适配器；第 40 行关闭数据库。
- 第 43～48 行：创建 Menu 选项菜单。
- 第 50～62 行：为选项菜单增加处理事件。
- 第 64～69 行：创建上下文菜单。
- 第 71～101 行：为上下文菜单增加处理事件。其中，第 73 行获得 AdapterContextMenuInfo，以此来获得选择的 ListView 项目；第 78～81 行获取所选择的 ListView 中 Item 中各项的值，因为 ListView 中各项的值是在 TextView 控件中显示的，获取到相应控件，就可以得到相应的值；第 82、83 行生成一个 Intent 对象；第 84～90 行为 Intent 绑定要传输的值；第 85 行为 menuInfo.id 获取所选择的 ListView 项目的 ID；第 91 行：跳转到 AddPeopleActivity 界面；第 95 行：使用 getwritableDatabase ()打开数据库；第 96 行从数据库中将选择的 ListView 项目删除，menuInfo.id 为所选择的 ListView 项目的 ID；第 97 行删除完毕后，重新刷新列表中的数据。
- 第 104～107 行：重写 onActivityResult()方法，当调用的界面（AddPeopleActivity）关闭时，重新刷新 MainActivity 中列表的数据。

（6）编写布局文件 addpeople.xml，作为增加、修改数据 Activity 的布局文件，编写代码如下：

```
1   <?xml version="1.0" encoding="utf-8"?>
2   <LinearLayout
3     xmlns:android="http://schemas.android.com/apk/res/android"
4     android:layout_width="fill_parent"
```

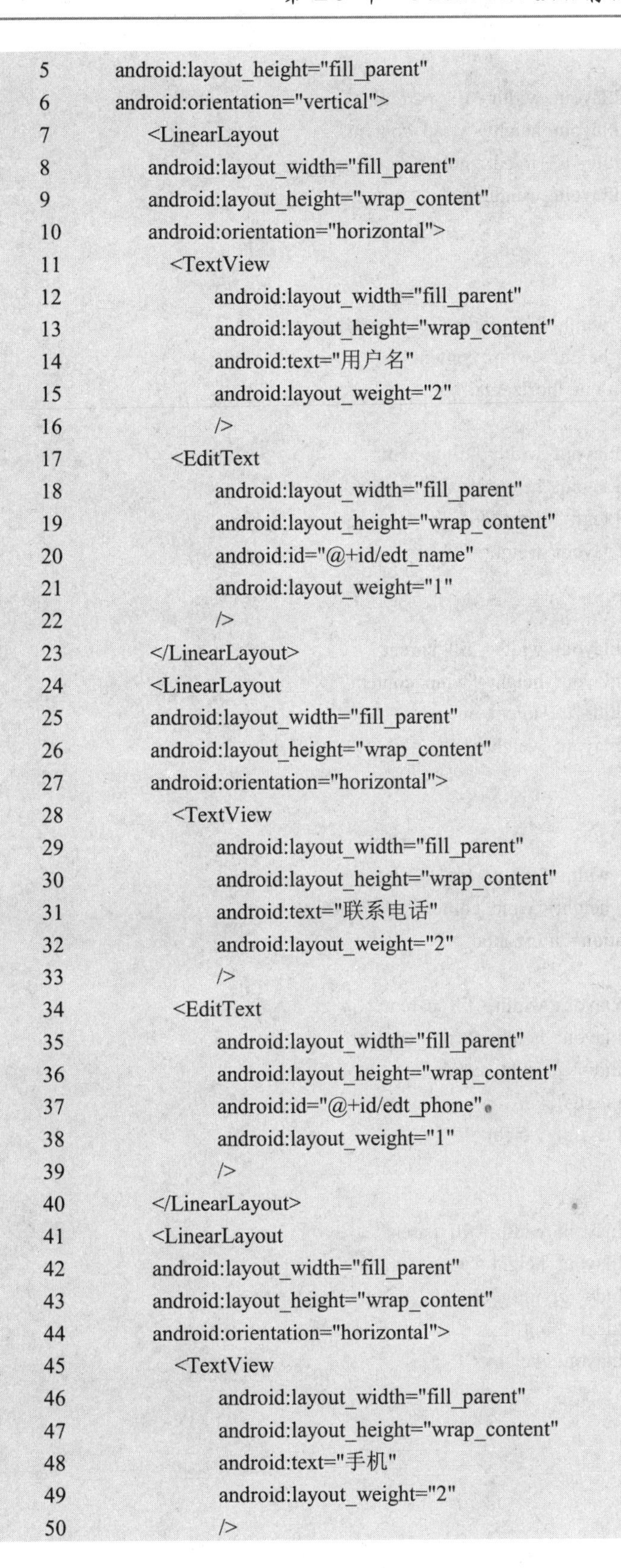

```
5        android:layout_height="fill_parent"
6        android:orientation="vertical">
7            <LinearLayout
8            android:layout_width="fill_parent"
9            android:layout_height="wrap_content"
10           android:orientation="horizontal">
11               <TextView
12                   android:layout_width="fill_parent"
13                   android:layout_height="wrap_content"
14                   android:text="用户名"
15                   android:layout_weight="2"
16                   />
17               <EditText
18                   android:layout_width="fill_parent"
19                   android:layout_height="wrap_content"
20                   android:id="@+id/edt_name"
21                   android:layout_weight="1"
22                   />
23           </LinearLayout>
24           <LinearLayout
25           android:layout_width="fill_parent"
26           android:layout_height="wrap_content"
27           android:orientation="horizontal">
28               <TextView
29                   android:layout_width="fill_parent"
30                   android:layout_height="wrap_content"
31                   android:text="联系电话"
32                   android:layout_weight="2"
33                   />
34               <EditText
35                   android:layout_width="fill_parent"
36                   android:layout_height="wrap_content"
37                   android:id="@+id/edt_phone"
38                   android:layout_weight="1"
39                   />
40           </LinearLayout>
41           <LinearLayout
42           android:layout_width="fill_parent"
43           android:layout_height="wrap_content"
44           android:orientation="horizontal">
45               <TextView
46                   android:layout_width="fill_parent"
47                   android:layout_height="wrap_content"
48                   android:text="手机"
49                   android:layout_weight="2"
50                   />
```

Note

```
51            <EditText
52                android:layout_width="fill_parent"
53                android:layout_height="wrap_content"
54                android:id="@+id/edt_mobile"
55                android:layout_weight="1"
56                />
57        </LinearLayout>
58        <LinearLayout
59        android:layout_width="fill_parent"
60        android:layout_height="wrap_content"
61        android:orientation="horizontal">
62            <TextView
63                android:layout_width="fill_parent"
64                android:layout_height="wrap_content"
65                android:text="电子信箱"
66                android:layout_weight="2"
67                />
68            <EditText
69                android:layout_width="fill_parent"
70                android:layout_height="wrap_content"
71                android:id="@+id/edt_email"
72                android:layout_weight="1"
73                />
74        </LinearLayout>
75        <LinearLayout
76        android:layout_width="fill_parent"
77        android:layout_height="wrap_content"
78        android:orientation="horizontal">
79            <Button
80                android:layout_width="fill_parent"
81                android:layout_height="wrap_content"
82                android:id="@+id/bt_save"
83                android:text="保存"
84                android:layout_weight="1"
85                />
86            <Button
87                android:layout_width="fill_parent"
88                android:layout_height="wrap_content"
89                android:id="@+id/bt_cancel"
90                android:text="取消"
91                android:layout_weight="1"
92                />
93        </LinearLayout>
94    </LinearLayout>
```

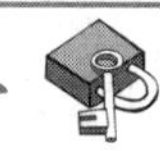

说明：

在本布局文件中，定义一个大小为整个屏幕的纵向布局，其中包含嵌套的四个横向线性布局以及两个 Button 控件。每一个横向线型布局包含一个 TextView 和一个 EditText 控件，用于输入数据；Button 控件用于产生命令，对数据进行添加或者修改。

（7）创建 AddPeopleActivity 类文件 AddPeopleActivity.java。在这个 Activity 中，根据从上一个 Activity 中是否有传递数据，来判断是修改所传递数据，还是可以向表中插入数据。编写代码如下：

```
1    package com.example.administrator.ex10_4;
2    import android.app.Activity;
3    import android.content.ContentValues;
4    import android.database.sqlite.SQLiteDatabase;
5    import android.os.Bundle;
6    import android.view.View;
7    import android.widget.Button;
8    import android.widget.EditText;
9    import android.widget.Toast;
10    public class AddPeopleActivity extends Activity {
11       private EditText edt_name;
12       private EditText edt_phone;
13       private EditText edt_mobile;
14       private EditText edt_email;
15       private Button bt_save;
16       String name,phone,mobile,email;
17       DbHelper dbhelper;
18       SQLiteDatabase db;
19       Bundle bundle;
20       @Override
21       protected void onCreate(Bundle savedInstanceState) {
22           // TODO Auto-generated method stub
23           super.onCreate(savedInstanceState);
24           setContentView(R.layout.addpeople);
25           edt_name=(EditText)findViewById(R.id.edt_name);
26           edt_phone=(EditText)findViewById(R.id.edt_phone);
27           edt_mobile=(EditText)findViewById(R.id.edt_mobile);
28           edt_email=(EditText)findViewById(R.id.edt_email);
29           bt_save=(Button)findViewById(R.id.bt_save);
30           bundle=this.getIntent().getExtras();
31           if(bundle!=null)
32           {
33                   edt_name.setText(bundle.getString("name"));
34                   edt_phone.setText(bundle.getString("phone"));
35                   edt_mobile.setText(bundle.getString("mobile"));
36                   edt_email.setText(bundle.getString("email"));
```

Note

```
37              }
38              bt_save.setOnClickListener(new Button.OnClickListener()
39              {
40                  @Override
41                  public void onClick(View v) {
42                      // TODO Auto-generated method stub
43                      name=edt_name.getText().toString();
44                      phone=edt_phone.getText().toString();
45                      mobile=edt_mobile.getText().toString();
46                      email=edt_email.getText().toString();
47                      ContentValues value=new ContentValues();
48                      value.put("name", name);
49                      value.put("phone", phone);
50                      value.put("mobile", mobile);
51                      value.put("email", email);
52                      DbHelper dbhelper = new DbHelper(AddPeopleActivity.this,
                                                  "Db_People",null, 1);
53                      SQLiteDatabase db=dbhelper.getWritableDatabase();
54                      long status;
55                      if(bundle!=null)
56                      {
57                          status=db.update("tb_people", value, "_id=?",
                                      new String[]{bundle.getLong("id")+""});
58                      }
59                      else
60                      {
61                          status=db.insert("tb_people", null, value);
62                      }
63                      if(status!=-1)
64                      {
65                          Toast.makeText(AddPeopleActivity.this, "保存成功",
                                      Toast.LENGTH_LONG).show();
66                          finish();
67                      }
68                      else
69                      {
70                          Toast.makeText(AddPeopleActivity.this, "保存失败",
                                      Toast.LENGTH_LONG).show();
71                      }
72                      db.close();
73                  }
74              });
75          }
76      }
```

说明：

- 第 30 行：获取 intent 绑定的数据。
- 第 31～37 行：判断 bundle 是否为 null，如果不为 null，则将 intent 中绑定的数据显示在各个控件 EditText 中，并进行编辑。
- 第 38～74 行：为 Button 控件增加单击监听事件，用于向数据库保存数据。在事件中，根据从上一个 Activity 是否有传递值，来判断对数据库的操作是更新还是插入。
- 第 47～51 行：生成 ContentValues，用于存放向数据库保存的数据。
- 第 52～53 行：获取数据库的引用后，打开数据库。
- 第 55～62 行：如果 bundle 为 null 说明没有从上一个 Activity 传输数据，则将数据插入数据库，如果不为 null，则修改数据库中的数据。其中，第 57 行更新数据库的数据；第 61 行向数据库插入数据。
- 第 63～74 行：根据插入数据和更新数据的返回值，判断数据是否保存成功，并进行提示。其中，第 66 行表示当数据保存成功时，关闭当前的 Activity。

（8）修改 AndroidManifest.xml 文件，为第二个 Activity 进行配置。在该文件的<application>节点中增加如下代码：

```
<activity android:name=".AddPeopleActivity"></activity>
```

本实例运行结果如图 10-7 所示。

为了验证程序是否操作成功，在 Android Studio 菜单栏中选择 View/Tool Windows/ Device File Explorer，找到 data/data 下面对应包名的 databases 目录下的 mydata.db 文件，如图 10-8 所示。可以直接双击打开，也可以另存将文件导出。

Db_People.db 文件可以通过第三方工具打开，看到里面的表结构和数据，如 SQLiteSpy 工具，可参考本书所附源代码。

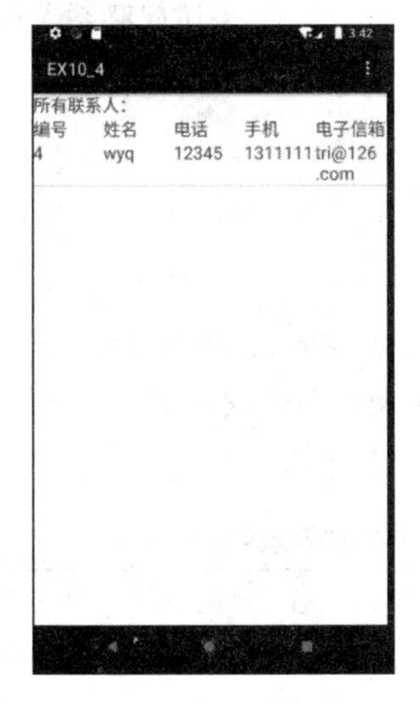

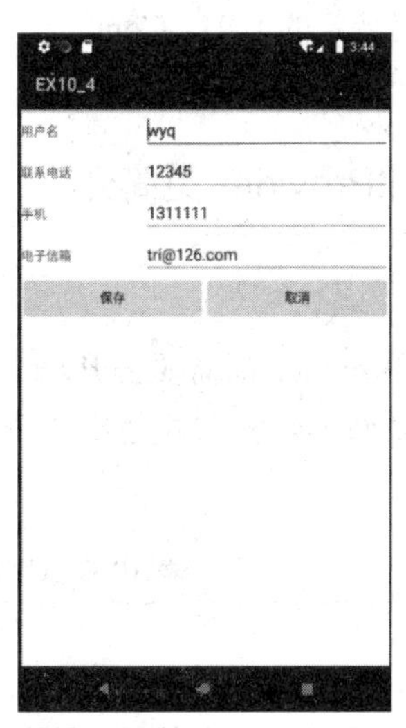

图 10-7　EX10_4 运行结果

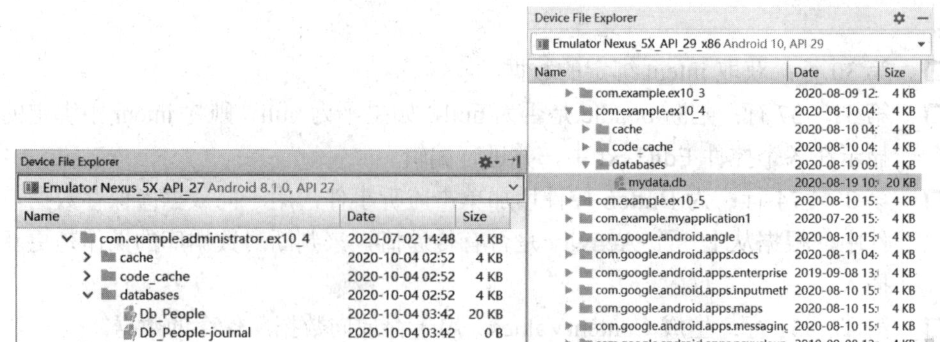

图 10-8　mydata.db 文件所在目录

10.4　内容提供者 ContentProvider

在 Android 中，每个应用程序都在各自的进程中运行，并且存储于其中的数据和文件默认不能被其他应用程序访问。当然可以通过设置相应的权限，允许首选项和文件让不同的应用程序使用，但是对于相互了解对方详细信息的相关应用程序来说有一定的局限性。通过 ContentProvider 类，可以发布和公开一个特定的数据类型，提供增加、修改、删除和查询的操作，其他应用程序可以利用该应用程序提供的 ContentProvider 类执行数据的增加、修改、删除和查询的操作，而且不需要对方提供路径、资源，甚至谁提供了什么内容都不需要知道。

ContentProvider 作为 Android 四大组件之一，其地位不容忽视。ContentProvider 的作用是为不同的应用之间数据共享提供统一的接口。Android 系统中应用内部的数据是对外隔离的，要想让其他应用能使用自己的数据就用到了 ContentProvider。

Android 中标准的 ContentProvider 实例就是联系人列表，应用程序开发人员可以在任何应用程序中使用特定的 URI（Content://contacts/people）来访问联系人进行各种操作。本节将通过实例来介绍 ContentProvider 的使用。

10.4.1　ContentProvider 类简介

1. URI

每个 ContentProvider 都需要公开一个唯一的 CONTENT_URI，能够表示当前所处理的内容类型。可以通过两种方式使用这个 URI 来查询数据，即单独使用和结合使用，如表 10-6 所示。

表 10-6　URI 的两种方式及说明

URI	描　述
content://authority/data	从已注册为处理 content://authority 的处理程序处返回所有数据的列表
content://authority/data/ID	从已注册为处理 content://authority 的处理程序处返回指定 ID 的数据列表

以本节将要使用的 URI content://com.example.administrator.ex10_4 为例，URI 由以下几部分组成。

（1）标准前缀：用来说明由一个 ContentProvider 控制这些数据，此部分无法改变。

（2）URI 的标识：它定义了是哪个 ContentProvider 提供这些数据。这个标识在 <provider> 元素的 authorities 属性中说明：

```
<provider name=".PeopleProvider" authorities="com.example.administrator.ex10_4"/ >。
```

（3）路径：Content Provider 使用这些路径来确定当前需要什么类型的数据，URI 中可能不包括路径，也可能包括多个路径。

（4）如果 URI 中包含 ID，表示需要获取的记录的 ID；如果没有 ID，就表示返回全部。

由于 URI 通常比较长，而且有时候容易出错且难以理解，因此，在 Android 中定义了一些辅助类，并且定义了一些常量来代替这些长字符串，例如 People.CONTENT_URI。

2．ContentProvider 类

Android 提供了 ContentProvider 类，一个程序可以通过实现一个 ContentProvider 的抽象接口将自己的数据完全暴露出去，而且 ContentProvider 是以类似数据库中表的方式将数据暴露，也就是说 ContentProvider 就像一个“数据库”。那么外界获取其提供的数据，也就与从数据库中获取数据的操作基本一样，只不过是采用 URI 来表示外界需要访问的“数据库”。至于如何从 URI 中识别出外界需要的是哪个“数据库”，这就是 Android 底层需要做的事情了。ContentProvider 向外界提供数据操作的接口函数如表 10-7 所示。

表 10-7　ContentProvider 接口函数

接 口 函 数	说　　明
query(Uri, String[], String, String[], String)	查询数据
insert(Uri, ContentValues)	插入数据
update(Uri, ContentValues, String, String[])	修改数据
delete(Uri, String, String[])	删除数据

实现 ContentProvider 的过程如下。

（1）生成一个继承于 ContentProvider 的子类，实现相应的方法。

（2）ContentProvider 通常需要对外提供 CONTENT_URI、URI_AUTHORITY 和对外的数据字段常量等。

（3）提供 UriMatcher，用来判断外部传入的 Uri 是否带有 ID。

（4）根据自己保存数据的具体实现，来重写 Content Provider 的 query()、delete()、update()、insert()、onCreate()、getType()方法。

（5）在 AndroidManifest.xml 中声明该 ContentProvider 类。

Note

3. ContentResolver 类

外界的程序通过ContentResolver接口可以访问ContentProvider提供的数据。在Activity中通过getContentResolver()可以得到当前应用的 ContentResolver 实例。

ContentResolver 提供的接口函数如表 10-8 所示。

表 10-8　ContentResolver 接口函数

接口函数	说明
final Cursor query(Uri uri, String[] projection, String selection, String[] selectionArgs,String sortOrder)	通过 Uri 进行查询，返回一个 Cursor
final Uri insert(Uri url, ContentValues values)	将一组数据插入 Uri 指定的地方
final int update（Uri uri, ContentValues values, String where, String[] selectionArgs）	更新 Uri 指定位置的数据
final int delete（Uri url, String where, String[] selectionArgs）	删除指定 Uri 并且符合一定条件的数据

10.4.2　ContentProvider 使用实例

本节将通过实例来介绍如何实现一个 ContentProvider，及如何在另外一个项目中使用该 ContentProvider。

在本实例中，首先在上一节的实例 EX10_4 项目中实现该项目的 ContentProvider，然后在项目 EX10_5 中对该数据库的数据进行访问操作。项目 EX10_5 的界面、功能与 EX10_4 完全相同，所以在本节的代码中主要突出实现代码的不同之处。

本实例的开发步骤如下。

（1）在 EX10_4 项目中，新建 PeopleProvider.java 类文件，实现该项目的 Content Provider，编写代码如下：

```
1    package com.example.administrator.ex10_4;
2    import android.content.ContentProvider;
3    import android.content.ContentUris;
4    import android.content.ContentValues;
5    import android.content.UriMatcher;
6    import android.database.Cursor;
7    import android.database.sqlite.SQLiteDatabase;
8    import android.net.Uri;
9    import android.text.TextUtils;
10   public class PeopleProvider extends ContentProvider {
11       private static final int ITEMS=1;
12       private static final int ITEM_ID=2;
13       public static final String DbName="Db_People";
14       public static final String TableName="tb_people";
15       DbHelper dbhelper;
16       SQLiteDatabase db;
```

```
17      public static final String CONTENT_ITEMS_TYPE =
                  "vnd.android.cursor.items/com.example.administrator.ex10_4.Db_People";
18      public static final String CONTENT_ITEMID_TYPE =
                  "vnd.android.cursor.itemid/com.example.administrator.ex10_4.Db_People";
19      public static final Uri CONTENT_URI =
              Uri.parse("content:// com.example.administrator.ex10_4.Db_People/tb_people");
20      private static final UriMatcher sMatcher;
21        static
22        {
23            sMatcher = new UriMatcher(UriMatcher.NO_MATCH);
24            sMatcher.addURI("com.example.administrator.ex10_4.Db_People",
                            TableName, ITEMS);
25            sMatcher.addURI("com.example.administrator.ex10_4.Db_People",
                                TableName+"/#",ITEM_ID);
26        }
27      @Override
28      public int delete(Uri uri, String selection, String[] selectionArgs) {
29          db = dbhelper.getWritableDatabase();
30            int count = 0;
31            switch (sMatcher.match(uri)) {
32            case ITEMS:
33                    count = db.delete("tb_people",selection, selectionArgs);
34                    break;
35            case ITEM_ID:
36                    String id = uri.getPathSegments().get(1);
37                    count = db.delete("tb_people",
                        "_ID="+id+(!TextUtils.isEmpty("_ID=?")?"AND("+selection+')':""),
                        selectionArgs);
38                    break;
39            default:
40                    throw new IllegalArgumentException("Unknown URI"+uri);
41            }
42            getContext().getContentResolver().notifyChange(uri, null);
43            return count;
44      }
45      @Override
46      public String getType(Uri uri) {
47          // TODO Auto-generated method stub
48          switch (sMatcher.match(uri)) {
49            case ITEMS:
50                return CONTENT_ITEMS_TYPE;
51            case ITEM_ID:
52                return CONTENT_ITEMID_TYPE;
53            default:
54                throw new IllegalArgumentException("Unknown URI"+uri);
55            }
```

Note

```
56        }
57        @Override
58        public Uri insert(Uri uri, ContentValues values) {
59            db = dbhelper.getWritableDatabase();
60              long rowId;
61              if(sMatcher.match(uri)!=ITEMS){
62                  throw new IllegalArgumentException("Unknown URI"+uri);
63              }
64              rowId = db.insert("tb_people","_ID",values);
65              if(rowId>0)
66              {
67                  Uri noteUri=ContentUris.withAppendedId(CONTENT_URI, rowId);
68                  getContext().getContentResolver().notifyChange(noteUri, null);
69                  return noteUri;
70              }
71              throw new IllegalArgumentException("Unknown URI"+uri);
72        }
73        @Override
74        public boolean onCreate() {
75            // TODO Auto-generated method stub
76            dbhelper=new DbHelper(this.getContext(), "Db_People",null, 1);
77            return true;
78        }
79        @Override
80        public Cursor query(Uri uri, String[] projection, String selection,
81                String[] selectionArgs, String sortOrder) {
82            db = dbhelper.getReadableDatabase();
83              Cursor c;
84              switch (sMatcher.match(uri)) {
85              case ITEMS:
86                      c = db.query("tb_people", projection, selection, selectionArgs, null, null,
                            null);
87                      break;
88              case ITEM_ID:
89                      String id = uri.getPathSegments().get(1);
90                      c = db.query("tb_people",
                        projection,
                        "_ID="+id+(!TextUtils.isEmpty(selection)?"AND("+selection+')':""),
                        selectionArgs, null, null, sortOrder);
91                  break;
92              default:
93                    throw new IllegalArgumentException("Unknown URI"+uri);
94              }
95              c.setNotificationUri(getContext().getContentResolver(), uri);
96              return c;
97        }
```

```
98        @Override
99        public int update(Uri uri, ContentValues values, String selection,
100                  String[] selectionArgs) {
101           db = dbhelper.getWritableDatabase();
102               int count = 0;
103               switch (sMatcher.match(uri)) {
104               case ITEMS:
105                       count = db.update("tb_people",values,selection, selectionArgs);
106                       break;
107               case ITEM_ID:
108                       String id = uri.getPathSegments().get(1);
109                       count = db.update("tb_people",
                          values,
                          "_ID="+id+(!TextUtils.isEmpty("_ID=?")?"AND("+selection+')':""),
                          selectionArgs);
110                       break;
111               default:
112                       throw new IllegalArgumentException("Unknown URI"+uri);
113               }
114               getContext().getContentResolver().notifyChange(uri, null);
115               return count;
116           }
117       }
```

说明：

- 第 11、12 行：定义两个整型常量，用于表示 UriMatcher 匹配的结果。
- 第 13、14 行：定义两个与数据库相关的常量来定义要使用的数据库名和表名。
- 第 15 行：定义 DbHelper 对象。
- 第 16 行：定义一个 SQLiteDatabase 对象，用于存储和检索提供程序处理的数据。
- 第 17、18 行：定义特定的 MIME 条目，并将它与单条目路径及多条目路径结合起来，创建两个 MIME_TYPE 表示。
- 第 19 行：定义 Uri，用于发布。URI 的结构见 10.4.1 节。
- 第 20～26 行：定义 UriMatcher，用于匹配 Uri。其用法如下。

首先，把需要匹配 Uri 路径全部注册，具体方法如下。

- UriMatcher uriMatcher = new UriMatcher(UriMatcher.NO_MATCH)：常量 UriMatcher.NO_MATCH 表示不匹配任何路径的返回码（-1）。
- addURI("com.example.administrator.ex10_4.Db_People", TableName, ITEMS); 添加需要匹配 uri，如果匹配就会返回匹配码。如果 match()方法匹配 content://com.example.administrator.ex10_4.Db_People 路径，返回匹配码为 1。
- addURI("com.example.ex09_3.Db_People", TableName+"/#",ITEM_ID)：如果 match()方法匹配 content://com.example.administrator.ex10_4.Db_People 路径，返回匹配码为 2。#号为通配符。

Note

然后，使用 uriMatcher.match(uri)方法对输入的 Uri 进行匹配，如果匹配就返回匹配码，匹配码是调用 addURI()方法传入的第三个参数，假设匹配 content://com.example.administrator.ex10_4.Db_People/tb_people 路径，返回的匹配码为 1。

- 第 28～44 行：实现 delete()方法，提供删除数据的方法。处理过程为：将传入的 Uri 与单一元素或这个元素集进行匹配，然后对数据库对象调用各自的删除方法。在这些方法结束部分，通知侦听程序数据已更改。
- 第 46～56 行：实现 getType()方法。提供程序将使用该方法来解析各个传入的 Uri，以确定它是否支持以及当前调用所请求的数据类型。此处返回的字符串是在类中定义的常量。
- 第 58～72 行：实现 insert()方法，提供插入数据的方法。处理过程为：调用数据库插入方法并返回生成 Uri 和新记录的附加 ID。完成插入操作之后，针对 Content Resolver 的通知系统将开始运行。在这里，由于对数据进行了修改，因此将所生成的事件通知给 ContentResolver，以便更新任何已注册的监听程序。
- 第 74～78 行：实现 OnCreate()方法，定义 DbHelper 对象。
- 第 80～97 行：实现 query()方法，提供查询数据的方法。处理过程为：将传入的 Uri 与单一元素或这个元素集进行匹配，然后对数据库对象调用各自的查询方法，并获取要返回的 Cursor 句柄。在查询方法的结束部分，使用 setNotificationUri()方法监视 Uri 的更改，可以跟踪 Cursor 中数据何时发生了变更。
- 第 99～116 行：实现 update()方法，提供数据更新的方法。处理过程与 delete()方法类似。

（2）修改 EX10_4 项目的 AndroidManifest 文件，在 Application 节点之间增加以下代码：

```
<provider
    android:name=".PeopleProvider"
    android:authorities="com.example.administrator.ex10_4.Db_People"
    android:exported="true"
/>
```

（3）新建 EX10_5 项目，修改该项目主 Activity 的类文件 MainActivity .java。在这个 Activity 中，首先使用 ListView 显示数据库中所有的数据，在 ListView 中绑定了上下文菜单，在某一项上长按，可以对该项进行修改和删除；通过选项菜单可以增加数据和退出程序。编写代码如下：

```
1    package com.example.administrator.ex10_5;
2    import android.app.Activity;
3    import android.content.ContentResolver;
4    import android.content.Intent;
5    import android.database.Cursor;
6    import android.net.Uri;
7    import android.os.Bundle;
```

```
8     import android.view.ContextMenu;
9     import android.view.Menu;
10     import android.view.MenuItem;
11     import android.view.View;
12     import android.view.ContextMenu.ContextMenuInfo;
13     import android.widget.AdapterView.AdapterContextMenuInfo;
14     import android.widget.ListView;
15     import android.widget.SimpleCursorAdapter;
16     import android.widget.TextView;
17     public class MainActivity extends Activity {
18       /** Called when the activity is first created. */
19       private ListView list_people;
20       private ContentResolver contentResolver;
21       private Uri CONTENT_URI =
               Uri.parse("content://com.example.administrator.ex10_4.Db_People/tb_people");
22         @Override
23         public void onCreate(Bundle savedInstanceState) {
24               super.onCreate(savedInstanceState);
25               setContentView(R.layout.activity_main);
26               contentResolver = this.getContentResolver();
27               list_people=(ListView)findViewById(R.id.list_people);
28               ShowPeopleData();
29               this.registerForContextMenu(list_people);
30         }
31         public void ShowPeopleData()
32         {
33               Cursor c=contentResolver.query(CONTENT_URI,
                       new String[]{"_id","name","phone","mobile","email"}, null, null,null);
34               SimpleCursorAdapter adapter=new SimpleCursorAdapter(this,
35                       R.layout.peoplelist,
36                       c,
37                       new String[]{"_id","name","phone","mobile","email"},
38                       new int[]{R.id.id,R.id.name,R.id.phone,R.id.mobile,R.id.email});
39               this.list_people.setAdapter(adapter);
40         }
41         @Override
42       public boolean onCreateOptionsMenu(Menu menu) {
43               menu.add(Menu.NONE, Menu.FIRST + 1, 1, "增加")
                           .setIcon(android.R.drawable.ic_menu_add);
44               menu.add(Menu.NONE, Menu.FIRST + 1, 2, "退出")
                           .setIcon(android.R.drawable.ic_menu_delete);
45               return true; }
46         @Override
47         public boolean onOptionsItemSelected(MenuItem item)
```

Note

```
48          {
49              switch (item.getItemId())
50              {
51                      case Menu.FIRST + 1:Intent intent=new Intent();
52                              intent.setClass(MainActivity.this, AddPeopleActivity.class);
53                              startActivityForResult(intent,1);
54                              break;
55                      case Menu.FIRST + 2:finish();
56                              break;
57              }
58              return super.onOptionsItemSelected(item);
59          }
60          @Override
61      public void onCreateContextMenu(ContextMenu menu, View v,
                                         ContextMenuInfo menuInfo)
62          {
63                  menu.add(0,3,0,"修改");
64                  menu.add(0,4,0,"删除");
65      }
66      @Override
67      public boolean onContextItemSelected(MenuItem item)
68      {
69              AdapterContextMenuInfo menuInfo = (AdapterContextMenuInfo)
                                                 item.getMenuInfo();
70              switch(item.getItemId())
71              {
72                  case 3:
73                          String name = ((TextView) menuInfo.targetView
                                    .findViewById(R.id.name)).getText().toString();
74                          String phone = ((TextView) menuInfo.targetView
                                    .findViewById(R.id.phone)).getText().toString();
75                          String mobile = ((TextView) menuInfo.targetView
                                    .findViewById(R.id.mobile)).getText().toString();
76                          String email = ((TextView) menuInfo.targetView
                                    .findViewById(R.id.email)).getText().toString();
77                          Intent intent=new Intent();
78                          intent.setClass(MainActivity.this, AddPeopleActivity.class);
79                          Bundle bundle=new Bundle();
80                          bundle.putLong("id", menuInfo.id);
81                          bundle.putString("name",name);
82                          bundle.putString("phone",phone);
83                          bundle.putString("mobile", mobile);
84                          bundle.putString("email", email);
85                          intent.putExtras(bundle);
86                          startActivityForResult(intent,1);
```

```
87                  break;
88              case 4:
89                  contentResolver.delete(CONTENT_URI, "_ID=?",
                                        new String[]{menuInfo.id+""});
90                    ShowPeopleData();
91                  break;
92          }
93          return true;
94      }
95      @Override
96      protected void onActivityResult(int requestCode, int resultCode, Intent data) {
97          ShowPeopleData();
98          super.onActivityResult(requestCode, resultCode, data);
99      }
100 }
```

说明：

- 第 21 行：定义一个 Uri。
- 第 26 行：通过 getContentResolver()获取当前应用的 ContentResolver 实例。
- 第 33 行：通过 Uri 进行查询，返回一个 Cursor。query()方法的第一个参数为 Uri 地址，第二个参数为查询的列名，第三个参数是查询条件，第四个参数为查询条件的参数，第五个参数为排序条件。在这里要查询所有的数据，并且不进行排序，所以后面三个参数都为 null。
- 第 89 行：通过 Uri，根据_ID 号删除数据。

（4）创建 AddPeopleActivity 类文件 AddPeopleActivity.java。在这个 Activity 中，根据从上一个 Activity 中是否有传递数据，来判断是修改所传递数据，还是可以向表中插入数据。编写代码如下：

```
1   package com.example.administrator.ex10_5;
2   import android.app.Activity;
3   import android.content.ContentResolver;
4   import android.content.ContentValues;
5   import android.net.Uri;
6   import android.os.Bundle;
7   import android.view.View;
8   import android.widget.Button;
9   import android.widget.EditText;
10  import android.widget.Toast;
11  public class AddPeopleActivity extends Activity {
12      private EditText edt_name;
13      private EditText edt_phone;
14      private EditText edt_mobile;
15      private EditText edt_email;
16      private Button bt_save;
```

Note

```
17          private ContentResolver contentResolver;
18          String name,phone,mobile,email;
19          private Uri CONTENT_URI =
                  Uri.parse("content://com.example.administrator.ex10_4.Db_People/tb_people");
20          Bundle bundle;
21          @Override
22          protected void onCreate(Bundle savedInstanceState) {
23              super.onCreate(savedInstanceState);
24              setContentView(R.layout.addpeople);
25              contentResolver = this.getContentResolver();
26              edt_name=(EditText)findViewById(R.id.edt_name);
27              edt_phone=(EditText)findViewById(R.id.edt_phone);
28              edt_mobile=(EditText)findViewById(R.id.edt_mobile);
29              edt_email=(EditText)findViewById(R.id.edt_email);
30              bt_save=(Button)findViewById(R.id.bt_save);
31              bundle=this.getIntent().getExtras();
32              if(bundle!=null)
33              {
34                      edt_name.setText(bundle.getString("name"));
35                      edt_phone.setText(bundle.getString("phone"));
36                      edt_mobile.setText(bundle.getString("mobile"));
37                      edt_email.setText(bundle.getString("email"));
38              }
39              bt_save.setOnClickListener(new Button.OnClickListener()
40              {
41                  @Override
42                  public void onClick(View v) {
43                      name=edt_name.getText().toString();
44                      phone=edt_phone.getText().toString();
45                      mobile=edt_mobile.getText().toString();
46                      email=edt_email.getText().toString();
47                      ContentValues value=new ContentValues();
48                      value.put("name", name);
49                      value.put("phone", phone);
50                      value.put("mobile", mobile);
51                      value.put("email", email);
52                      long status;
53                      if(bundle!=null)
54                      {
55                          status=contentResolver.update(CONTENT_URI, value, "_ID=?",
                                        new String[]{bundle.getLong("id")+""});    ;
56                      }
57                      else
58                      {
59                          Uri uri2=contentResolver.insert(CONTENT_URI,value);
60                          if(uri2!=null)
```

```
61                  {
62                      status=1;
63                  }
64                  else
65                  {
66                      status=-1;
67                  }
68              }
69              if(status!=-1)
70              {
71                  Toast.makeText(AddPeopleActivity.this, "保存成功",
                                  Toast.LENGTH_LONG).show();
72                  finish();
73              }
74              else
75              {
76                  Toast.makeText(AddPeopleActivity.this, "保存失败",
                                  Toast.LENGTH_LONG).show();
77              }
78          }
79      });
80  }
81 }
```

说明：

- 第 25 行：获取当前应用的 ContentResolver 实例。
- 第 55 行：通过 URI，根据_ID 号修改数据。
- 第 59 行：通过 URI，增加数据。

（5）修改 AndroidManifest.xml 文件，为第二个 Activity 进行配置。在该文件的<application>节点中增加如下代码：

```
<activity android:name=".AddPeopleActivity"></activity>
```

本实例的运行结果与 EX10_4 项目的运行结果相同。

10.5　习　　题

1．在多个应用中读取共享存储数据时需要用到的 query()方法，是（　　）对象的方法。

A．ContentResolver　　B．ContentProvider

C．Cursor　　D．SQLiteHelper

Note

2．对于一个已经存在的 SharedPreferences 对象 setting，想向其中存入一个字符串"person"，setting 应该先调用（　　）方法。

A．save()　　B．edit()　　C．commit()　　D．putString()

3．在 Android 中使用 SQLiteOpenHelper 这个辅助类时，可以生成一个数据库，并可以对数据库版本进行管理的方法可以是（　　）（多选）。

A．getWriteableDatabase()　　B．getReadableDatabase()

C．getDatabase()　　D．getAbleDatabase()

4．Android 文件操作模式中表示只能被本应用使用，写入文件会覆盖的是（　　）。

A．MODE_APPEND　　B．MODE_WORLD_READABLE

C．.MODE_WORLD_WRITEABLE　　D．MODE_PRIVATE

5．下列对 SharedPreferences 存、取文件的说法中不正确的是（　　）。

A．属于移动存储解决方案

B．sharePreferences 处理的就是 key-value 对

C．信息的保存格式是 xml

D．读取 xml 文件的路径是/sdcard/shared_prefx

6．SharedPreferences 存放的数据类型不支持（　　）。

A．boolean　　B．int　　C．String　　D．double

7．对于 SharedPreferences 的描述正确的是（　　）。

A．SharedPreferences pref = new SharedPreferences()

B．Editor editor = new Editor()

C．SharedPreferences 对象用于读取和存储常用数据类型

D．Editor 对象存储数据最后都要调用 commit()方法

8．在使用 SQLiteOpenHelper 这个类时，它的（　　）方法是用来实现版本升级用的。

A．onCreate()　　B．onUpgrade()　　C．onUpdate()　　D．onUpgrading()

9．继承 ContentProvider 不需要实现以下（　　）方法。

A．add()　　B．delete()　　C．update()　　D．query()

10．下列关于 ContentProvider 的说法错误的是（　　）。

A．ContentProvider 的作用是实现数据共享和交换

B．要访问 ContentProvider，只需调用 ContentProvider 的增、删、改、查相关方法

C．ContentProvider 提供的 URI 必须以“content://”开头

D．Android 对于系统里的音视频、图像、通讯录提供了内置的 ContentProvider

11．设计一个学生成绩信息管理程序。在该程序中实现以下功能：

（1）对学生信息的管理，实现增加、删除、修改、查询操作。

（2）对学生成绩信息的管理，实现增加、删除、修改、查询操作。

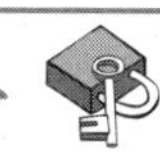

Note

学生信息表结构如下。

列　　名	含　　义	数据类型	说　　明
_ID	序号	整型	主键，自增列
StuNO	学号	字符类型	
StuName	学生姓名	字符类型	
Sex	性别	字符类型	
Sbirthday	出生日期	日期时间类型	

学生成绩信息表结构如下。

列　　名	含　　义	数据类型	说　　明
_ID	序号	整型	主键，自增列
StuNO	学号	字符类型	
CourseName	课程名	字符类型	
Grade	成绩	整型	

12．编写类文件 StudentGradeProvider.java，实现第 11 题中数据库的 ContentProvider 类。

13．设计一个 Android 程序，通过第 12 题的 StudentGradeProvide 类，对学生成绩信息进行管理。

第 11 章 网络编程

【本章内容】

- ❒ 线程处理和 Handler
- ❒ 使用 HTTP 访问网络
- ❒ JSON 数据解析
- ❒ Socket 通信

当一个程序第一次启动时，Android 会同时启动一个对应的主线程（Main Thread），主线程主要负责处理与 UI 相关的事件，既然子线程不能修改主线程的 UI，那么，子线程需要修改 UI 该怎么办呢？解决方式是使用 Handler 实现子线程与主线程之间的通信。Android 还提供了工具类 AsyncTask，方便在子线程中对 UI 进行操作。Android 系统实现网络通信最常用的方式就是 HTTP 通信。本章将讲解线程之间的通信、使用 HTTP 与服务器进行网络交互、JSON 数据解析以及基于 TCP/IP 的 Socket 的应用。

11.1 线程处理-Handler 和异步任务

11.1.1 为何使用多线程

前面创建的 Activity 及下一章的广播（Broadcast）和服务（Service）均是主线程处理，可以理解为 UI 线程。但是在进行一些耗时操作时，比如 I/O 流大文件读写，数据库操作以及网络下载。为了不阻塞用户界面，出现 ANR（Application Not Response，应用程序无响应）的响应提示窗口，可以考虑使用 Thread 线程来解决。

Java 中实现多线程操作有两种方法：继承 Thread 类和实现 Runnable 接口。对于 Android 平台来说，UI 控件都没有设计成为线程安全类型，主线程创建的界面，只有主线程才能修改，别的线程不允许修改 UI，如果子线程修改了 UI，系统会验证当前线程是不是主线程，如果不是主线程，就会终止运行。

下面通过一个实例演示直接在 UI 线程中开启子线程来更新 TextView 显示的内容。

（1）创建 EX11_1 项目。

（2）修改主 Activity 的布局文件 activity_main.xml。源代码如下：

```
1   <TextView
2           android:id="@+id/tv"
3           android:layout_width="wrap_content"
4           android:layout_height="wrap_content"
5           android:text="Hello Thread!"
6           android:textSize="60px"
7           android:textStyle="bold"
8           app:layout_constraintBottom_toBottomOf="parent"
9           app:layout_constraintLeft_toLeftOf="parent"
10          app:layout_constraintRight_toRightOf="parent"
11          app:layout_constraintTop_toTopOf="parent" />
```

说明：

- 第 2 行：声明一个 TextView 控件，id 为 tv。
- 第 5～7 行：修改 android:text 为"Hello Thread!"，字体大小为 60px 并加粗。

（3）修改 MainActivity 的类文件，增加线程 MyThread，并在该线程里面更新 View。编辑代码如下：

```
1   package com.example.ex11_1;
2
3   …//省略导包
4
5   public class MainActivity extends Activity {
6       private TextView tv;
7
8       @Override
9     protected void onCreate(Bundle savedInstanceState) {
10        super.onCreate(savedInstanceState);
11        setContentView(R.layout.activity_main);
12
13        tv = (TextView) findViewById(R.id.tv);
14        new MyThread("非主线程修改").start();
15    }
16
17    private class MyThread extends Thread {
18        private String text;
19
20        public MyThread(String text) {
21            this.text = text;
22        }
```

Note

```
23
24          @Override
25          public void run() {
26              try {
27                  Thread.sleep(1000);
28              } catch (InterruptedException e) {
29                  e.printStackTrace();
30              }
31              tv.setText(text);
32          }
33      }
34  }
```

说明：

- 第 14 行：启动 MyThread 线程，同时传递字符串参数“非主线程修改”。
- 第 17 行：编写一个线程 MyThread。
- 第 25～32 行：重写 run()方法。先休眠 1 秒，然后修改 TextView。

（4）运行结果。

运行程序我们会发现，程序发生异常退出，通过查看 LogCat 获取到错误 android.view.ViewRoot$CalledFromWrongThreadException: Only the original thread that created a view hierarchy can touch its views，意思就是只有创建这个控件的线程才能去更新该控件的内容。

故非 UI 线程不能操作 UI 线程中的控件，即 UI 是非线程安全的。例如更新某个 TextView 的显示，都必须在主线程中去做，我们不能直接在 UI 线程中去创建子线程来修改它，即不接受非 UI 线程的修改请求。

既然子线程不能修改主线程的 UI，那么，如果我们需要通过子线程修改 UI 该怎么做呢？解决方式是使用 Handler 实现子线程与主线程之间的通信。

11.1.2　什么是 Handler

Handler 中文翻译为处理器、处理者、管理者或者被叫作句柄。Handler 的功能主要是用于发送消息和处理消息。

1．Handler 消息处理机制的原理

当 Android 应用程序的进程创建成功时，系统就给这个进程提供了一个 Looper，Looper 是一个死循环，它内部维护一个消息队列。Looper 不停地从消息队列中获取消息（Message），获取到的消息就发送给了 Handler，最后 Handler 根据接收到的消息去修改 UI。Handler 的 sendMessage()方法就是将消息添加到消息队列中。消息处理机制的工作原理如图 11-1 所示。

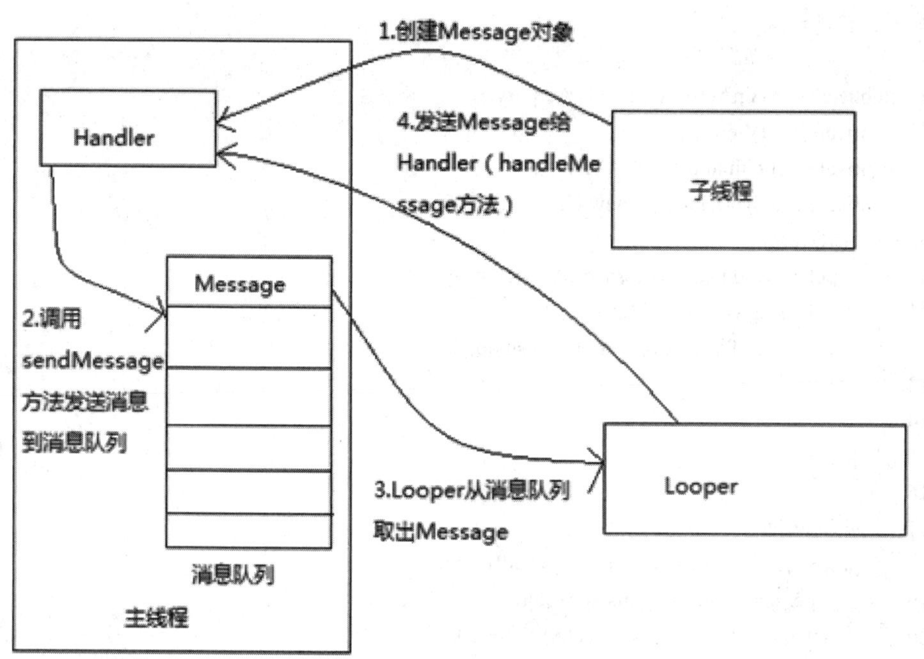

图 11-1　消息处理机制的工作原理

2．Handler 机制的四个关键对象

Handler 消息机制中包含四个关键对象，分别是 Message、MessageQueue、Handler 和 Looper。

（1）Message。Message 是在线程之间传递的消息，可以在内部携带少量的信息，用于在不同线程之间交换数据。

（2）MessageQueue。MessageQueue 是消息队列的意思，主要用来存放通过 Handler 发送的消息。通过 Handler 发送的消息会存在 MessageQueue 中等待处理（每个线程只有一个 MessageQueue）。

（3）Handler。Handler 是处理者的意思，主要用于发送消息和处理消息。一般使用 Handelr 对象的 sendMessage()方法发送消息，发出的消息经过一系列的辗转处理后，最终会传递到 Handler 对象的 handlerMessage()方法中。

（4）Looper。Looper 是每个线程中 MessageQueue 的管家。调用 Looper 的 loop()方法后，就会进入一个无线循环中。然后当发现 MessageQueue 中存在一条消息时，就会将它取出，并传递到 Handler 的 HandlerMessage()方法中。此外，每个线程也只会有一个 Looper 对象。

下面通过修改 EX11_1 项目来展示它们的用法。修改 MainActivity 的类文件，其余配置不变。编辑代码如下：

```
1    package com.example.ex11_1;
2
```

Note

```
3   …//省略导包
4
5   public class MainActivity extends Activity {
6       private TextView tv;
7       private static final int UPDATE = 0;
8       private Handler handler = new Handler() {
9           @Override
10          public void handleMessage(Message msg) {
11              if (msg.what == UPDATE) {
12                  tv.setText(String.valueOf(msg.obj));
13              }
14          }
15      };
16
17      @Override
18      protected void onCreate(Bundle savedInstanceState) {
19          super.onCreate(savedInstanceState);
20          setContentView(R.layout.activity_main);
21
22          tv = (TextView) findViewById(R.id.tv);
23          new MyThread("非主线程修改").start();
24      }
25
26      private class MyThread extends Thread {
27          private String text;
28
29          public MyThread(String text) {
30              this.text = text;
31          }
32
33          @Override
34          public void run() {
35              try {
36                  Thread.sleep(1000);
37              } catch (InterruptedException e) {
38                  e.printStackTrace();
39              }
40              Message msg = new Message();
41              msg.what = UPDATE;
42              msg.obj = text;
43              handler.sendMessage(msg);
44          }
45      }
46  }
```

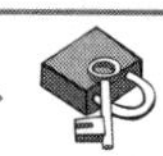

说明：

- 第 7 行：定义常量 UPDATE 代表消息的类型。
- 第 8 行：创建一个 Handler 对象。
- 第 10～14 行：Handler 中提供了 handleMessage()方法来让开发人员进行重写（Override），用于处理消息队列中的数据；Handler 可以根据 Message 中的 what 值的不同来分发处理；最后，接收消息并且更新 UI 线程上的控件 TextView 内容为“非主线程修改”。
- 第 23 行：启动 MyThread 线程，同时传递字符串参数“非主线程修改”。
- 第 34～44 行：子线程中通过 handler 发送消息给 handler 接收，由 handler 去更新 TextView 的值。
- 第 40 行：创建要发送的消息对象 msg。
- 第 41、42 行：给消息对象 msg 的成员变量 what 和 obj 赋值。
- 第 43 行：发送数据的动作是通过 sendMessage()方法完成的，即将消息 msg 发送到 handler 的消息队列的最后。

本实例运行结果如图 11-2 所示。

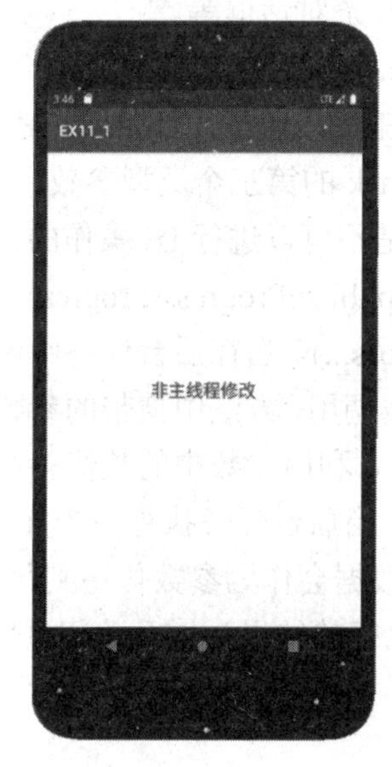

图 11-2　EX11_1 运行结果

从这个例子可以看出主线程的职责是创建、显示和更新 UI 控件、处理 UI 事件、启动子线程、停止子线程；子线程的职责是向主线程发出更新 UI 消息，而不是直接更新 UI。子线程和主线程通过消息（Message）和消息队列（MessageQueue）可以实现线程间的通信。

11.1.3　异步任务——AsyncTask

为了方便在子线程中对 UI 进行操作，Android 提供了一些好的工具类，AsyncTask 便是其中之一。

工具类 AsyncTask，顾名思义即异步执行任务。AsyncTask 适合于处理一些后台的比较耗时的任务，能给用户带来良好的用户体验，从编程的语法上也优雅了许多，不再需要子线程和 Handler 就可以完成异步操作，并且刷新用户界面。

AsyncTask 的基本用法

AsyncTask 是抽象类，所以如果我们想使用它，就必须要创建一个子类去继承它，在继承时我们可以为 AsyncTask 类指定三个泛型参数，这三个参数的用途如下。

- Params：在执行 AsyncTask 时需要传入的参数，可用于在后台任务中使用。
- Progress：当后台任务执行时，如果需要在界面上显示当前的进度，则使用这里指定的泛型作为进度单位。
- Result：当任务执行完毕后，如果需要对结果进行返回，则使用这里指定的泛型作为返回值类型。

通常使用 AsyncTask 时，需要重写它的四个方法，用法如下。

（1）onPreExecute()。这个方法会在后台任务开始执行之前调用，用于进行一些界面上的初始化操作，如显示一个进度条对话框等。

（2）doInBackground(Params...)。这个方法中的所有代码都会在子线程中运行，我们应该在这里去处理所有的耗时任务。任务一旦完成，就可以通过 return 语句来将任务的执行结果进行返回，如果 AsyncTask 的第三个泛型参数指定的是 Void，就可以不返回任务执行结果。注意，在这个方法中是不可以进行 UI 操作的，如果需要更新 UI 元素，如反馈当前任务的执行进度，可以调用 publishProgress(Progress...)方法来完成。

（3）onProgressUpdate(Progress...)。当在后台任务中调用了 publishProgress(Progress...)方法后，这个方法就很快会被调用，方法中携带的参数就是在后台任务中传递过来的。在这个方法中可以对 UI 进行操作，利用参数中的数值就可以对界面元素进行相应的更新。

（4）onPostExecute(Result)。当后台任务执行完毕并通过 return 语句进行返回时，这个方法就很快会被调用。返回的数据会作为参数传递到此方法中，可以利用返回的数据来进行一些 UI 操作，如提醒任务执行的结果，以及关闭进度条对话框等。

11.1.4 AsyncTask 实例

下面通过一个实例来实现一个网络图片查看器，可以访问网络并获取图片，并显示在界面上。

实现思路：Android 中获取网络图片是一件耗时的操作，如果直接获取有可能会出现应用程序无响应（ANR:Application Not Responding）的提示。对于这种情况，一般的方法就是耗时操作用线程来实现。比如在子线程中处理网络请求、下载图片数据并通过 sendMessage()方法发送到 handler 的消息队列，最终由 Handler 接收图片数据并更新 UI 线程上的控件，显示图片。本实例使用 AsyncTask，不再需要子线程和 Handler 就可以完成异步操作并且刷新用户界面，显示图片。本实例开发步骤如下。

（1）创建 EX11_2 项目。

（2）修改主 Activity 的布局文件 activity_main.xml。源代码如下：

```
1  <?xml version="1.0" encoding="utf-8"?>
2  <RelativeLayout xmlns:android="http://schemas.android.com/apk/res/android"
3      xmlns:tools="http://schemas.android.com/tools"
4      android:layout_width="match_parent"
5      android:layout_height="match_parent"
6      tools:context="com.example.ex11_2.MainActivity">
7
8      <ImageView
9          android:id="@+id/image"
10         android:layout_width="match_parent"
11         android:layout_height="match_parent"
12         android:layout_alignParentTop="true"
13         android:layout_centerHorizontal="true"/>
14
15     <Button
16         android:id="@+id/button"
17         android:layout_width="wrap_content"
18         android:layout_height="wrap_content"
19         android:layout_alignParentBottom="true"
20         android:layout_centerHorizontal="true"
21         android:layout_marginBottom="13dp"
22         android:text="下载"/>
23 </RelativeLayout>
```

说明：

- 第 8～13 行：声明一个 ImageView 控件，id 为 image。
- 第 15～19 行：声明一个 Button 控件，id 为 button。

（3）编写 MainActivity 的类文件，代码如下：

```
1  package com.example.ex11_2;
2
3  ...//省略导包
4
5  public class MainActivity extends AppCompatActivity {
6      private final String TAG = "asynctask";
7      private ImageView mImageView;
8      private Button mButton;
9      private ProgressDialog mDialog;
10     private String mImagePath =
               "https://c-ssl.duitang.com/uploads/item/201902/17/20190217182734_qczqa.jpg";
11
12     @Override
```

```
13        protected void onCreate(Bundle savedInstanceState) {
14            super.onCreate(savedInstanceState);
15            setContentView(R.layout.activity_main);
16
17            mDialog = new ProgressDialog(this);
18            mDialog.setTitle("提示信息");
19            mDialog.setMessage("图片下载中...");
20            mDialog.setProgressStyle(ProgressDialog.STYLE_HORIZONTAL);
21            mDialog.setCancelable(false);
22
23            mImageView = (ImageView) findViewById(R.id.image);
24            mImageView.setScaleType(ImageView.ScaleType.FIT_XY);
25
26            mButton = (Button) findViewById(R.id.button);
27            mButton.setOnClickListener(new View.OnClickListener() {
28                @Override
29                public void onClick(View v) {
30                    DownTask task = new DownTask();
31                    task.execute(mImagePath);
32                }
33            });
34        }
35
36        public class DownTask extends AsyncTask<String, Void, Bitmap> {
37            @Override
38            protected void onPreExecute() {
39                mDialog.show();
40            }
41
42            protected Bitmap doInBackground(String... params) {
43                URL imageUrl = null;
44                Bitmap mBitmap = null;
45                InputStream inputData = null;
46                HttpURLConnection urlConn = null;
47                try {
48                    imageUrl = new URL(params[0]);
49                    urlConn = (HttpURLConnection) imageUrl.openConnection();
50                    urlConn.setRequestMethod("GET");
51                    urlConn.connect();
52                    inputData = urlConn.getInputStream();
53                    mBitmap = BitmapFactory.decodeStream(inputData);
54                    inputData.close();
55                } catch (IOException e) {
56                    Log.e(TAG, e.getMessage());
57                }
58                return mBitmap;
```

```
59            }
60
61            @Override
62            protected void onPostExecute(Bitmap result) {
63                super.onPostExecute(result);
64                mImageView.setImageBitmap(result);
65                mDialog.dismiss();
66                mButton.setVisibility(View.INVISIBLE);
67            }
68        }
69    }
```

说明：

- 第10行：定义网络图片的网址 mImagePath。
- 第17～21行：创建 ProgressDialog 对象；设置进度对话框的相关属性标题和提示信息分别为“提示信息”和“图片下载中...”；声明进度条的样式为条形进度条；使进度条在屏幕显示不失去焦点。
- 第23、24行：实例化图片对象。同时不按比例缩放图片，把图片完全填充屏幕。
- 第26～33行：实例化按钮对象。注册按钮监听，点击按钮后，执行异步任务的操作，这个必须写在 UI 主线程中，由 UI 主线程去操作 。
- 第36行：声明一个类 DownTask 继承 AsyncTask, 指定好三个泛型的参数分别为 String、Void 和 Bitmap 。指定三个参数后去实现对应的方法，工具会自动生成与参数类型相匹配的返回类型的方法。 第一个参数表示启动任务执行的输入参数，比如 HTTP 请求的 URL，即为 doInBackground()接收的参数；第二个参数表示后台任务执行的百分比，会发布到 UI 主线程中，即为显示进度的参数；第三个参数表后台执行任务最终返回的结果，即为 doInBackground()返回和 onPostExecute()传入的参数。
- 第38～40行：该方法进行初始化操作，即任务执行之前的准备工作。通过调用 ProgressDialog 的 show()方法来显示一个进度对话框。
- 第42行：该方法后台执行任务，不可执行任何与 UI 相关的操作。本例完成图片的下载功能，参数 String... params 是可变参数， 表示可以传递多个 String 类型的参数，我们只取一个，所以用 params[0] 。
- 第48行：创建 URL 对象。
- 第49行：利用 HttpURLConnection 对象 conn，根据 url 发送 http 请求。
- 第50行：设置向服务器端请求的方式为 GET。
- 第51行：建立连接。
- 第52行：获取输入流对象。
- 第53行：使用 BitmapFactory 工具类将字节流转换成 Bitmap 对象。
- 第54行：关闭输入流对象。

Note

- 第 58 行：返回 mBitmap 对象，最终会作为参数传到 onPostExecute()方法中，用这个方法将其推送到 UI 主线程中。
- 第 62～67 行：任务执行完成后调用，可以用 UI 组件，主要更新 UI 操作。其中，第 65 行取消对话框。

（4）在 AndroidManifest.xml 中设置网络访问权限。

```
<uses-permission android:name="android.permission.INTERNET"/>
<uses-permission android:name="android.permission.ACCESS_NETWORK_STATE"/>
```

本实例运行结果如图 11-3 所示。

图 11-3　AsyncTask 下载网络图片

11.2　使用 HTTP 访问网络

Android 系统是网络巨头 Google 公司开发的，因此对网络功能的支持必不可少。Android 系统提供了以下几种方式实现网络通信：HTTP 通信、Socket 通信、URL 通信和 WebView，其中最常用的是 HTTP 通信。

HTTP 是现在 Internet 上使用得最多、最重要的协议，越来越多的 Java 应用程序需要直接通过 HTTP 来访问网络资源。在 JDK 的 java.net 包中已经提供了访问 HTTP 的基本功能：HttpURLConnection。Android 客户端当然可以使用 HttpURLConnection 向网络发出 HTTP 请求。除此之外，还可以使用 HttpClient，但谷歌官方在 API 23 中已经移除了 HttpClient 相关的类，推荐使用 HttpURLConnection，下面对其进行讲解。

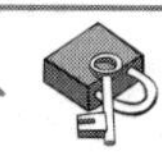

11.2.1 使用 HttpURLConnection

HttpURLConnection 是 Java 的标准类，HttpURLConnection 继承自 URLConnection，可用于向指定网站发送 GET 和、POST 请求。它在 URLConnection 的基础上提供了如下便捷的方法，基本步骤如下。

（1）创建一个 URL 对象。

```
URL url = new URL(https://www.baidu.com);
```

（2）利用 HttpURLConnection 对象从网络中获取网页数据。

```
HttpURLConnection conn = (HttpURLConnection) url.openConnection();
```

（3）设置 HTTP 请求使用的方法：GET 或 POST，或者其他请求方式，如 conn.setRequestMethod("GET");。

（4）设置连接超时，读取超时的毫秒数。

```
conn.setConnectTimeout(6*1000);
```

（5）对响应码进行判断。

如果 conn.getResponseCode()为 200，则从 Internet 获取网页，发送请求，将网页以流的形式读回来，否则会弹出一个运行异常信息：请求 url 失败。

（6）得到网络返回的输入流。

```
InputStream is = conn.getInputStream();
```

（7）关闭 http 连接。

```
conn.disconnect();
```

11.2.2 HttpURLConnection 实例

下面通过一个实例来演示使用 HttpURLConnection 实现网络图片查看器。本实例开发基本步骤如下。

（1）创建 EX11_3 项目。

（2）修改主 Activity 的布局文件 activity_main.xml。源代码如下：

```
1  <LinearLayout xmlns:android="http://schemas.android.com/apk/res/android"
2      xmlns:tools="http://schemas.android.com/tools"
3      android:layout_width="match_parent"
4      android:layout_height="match_parent"
5      android:orientation="vertical">
6
7      <ImageView
8          android:id="@+id/iv"
```

Note

```
9               android:layout_width="fill_parent"
10              android:layout_height="fill_parent"
11              android:layout_weight="1000"/>
12
13          <EditText
14              android:id="@+id/et"
15              android:layout_width="fill_parent"
16              android:layout_height="wrap_content"
17              android:hint="请输入图片网址"
18              android:text="https://c-ssl.duitang.com/uploads/item/
                            201902/17/20190217182746_wyxpi.jpg"
19              android:singleLine="true" />
20
21          <Button
22              android:layout_width="fill_parent"
23              android:layout_height="wrap_content"
24              android:onClick="click"
25              android:text="浏览图片" />
26      </LinearLayout>
```

说明：

- 第 11 行：设置图片的权重，也代表该控件渲染的优先级，值越大，优先级越低。
- 第 19 行：设置单行显示。
- 第 24 行：显式指定按钮的 onClick 属性，单击按钮时会利用反射的方式调用对应 Activity 中的 click()方法。

（3）编写 MainActivity 的类文件，代码如下：

```
1   package com.example.ex11_3;
2
3   …//省略导包
4
5   public class MainActivity extends Activity {
6       protected static final int UPDATE_UI = 1;
7       protected static final int ERROR = 2;
8       private EditText et;
9       private ImageView iv;
10
11      private Handler handler = new Handler() {
12          public void handleMessage(android.os.Message msg) {
13              if (msg.what == UPDATE_UI) {
14                  Bitmap bitmap = (Bitmap) msg.obj;
15                  iv.setImageBitmap(bitmap);
16              } else if (msg.what == ERROR) {
17                  Toast.makeText(MainActivity.this, "显示图片错误", 0).show();
18              }
19          };
```

```
20      };
21
22      @Override
23      protected void onCreate(Bundle savedInstanceState) {
24          super.onCreate(savedInstanceState);
25          setContentView(R.layout.activity_main);
26          et = (EditText) findViewById(R.id.et);
27          iv = (ImageView) findViewById(R.id.iv);
28              iv.setScaleType(ImageView.ScaleType.FIT_XY);
29      }
30
31      public void click(View view) {
32          final String path = et.getText().toString().trim();
33          if (TextUtils.isEmpty(path)) {
34              Toast.makeText(this, "图片路径不能为空", 0).show();
35          } else {
36              new Thread() {
37                  public void run() {
38                      try {
39                          URL url = new URL(path);
40                          HttpURLConnection conn = (HttpURLConnection) url
                            .openConnection();
41                          conn.setRequestMethod("GET");
42                          conn.setConnectTimeout(5000);
43
44                          int code = conn.getResponseCode();
45                          if (code == 200) {
46                              InputStream is = conn.getInputStream();
47                              Bitmap bitmap = BitmapFactory.decodeStream(is);
48                              Message msg = new Message();
49                              msg.what = UPDATE_UI;
50                              msg.obj = bitmap;
51                              handler.sendMessage(msg);
52                          } else {
53                              Message msg = new Message();
54                              msg.what = ERROR;
55                              handler.sendMessage(msg);
56                          }
57                      } catch (Exception e) {
58                          e.printStackTrace();
59                          Message msg = new Message();
60                          msg.what = ERROR;
61                          handler.sendMessage(msg);
62                      }
63                  }
64              }.start();
65          }
```

```
66      }
67  }
```

说明：

- 第6～7行：定义常量UPDATE_UI和ERROR，代表消息的类型。
- 第11～20行：主线程创建消息处理器。
- 第28行：不按比例缩放图片，把图片完全填充屏幕。
- 第36行：开启子线程请求网络，连接服务器，使用GET请求获取图片。Android 4.0以后访问网络不能放在主线程中。
- 第39行：创建URL对象。
- 第40行：利用HttpURLConnection对象conn，根据url 发送 http请求。
- 第41行：设置请求的方式为GET。
- 第42行：设置超时时间为5秒。
- 第44行：得到服务器返回的响应状态码。
- 第45行：请求网络成功后返回码是200。
- 第46行：获取输入流对象。
- 第47行：使用BitmapFactory工具类将字节流转换成Bitmap对象。
- 第48行：创建一个新消息。发送消息告诉主线程"帮我更新界面"。不可以直接更新界面，因为子线程不能修改UI。
- 第49～50行：将数据绑定消息。
- 第51行：调用handler发送消息给主线程。
- 第52～56行：返回码不是200，请求服务器失败，则发送出错的消息给主线程。

（4）在AndroidManifest.xml中设置网络访问权限。

```
<uses-permission android:name="android.permission.INTERNET"/>
```

本实例运行结果如图11-4所示。

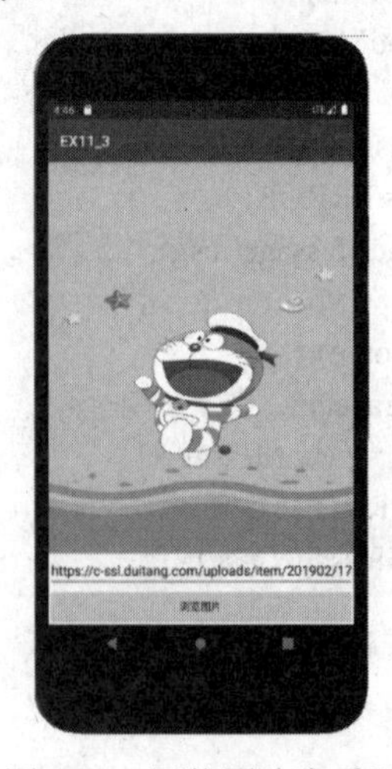

图11-4　网络图片查看器

11.3　JSON 数据解析

Android 应用界面上的数据信息大部分是通过网络请求从服务器上获得，获取到的数据类型很多时候是 JSON 类型，相比于 XML 格式来说，解析 XML 比较复杂，而且需要编写大段的代码，所以客户端和服务器的数据交换格式往往通过 JSON 来进行数据交换。

11.3.1　什么是 JSON

JSON（Javascript Object Notation）是一种轻量级的数据交换格式，一共有两种数据结构，一种是以 key/value 对形式存在的无序的 JSONObject 对象方式，一个对象以“{”（左花括号）开始，以“}”（右花括号）结束。每个“名称”后跟一个“:”（冒号）；“‘名称/值’对”之间使用“,”（逗号）分隔。例如，{"name": "张三"}就是一个最简单的 json 对象，对于这种数据格式，key 值必须是 string 类型，而对于 value，则可以是 string、number、object、array 等数据类型。JSON 的 JSONObject 结构和数据类型如图 11-5 所示。

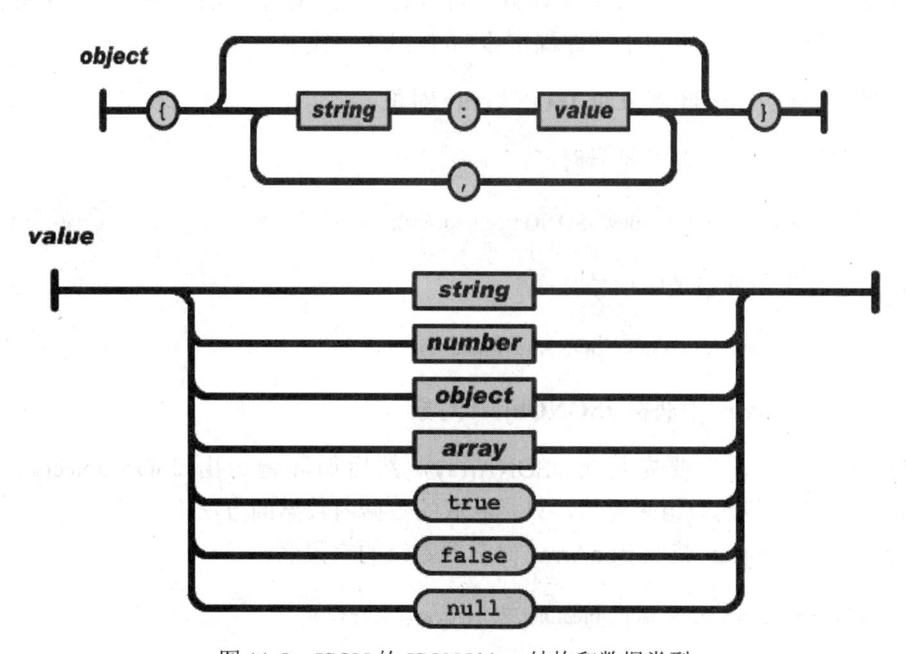

图 11-5　JSON 的 JSONObject 结构和数据类型

另一种数据格式就是有序的 value 的集合，这种形式被称为 JSONArray-数组方式，数组是值（value）的有序集合。一个数组以“[”（左中括号）开始，以“]”（右中括号）结束，值之间使用“,”（逗号）分隔，如[{"key1": "value1"}, {"key2": "value2"}] ，JSON 的 JSONArray 结构如图 11-6 所示。

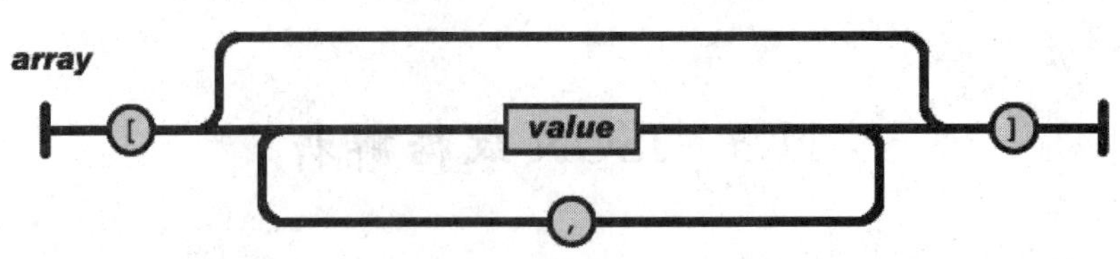

图 11-6　JSON 的 JSONArray 结构

11.3.2　解析 JSON 数据格式

1．JSONObject 和 JSONArray 的数据表示形式

JSONObject 的数据是用 { } 来表示，例如：

```
{  "courseID" : "321", "title" : "提交作业", "content" : "数据结构"  }
```

JSONArray 则是由 JSONObject 构成的数组，用 [{ } , { } , … , { }] 来表示，例如：

```
"课程作业": [{  "courseID" : "221", "title" : "提交作业", "content" : "数据结构"  },
{  "courseID" : "225", "title" : "提交作业", "content" : "软件工程"  }]
```

表示包含两个 JSONObject 的 JSONArray。可以看到一个很明显的区别，一个最外面用的是 { }，一个最外面用的是 [ ]。"课程作业"是数组的字段名。

2．获得 JSONObject 对象和 JSONArray 对象

JSON 字符串最外层是花括号时：

```
JSONObject jsonObject = new JSONObject(jsonStr);
```

JSON 字符串最外层是中括号时：

```
JSONArray jsonArray = new JSONArray(jsonStr);
```

3．从 JSONArray 中获得 JSONObject 对象

遇到中括号时，就要先获取 JSONArray，然后循环遍历出 JSONObject。可以把 JSONArray 当成一般的数组来对待，只是获取的数据内数据的方法不一样。

注意，JSONObject 获取 jsonArray 时需要数组的字段名：

```
JSONArray jsonArray = jsonObject.getJSONArray("课程作业");
```

jsonArray 获取 JSONObject 时需要遍历数组：

```
for (int i = 0; i < jsonArray.length(); i++) {
    JSONObject jsonObject = jsonArray.getJSONObject(i);
}
```

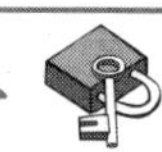

4．通过 JsonObject 获取 JSON 内的具体数据

```
int courseID=jsonObject.getInt ( "courseID") ;
```

11.3.3 OkHttp 的使用

OkHttp 是一个处理网络请求的开源项目，是 Android 端热门的轻量级框架，由移动支付 Square 公司开发，用于替代 HttpURLConnection 和 Apache HttpClient。

Request 是 OkHttp 的请求对象，Response 是 OkHttp 中的响应。基本实现步骤如下。

（1）创建 OkHttpClient 对象实例。

（2）创建 Request 对象。通过 Builder 模式创建 Request 对象，参数必须有 url，可以通过 Request.Builder 设置。如果是 post 请求，需要添加 RequestBody。

（3）使用 OkHttpClient 对象实例执行请求，得到 Response 对象。获取返回的数据，可通过 response.body().string()获取，默认返回的是 utf-8 格式。

Android Studio 添加 OkHttp 依赖 jar 包的方法如下：

File/Project Structure/app/Dependencies，单击+号。选择 Dependency，搜索 OkHttp 和 okio，选择对应版本，依次添加安装。结果如图 11-7 所示。

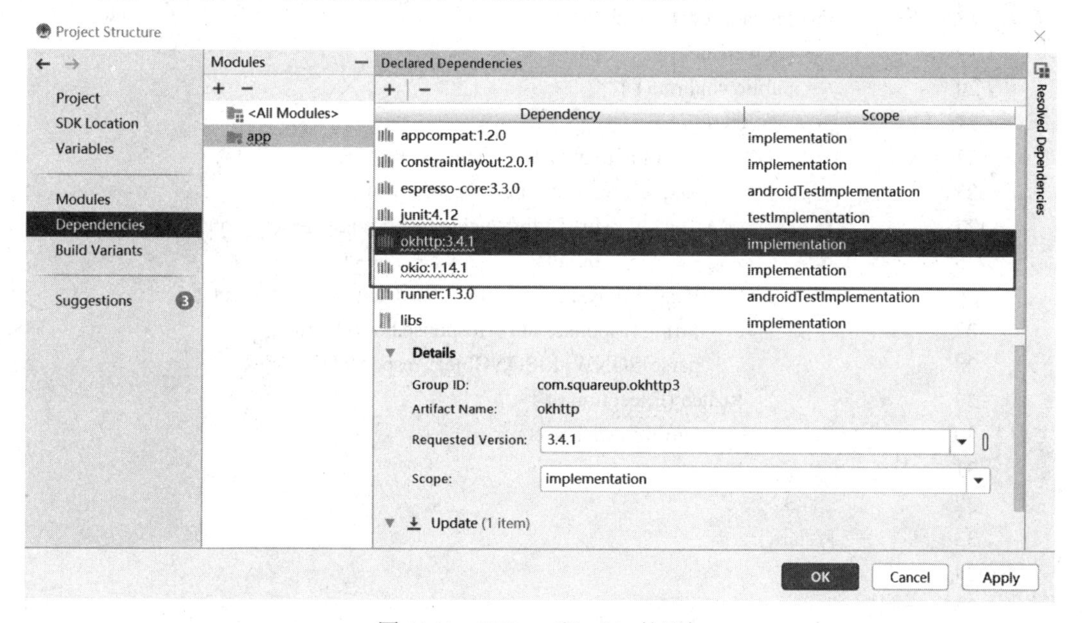

图 11-7 OkHttp 和 okio 的添加

下面通过 OkHttp 请求完成 JSONObject 解析货币汇率实时信息（JSON 格式）的示例。

免费版汇率 API 接口：https://www.mycurrency.net/US.json，货币汇率 JSON 格式，数据每小时更新一次。

（1）创建 EX11_4 项目。

Note

（2）布局文件 activity_main.xml 使用默认即可，不用修改。编写 MainActivity 的类文件，代码如下：

```
1   package com.example.ex11_4;
2
3   …//省略导包
4
5   public class MainActivity extends AppCompatActivity {
6       private TextView tv;
7
8       @Override
9       protected void onCreate(Bundle savedInstanceState) {
10          super.onCreate(savedInstanceState);
11          setContentView(R.layout.activity_main);
12
13          tv = findViewById(R.id.tv);
14          sendRequestWithOkHttp();
15      }
16
17      private void sendRequestWithOkHttp() {
18          new Thread(new Runnable() {
19              @Override
20              public void run() {
21                  try {
22                      OkHttpClient client = new OkHttpClient();
23                      Request request = new Request.Builder()
24                              .url("https://www.mycurrency.net/US.json")
25                              .build();
26                      Response response = client.newCall(request).execute();
27                      String responseData = response.body().string();
28                      parseJSONWithJSONObject(responseData);
29                  } catch (Exception e) {
30                      e.printStackTrace();
31                  }
32              }
33          }).start();
34      }
35
36      private void parseJSONWithJSONObject(String jsonData) {
37          try {
38              JSONObject jsonObject = new JSONObject(jsonData);
39              String baseUSD = jsonObject.getString("baseCurrency");
40
41          String SGD_name = null, SGD_rate = null, CNY_name = null, CNY_rate = null;
42          String AUD_name = null, AUD_rate = null, GBP_name = null, GBP_rate = null;
```

```
43            String JP_name = null, JP_rate = null, EU_name = null, EU_rate = null;
44            String TH_name = null, TH_rate = null;
45
46                JSONArray jsonArray = jsonObject.getJSONArray("rates");
47                JSONObject jo = null;
48
49                for (int i = 0; i < jsonArray.length(); i++) {
50                    jo = jsonArray.getJSONObject(i);
51                    int id = jo.getInt("id");
52                    switch (id) {
53                        case 449:
54                            SGD_name = jo.getString("currency_name_zh");
55                            SGD_rate = jo.getString("rate");
56                            break;
57                        case 356:
58                            CNY_name = jo.getString("currency_name_zh");
59                            CNY_rate = jo.getString("rate");
60                            break;
61                        case 253:
62                            AUD_name = jo.getString("currency_name_zh");
63                            AUD_rate = jo.getString("rate");
64                            break;
65                        case 287:
66                            GBP_name = jo.getString("currency_name_zh");
67                            GBP_rate = jo.getString("rate");
68                            break;
69                        case 495:
70                            EU_name = jo.getString("currency_name_zh");
71                            EU_rate = jo.getString("rate");
72                            break;
73                        case 303:
74                            JP_name = jo.getString("currency_name_zh");
75                            JP_rate = jo.getString("rate");
76                            break;
77                        case 463:
78                            TH_name = jo.getString("currency_name_zh");
79                            TH_rate = jo.getString("rate");
80                            break;
81                    }
82                }
83
84                String toastStr = "基准货币：" + baseUSD + "美元" +
85                        "\n" + SGD_name + " : " + SGD_rate +
86                        "\n" + CNY_name + " : " + CNY_rate +
87                        "\n" + AUD_name + " : " + AUD_rate +
88                        "\n" + GBP_name + " : " + GBP_rate +
```

```
89                      "\n" + EU_name + " : " + EU_rate +
90                      "\n" + JP_name + " : " + JP_rate +
91                      "\n" + TH_name + " : " + TH_rate;
92
93              showToastCenter(MainActivity.this, toastStr);
94          } catch (Exception e) {
95              e.printStackTrace();
96          }
97      }
98
99      public static void showToastCenter(Context context, String toastStr) {
100         Looper.prepare();
101         Toast toast = Toast.makeText(context.getApplicationContext(), toastStr,
                                        Toast.LENGTH_LONG);
102         int tvToastId = Resources.getSystem().getIdentifier("message", "id",
                                        "android");
103         TextView tvToast = ((TextView) toast.getView().findViewById(tvToastId));
104         if (tvToast != null) {
105             tvToast.setGravity(Gravity.CENTER);
106             tvToast.setTextSize(25);
107         }
108         toast.setGravity(Gravity.CENTER, 0, 0);
109         toast.show();
110         Looper.loop();
111     }
112 }
```

说明：

- 第14行：调用OkHttp网络请求。
- 第18行：开启子线程进行OkHttp请求网络。
- 第22行：创建OkHttpClient实例对象。
- 第23～25行：创建Request对象。
- 第26行：执行Request请求，得到Response对象。
- 第27行：通过response.body().string()获取返回的JSON数据。
- 第28行：调用解析JSON数据的方法。
- 第38行：创建JSONObject对象。
- 第39行：通过JsonObject获取JSON内的基础货币（Basecurrency）数据。
- 第41～44行：定义货币名称和汇率变量。
- 第46行：创建JSONArray对象，对应数组的字段名是"rates"。
- 第49～86行：从JSONArray中循环遍历JSONObject，通过每个数组的"id"获取对应货币的中文名称和汇率。
- 第98行：调用获得汇率结果的显示方法。

- 第 104～116 行：在 Toast 中显示结果，由于 Android 不能直接在子线程中弹出 Toast，可以先调用 Looper.prepare()，再调用 Toast.makeText().show()，最后调用 Looper.loop()。

（3）在 AndroidManifest.xml 中设置网络访问权限。

```
<uses-permission android:name="android.permission.INTERNET"/>
```

本实例运行结果如图 11-8 所示。

图 11-8 实时汇率运行结果

11.4 Socket 通信

Android 系统由于要和一些硬件设备对接，而设备大都是用的 Socket 通信，故使用 Socket 通信可以完成与其他电子设备的互动。Socket 也称为套接字，套接字是支持 TCP/IP 网络通信的基本操作单元，具有连接服务器、绑定、监听、发送及接收函数。

11.4.1 Socket 通信的实现步骤

Socket 通信是一种 C/S 模型的通信方式。

1. Server 服务端实现步骤

步骤 1： 建立一个服务器 Socket，服务器端通过 new ServerSocket()创建 TCP 连接对象。常见的一个服务器 Socket 类是 ServerSocket，ServerSocket 类常用三个方法：binder()、accept()、close()。

步骤 2：通过监听获取一个用于通信的 Socket 对象，通过 accept()方法的执行就可实现。

步骤3：通过对Socket对象进行封装，分别得到输入、输出流的引用对象，通过这两个对象向Client端发送或者从Client端接收数据，进而实现Socket通信。

一般选择在循环中读取Client发送过来的信息，并做出对应的处理，比如反馈Client端：自己已成功收到相应的消息。

步骤4：关闭Socket连接。

2．Client 客户端实现步骤

步骤1：初始化Socket对象，客户端通过new Socket()方法创建通信的Socket对象。

客户端一般选择在一个新的线程中初始化一个Socket对象，初始化时需要设置IP和端口号，以帮助低层网络路由找到相应的服务端进程。

步骤2：获取与Server端通信的引用。此步和Server端建立连接后的步骤类似，根据步骤1中获取的Socket对象，进行封装，得到相应的输入、输出流对象，这些输入、输出流对象就是和Server端进行通信的引用。

步骤3：通过步骤2中得到的引用，循环地读取（在新线程中）Server端发送过来的消息，并做相应的处理。

步骤4：关闭与Server端的Socket连接。

11.4.2 Socket实例

下面实现一个Android客户端和PC服务器端利用Socket进行通信的实例。

1．PC服务器端创建Server服务器端程序Server.java

代码如下：

```
1   …//省略导包
2
3   public class Server {
4       public static void main(String[] args) {
5           try {
6               ServerSocket ss = new ServerSocket(8888);
7               System.out.println("Listening...");
8               while (true) {
9                   Socket socket = ss.accept();
10                  System.out.println("Client Connected...");
11                  DataOutputStream dout = new
                            DataOutputStream(socket.getOutputStream());
12                  Date date = new Date();
13                  dout.writeUTF(DateFormat.getDateInstance(DateFormat.FULL)
                            .format(date));
14                  dout.close();
15                  socket.close();
```

```
16                    }
17              } catch (Exception e) {
18                    e.printStackTrace();
19              }
20        }
21  }
```

说明：

- 第 6 行：创建 ServerSocket 对象，并绑定到 8888 端口上（0～1023 是系统预留的，最好大于 1024）。
- 第 8 行：在循环中读取 Client()发送过来的信息。
- 第 9 行：通过 accept()方法获取一个用于通信的 Socket 对象，同时 accept()方法用来监听客户机，接收客户端请求。
- 第 11 行：从 Socket 当中得到输出流的引用对象。
- 第 12 行：实例化当前日期。
- 第 13 行：向客户端发送信息，信息包含格式化的当前日期。
- 第 14、15 行：关闭输出流和套接字。

2．Android 客户端创建客户端代码

（1）创建 EX11_5 项目。

（2）布局文件 activity_main.xml。

```
1   <?xml version="1.0" encoding="utf-8"?>
2   <LinearLayout xmlns:android="http://schemas.android.com/apk/res/android"
3        android:orientation="vertical"
4        android:layout_width="fill_parent"
5        android:layout_height="fill_parent"
6        >
7        <TextView
8             android:layout_width="fill_parent"
9             android:layout_height="wrap_content"
10            android:textSize="100px"
11            android:text="Hello Socket!"
12            />
13       <EditText
14            android:id="@+id/et"
15            android:layout_width="fill_parent"
16            android:layout_height="wrap_content"
17            android:textSize="100px"
18            android:text="Connecting..."
19            />
20  </LinearLayout>
```

（3）编写 MainActivity 的类文件，代码如下：

Note

```
1   package com.example.ex11_5;
2
3   …//省略导包
4
5   public class MainActivity extends AppCompatActivity {
6
7       @Override
8       protected void onCreate(Bundle savedInstanceState) {
9           super.onCreate(savedInstanceState);
10          setContentView(R.layout.activity_main);
11
12          new SocketThread().start();
13      }
14
15      private class SocketThread extends Thread {
16          @Override
17          public void run() {
18              connectToServer();
19          }
20      }
21
22      public void connectToServer() {
23          try {
24              Socket socket = new Socket("192.168.1.108", 8888);
25              DataInputStream din = new DataInputStream(socket.getInputStream());
26              String msg = din.readUTF();
27              EditText et = (EditText) findViewById(R.id.et);
28              et.setText(msg);
29          } catch (Exception e) {
30              e.printStackTrace();
31          }
32      }
33  }
```

说明：

- 第 12 行：使用线程来操作网络请求。如果在主线程中请求网络操作，将会抛出异常。
- 第 18 行：在线程中调用连接服务端的方法 connectToServer()。
- 第 24 行：创建 Socket 对象，IP 地址根据实际更改，端口号和服务端一致。
- 第 25 行：从 socket 当中获得 DataInputStream 对象。
- 第 26 行：读取服务器端发来的消息。
- 第 27、28 行：获得 EditText 对象，设置 EditText 对象。

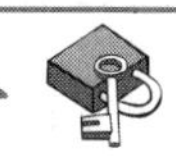

（4）在 AndroidManifest.xml 中设置网络访问权限。

```
<uses-permission android:name="android.permission.INTERNET"/>
```

本实例先运行服务器端程序，再运行客户端 Android 程序。运行结果如图 11-9 所示。

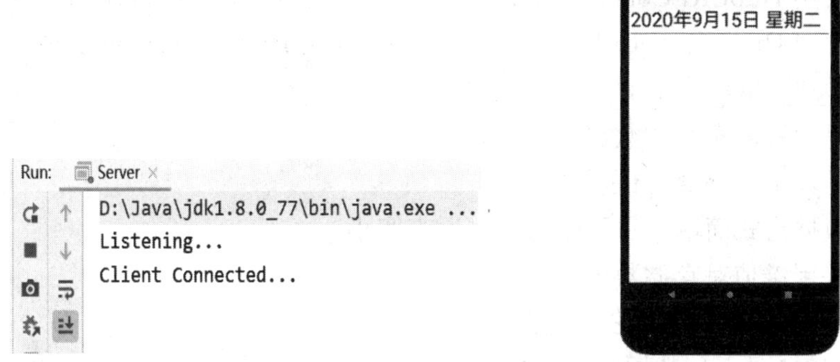

图 11-9　服务器端程序和客户端程序运行结果

11.5　习　　题

1．Handler 是线程与 Activity 通信的桥梁，如果线程处理不当，机器就会变慢，那么线程销毁的方法是（　　）。

A．onDestroy()　　B．onClear()　　C．onFinish()　　D．onStop()

2．关于 Handler 的说法正确的是（　　）。

A．它是实现不同线程间通信的一种机制

B．它不能在新线程中执行刷新 UI 的操作

C．它采用栈的方式来组织任务

D．它可以属于一个新的线程

3．关于 Android 的类 AsyncTask 说法错误的是（　　）。

A．AsyncTask 对线程间通信进行了包装，提供了简易的编程方式来使后台线程和 UI 线程进行通信

B．AsyncTask 后台线程执行异步任务，并把操作结果通知 UI 线程

C．AsyncTask 就是处理一些后台的比较耗时的任务，给用户带来良好用户体验的

D．AsyncTask 从编程的语法上显得优雅了许多，但仍需要子线程和 Handler 才可以完成异步操作并且刷新用户界面

4．AsyncTask 是抽象类。AsyncTask 定义了三种泛型类型，说法正确的是。（　　）（多选）

A．AsyncTask 定义的三种泛型类型是 Params，Progress 和 Result

Note

B．Params 为启动任务执行的输入参数，比如 HTTP 请求的 URL

C．Progress 为后台任务执行的百分比

D．Result 为后台执行任务最终返回的结果，比如 String、Integer 等

5．Android 系统提供了（　　）方式实现网络通信。（多选）

A．HTTP 通信　　B．Socket 通信　　C．URL 通信　　D．WebView

6．Android 针对 HTTP 协议实现网络通信的主要方式（　　）（多选）。

A．使用 HttpURLConnection 实现　　B．使用 ServiceConnection 实现

C．使用 HttpClient 实现　　D．使用 HttpConnection 实现

7．下面关于 JSON 的说法正确的是（　　）。（多选）

A．是一种轻量级的数据交换格式

B．是基于 JavaScript 的一个子集

C．数据格式简单，易于读写，占用带宽小

D．采用键值对存储数据

8．以下关于 JSON 的说法错误的是（　　）。

A．JSON 是一种数据交互格式

B．JSON 的数据格式有两种，分别为{}和[]

C．JSON 数据用{}表示 Java 中的对象，[]表示 Java 中的 List 对象

D．{“1”:“123”,“2”:“234”,“3”:“345”}不是 JSON 数据

9．关于 Socket 通信编程，以下描述正确的是（　　）。

A．客户端通过 new ServerSocket()创建 TCP 连接对象

B．客户端通过 TCP 连接对象调用 accept()方法创建通信的 Socket 对象

C．客户端通过 new Socket()方法创建通信的 Socket 对象

D．服务器端通过 new ServerSocket()创建通信的 Socket 对象

10．关于 Socket 通信编程，以下描述错误的是（　　）。

A．服务端通过 new ServerSocket()创建 TCP 连接对象

B．服务器端通过 TCP 连接对象调用 accept()方法创建通信的 Socket 对象

C．客户端通过 new Socket()方法创建通信的 Socket 对象

D．客户端通过 new ServerSocket()创建 TCP 连接对象

第 12 章 广播和服务

【本章内容】

- ❐ 广播机制
- ❐ 常用的广播接收者
- ❐ 服务
- ❐ 服务和广播综合实例

在 Android 系统中，广播体现在方方面面，例如，当开机完成后，系统会产生一条广播，接收到这条广播就能实现开机启动服务的功能；当网络状态改变时，系统会产生一条广播，接收到这条广播就能及时地做出提示和保存数据等操作；当电池电量改变时，系统会产生一条广播，接收到这条广播就能在电量低时告知用户及时保存进度等。Android 中的广播机制设计得非常出色，很多事情原本需要开发者亲自操作，现在只需等待广播告知就可以了，大大减少了开发的工作量，缩短了开发周期。

Service 是在一段不定的时间运行在后台，不和用户交互的应用组件。若应用程序不需要和用户进行交互，或者要占用前台很长时间，则可以放到后台进行。本章将介绍 Android 平台下广播、服务组件的使用以及综合应用。

12.1 广播接收者

广播接收者（BroadcastReceiver）用来接收来自系统和应用中的广播。作为应用开发者，需要熟练掌握 Android 系统提供的开发利器——BroadcastReceiver。要想使用广播，首必须先注册广播接收者，然后发送广播，最后在接收者中处理广播。

注册广播接收者分为静态注册和动态注册两种，下面分别进行介绍。

12.1.1 静态注册

所谓静态注册就是在 AndroidManifest.xml 配置文件中注册。下面通过一个例子进行说明。程序步骤如下。

第 1 步，主程序构建 Intent，使用 sendBroadcast()方法发出广播。

第 2 步，定义一个广播接收器，该广播接收器继承 BroadcastReceiver，并且覆盖 onReceive()方法来响应事件，接收主程序广播过来的信息。

（1）创建 EX12_1 项目。

（2）修改主 Activity 的布局文件 activity_main.xml。源代码如下：

```
1   <?xml version="1.0" encoding="utf-8"?>
2   <androidx.constraintlayout.widget.ConstraintLayout
            xmlns:android="http://schemas.android.com/apk/res/android"
3       xmlns:app="http://schemas.android.com/apk/res-auto"
4       xmlns:tools="http://schemas.android.com/tools"
5       android:layout_width="match_parent"
6       android:layout_height="match_parent"
7       tools:context=".MainActivity">
8
9       <TextView
10          android:layout_width="wrap_content"
11          android:layout_height="wrap_content"
12          android:text="静态广播!"
13          app:layout_constraintBottom_toBottomOf="parent"
14          app:layout_constraintLeft_toLeftOf="parent"
15          app:layout_constraintRight_toRightOf="parent"
16          app:layout_constraintTop_toTopOf="parent" />
17
18      <Button
19          android:id="@+id/button"
20          android:layout_width="wrap_content"
21          android:layout_height="wrap_content"
22          android:onClick="send"
23          android:text="静态发送"
24          app:layout_constraintBottom_toBottomOf="parent"
25          app:layout_constraintHorizontal_bias="0.482"
26          app:layout_constraintLeft_toLeftOf="parent"
27          app:layout_constraintRight_toRightOf="parent"
28          app:layout_constraintTop_toTopOf="parent"
29          app:layout_constraintVertical_bias="0.838" />
30  </androidx.constraintlayout.widget.ConstraintLayout>
```

说明：

第 18～29 行：声明一个 Button 控件，定义一个单击方法 send()，单击该按钮，将发送一条广播。

（3）创建一条广播接收类 MyReceiver。

在菜单栏中依次选择 File/New/Other/Broadcast Receiver，先创建一个广播接收类 MyReceiver，这样创建的类会自动继承 BroadcastReceiver 类。同时在 AndroidManifest.xml 配置文件中会自动注册 MyReceiver。

```
1  package com.example.ex12_1;
2
3  ...//省略导包
4
5  public class MyReceiver extends BroadcastReceiver {
6
7      @Override
8      public void onReceive(Context context, Intent intent) {
9          Toast t = Toast.makeText(context, "检测到静态广播：\n"
                   + intent.getStringExtra("info"), Toast.LENGTH_SHORT);
10           t.setGravity(Gravity.CENTER, 0, 0);
11           LinearLayout linearLayout = (LinearLayout) t.getView();
12           TextView messageTextView = (TextView) linearLayout.getChildAt(0);
13           messageTextView.setTextSize(30);
14           t.show();
15     }
16 }
```

说明：

- 第 5 行：定义一个继承 BroadcastReceiver 类的广播接收类来实现接收广播消息。
- 第 8～14 行：使用 intent.getStringExtra 接收主程序广播过来的信息，在 Toast 中显示结果，包括显示内容的位置和字体设置。

（4）编写 MainActivity 的类文件，实现发送广播。编写代码如下：

```
1  package com.example.ex12_1;
2
3  ...//省略导包
4
5  public class MainActivity extends AppCompatActivity {
6
7      @Override
8      protected void onCreate(Bundle savedInstanceState) {
9          super.onCreate(savedInstanceState);
10           setContentView(R.layout.activity_main);
11     }
12
13      public void send(View v) {
14           Intent intent = new Intent();
15           intent.putExtra("info", "静态广播发送了...");
16           intent.setComponent(new
                ComponentName("com.example.ex12_1","com.example.ex12_1.MyReceiver"));
17           sendBroadcast(intent);
18     }
19 }
```

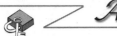

Note

说明：

- 第 14 行：定义一个 Intent 对象。
- 第 15 行：将要传递的值附加到 Intent 对象，第一个参数为键名，第二个参数为键对应的值。如果想取出 Intent 对象中的这些值，用 get××××××Extra()方法，注意需要使用对应类型的方法，参数为键名。
- 第 16 行：Android 8.0 或者更高版本，发送广播的条件更加严苛，必须添加这一行内容。创建的 ComponentName 实例化对象有两个参数，第一个是指接收广播类的包名，第二个是指接收广播类的完整类名。
- 第 17 行：发送广播。

（5）在创建广播接收类 MyReceiver 时，会自动修改 AndroidManifest.xml 配置文件，完成 MyReceiver 的自动注册。

```
1   <application
2           …
3
4           <receiver
5               android:name=".MyReceiver"
6               android:enabled="true"
7               android:exported="true">
8           </receiver>
9
10          <activity android:name=".MainActivity">
11              …
12          </activity>
13      </application>
```

静态注册的广播运行结果如图 12-1 所示。

图 12-1　静态注册的广播运行结果

12.1.2 动态注册

所谓动态注册是指在代码中注册，其步骤如下。

（1）实例化自定义的广播接收器。

（2）创建 IntentFilter 实例。

（3）调用 IntentFilter 实例的 addAction()方法添加监听的广播类型。

（4）调用 Context 的 registerReceiver(BroadcastReceiver,IntentFilter)动态地注册广播。

下面通过一个例子进行说明。

（1）创建 EX12_2 项目。

（2）布局文件 activity_main.xml 的代码与上例中的代码类似，不再赘述。

（3）创建一个广播接收类 DynamicReceiver。编写代码如下：

```
1   package com.example.ex12_2;
2
3   ...//省略导包
4
5   public class DynamicReceiver extends BroadcastReceiver {
6
7       @Override
8       public void onReceive(Context context, Intent intent) {
9           Toast t = Toast.makeText(context, "检测到动态广播：\n" +
                        intent.getStringExtra("info"), Toast.LENGTH_SHORT);
10          t.setGravity(Gravity.CENTER, 0, 0);
11          LinearLayout linearLayout = (LinearLayout) t.getView();
12          TextView messageTextView = (TextView) linearLayout.getChildAt(0);
13          messageTextView.setTextSize(30);
14          t.show();
15      }
16  }
```

（4）编写 MainActivity 的类文件，实现发送广播。编写代码如下：

```
1   package com.example.ex12_2;
2
3   ...//省略导包
4
5   public class MainActivity extends AppCompatActivity {
6       DynamicReceiver dynamicReceiver;
7
8       @Override
9       protected void onCreate(Bundle savedInstanceState) {
10          super.onCreate(savedInstanceState);
11          setContentView(R.layout.activity_main);
12
13          dynamicReceiver = new DynamicReceiver();
14          IntentFilter filter = new IntentFilter();
15          filter.addAction("myDynamic");
```

```
16              registerReceiver(dynamicReceiver, filter);
17          }
18
19      public void send(View v) {
20              Intent intent = new Intent();
21              intent.setAction("myDynamic");
22              intent.putExtra("info", "动态广播发送了...");
23              sendBroadcast(intent);
24          }
25
26          @Override
27          protected void onDestroy() {
28              super.onDestroy();
29              unregisterReceiver(dynamicReceiver);
30          }
31  }
```

说明：

- 第 13 行：实例化广播接收类 DynamicReceiver 对象。
- 第 14 行：实例化意图过滤器 IntentFilter 对象。
- 第 15 行：设置的过滤信息为"myDynamic"，同时也为 BroadcastReceiver 指定 action，使之用于接收相同的 action 广播。
- 第 16 行：动态地注册广播。
- 第 20、21 行：定义一个 Intent 对象，设置 Intent 的 Action 属性，值为"myDynamic"，使之用于相同 action 的 BroadcastReceiver 接收。
- 第 22、23 行：将要传递的值附加到 Intent 对象，发送广播。
- 第 27～30 行：非常驻广播，在使用时注册，用完及时销毁。在 onDestroy()方法中销毁广播。

动态注册的广播运行结果如图 12-2 所示。

图 12-2　动态注册的广播运行结果

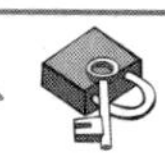

Note

12.2 服　　务

服务（Service）是 Android 系统中四个应用程序组件之一，主要用于两个目的：后台运行和跨进程访问。通过启动一个服务，可以在不显示界面的前提下后台运行指定的任务，这样既可以不占用前台，又可以不影响用户做其他事情。一般使用 Service 为应用程序提供一些服务或不需要界面的功能，如从 Internet 下载文件、播放音乐、计时器等。本节主要介绍 Service 的生命周期以及启动 Service 的两种方法，然后通过一个实例来介绍 Service 的使用方法。

12.2.1 Service 生命周期及启动方法

1．Service 模式及生命周期

Service 有本地服务与远程服务两种模式。

（1）本地服务。本地服务的生命周期不像 Activity 那么复杂，它只继承了 onCreate()、onStart()、onDestroy()三个方法。当第一次启动 Service 时，先后调用了 onCreate()、onStart()这两个方法；当停止 Service 时，则执行 onDestroy()方法。这里需要注意的是，如果 Service 已经启动了，当再次启动 Service 时，不会再执行 onCreate()方法，而是直接执行 onStart()方法。其生命周期过程为：context.startService()→onCreate()→onStart()→Service running→调用 context.stopService()→onDestroy()。

（2）远程服务。远程服务用于 Android 系统内部的应用程序之间，可以把定义好的接口暴露出来，以便其他应用进行调用操作。客户端建立到服务对象的连接，并通过该连接来调用服务。使用者可以通过调用 Context.bindService()方法建立连接、启动服务，调用 Context.unbindService()关闭连接。多个客户端可以绑定同一个服务，如果服务还没有加载，bindService()会先加载它。其生命周期过程为：context.bindService()→onCreate()→onBind()→Service running→调用 onUnbind()→onDestroy()。

2．Service 启动方法

服务不能自己运行，需要通过调用 Context.startService()或 Context.bindService()方法启动。这两个方法都可以启动 Service，但是它们的使用场合有所不同。

（1）使用 startService()方法启用服务，调用者与服务之间没有关联，即使调用者退出了，服务仍然运行。如果采用 Context.startService()方法启动服务，在服务没有被创建时，系统会先调用服务的 onCreate()方法，接着调用 onStart()方法。如果调用 startService()方法前服务已经被创建，多次调用 startService()方法并不会导致多次创建服务，但会导致多次调用 onStart()方法。采用 startService()方法启动的服务，只能调用 Context.stopService()方法结束服务，服务结束时会调用 onDestroy()方法。其过程如图 12-3 所示。

（2）使用 bindService()方法启用服务，调用者与服务绑定在了一起，调用者一旦退出，服务也就终止。onBind()只有采用 Context.bindService()方法启动服务时才会回调该方法，该方法在调用者与服务绑定时被调用。当调用者与服务已经绑定，多次调用 Context.bindService()方法并不会导致该方法被多次调用。采用 Context.bindService()方法启动服务时只能调用onUnbind()方法解除调用者与服务解除，服务结束时会调用 onDestroy()方法。其过程如图 12-4 所示。

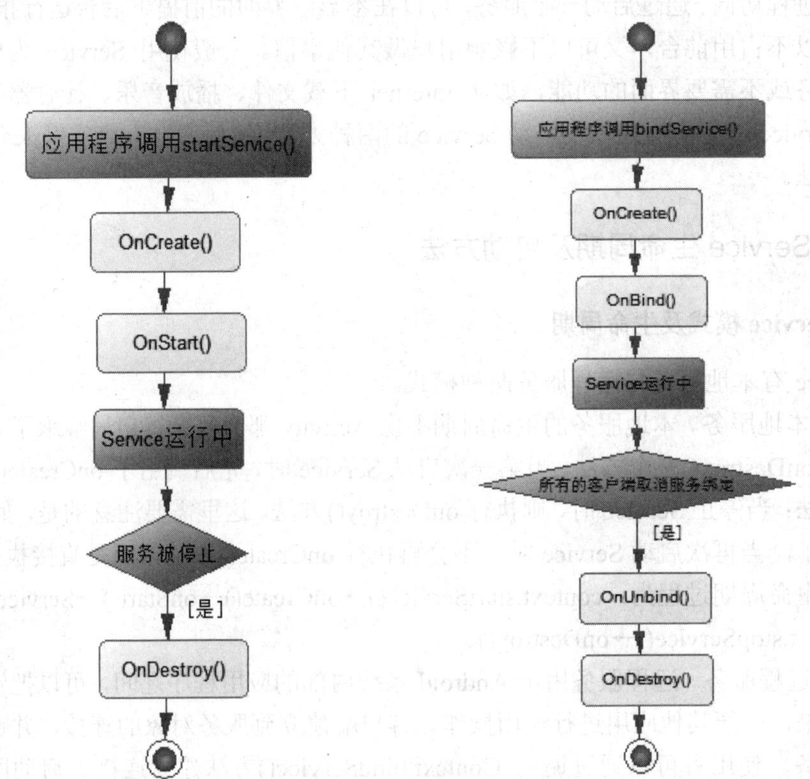

图 12-3　使用 startService()方法启用服务　　图 12-4　使用 bindService()方法启用服务

12.2.2　Start 方式启动 Service 实例

在 12.2.1 节中，介绍了服务的生命周期及启动方法，本节将通过实例来介绍 Service 的使用方法。在本实例中，将介绍 Service 的第一种启动方法：Start 方式启动服务。

Service 在 Android 后台运行，它没有可视化界面。我们以一个后台定时器的例子说明 Service 的运行流程。

（1）创建 EX12_3 项目。

（2）修改主 Activity 的布局文件 activity_main.xml。源代码如下：

```
1  <LinearLayout xmlns:android="http://schemas.android.com/apk/res/android"
2      xmlns:tools="http://schemas.android.com/tools"
3      android:layout_width="match_parent"
4      android:layout_height="match_parent"
```

```
5         android:orientation="vertical">
6
7         <Button
8             android:id="@+id/btn_start"
9             android:layout_width="wrap_content"
10            android:layout_height="wrap_content"
11            android:onClick="start"
12            android:text="开启服务" />
13
14        <Button
15            android:id="@+id/btn_stop"
16            android:layout_width="wrap_content"
17            android:layout_height="wrap_content"
18            android:onClick="stop"
19            android:text="关闭服务" />
20
21    </LinearLayout>
```

说明：

- 第1～5行：定义一个线性布局，设置为垂直方向显示。
- 第7～12行：设置一个按钮，定义开启服务方法start，用于开启服务。
- 第14～19行：设置一个按钮，定义关闭服务方法stop，用于关闭服务。

（3）编写TimerService类，该类继承自Service。在项目上单击右键，选择New/Service，新建一个名为TimerService的Service。工具将自动在AndroidManifest中声明Service。TimerService代码如下：

```
1   package com.example.ex12_3;
2
3   …//省略导包
4
5   public class TimerService extends Service {
6       Timer timer = new Timer();
7
8       public TimerService() {
9       }
10
11      @Override
12      public IBinder onBind(Intent intent) {
13          throw new UnsupportedOperationException("Not yet implemented");
14      }
15
16      @Override
17      public void onCreate() {
18          super.onCreate();
19          System.out.println("onCreate()... ");
```

```
20      }
21
22      @Override
23      public int onStartCommand(Intent intent, int flags, int startId) {
24          timer.schedule(new MyTask(), 0, 2000);
25          return super.onStartCommand(intent, flags, startId);
26      }
27
28      class MyTask extends TimerTask {
29          @Override
30          public void run() {
31              SimpleDateFormat simpleDateFormat=null;
32              simpleDateFormat=new SimpleDateFormat("yyyy-MM-dd HH:mm:ss");
33              System.out.println("当前的系统时间为："+simpleDateFormat
                        .format(new Date()));
34          }
35      }
36
37      @Override
38      public void onDestroy() {
39          super.onDestroy();
40          timer.cancel();
41          System.out.println("后台定时器运行停止 ");
42      }
43  }
```

说明：

- 第 6 行：实例化 Timer 对象。
- 第 17～20 行：重写服务生命周期的 onCreate()方法。
- 第 23～26 行：重写服务生命周期的 onStartCommand ()方法，调用 Timer（定时器）的 schedule()方法，延迟 2000 毫秒后，执行一次 MyTask。

注意

onStart()方法是在 Android 2.0 版本之前的平台使用，在 Android 2.0 版本之后，则需重写 onStartCommand()方法，同时，旧的 onStart()方法则不会再被直接调用。

- 第 28～35 行：MyTask 类继承自 TimerTask 类，并且重写 run()方法。在 run()方法里会显示当前的系统时间。
- 第 38～42 行：重写服务生命周期的 onDestroy ()方法，终止定时器运行。

（4）编写 MainActivity 的类文件，代码如下：

```
1  package com.example.ex11_4;
2
3  …//省略导包
```

```
4
5 public class MainActivity extends AppCompatActivity {
6
7     @Override
8     protected void onCreate(Bundle savedInstanceState) {
9         super.onCreate(savedInstanceState);
10        setContentView(R.layout.activity_main);
11    }
12
13    public void start(View view) {
14        Intent intent = new Intent(this, TimerService.class);
15        startService(intent);
16    }
17
18    public void stop(View view) {
19        Intent intent = new Intent(this, TimerService.class);
20        stopService(intent);
21    }
22 }
```

说明：

- 第 13～16 行：实现页面按钮点击事件，定义开启服务的方法 startService()，启动服务。
- 第 18～22 行：实现页面按钮点击事件，定义关闭服务的方法 stopService()，关闭服务。

（5）工具自动在 AndroidManifest.xml 中注册服务，因为服务也是 Android 的四大组件之一。

```
1 <service
2         android:name=".TimerService"
3         android:enabled="true"
4         android:exported="true">
5 </service>
```

（6）运行程序。

单击“开启服务”按钮，观察 LogCat 输出的结果，如图 12-5 所示。从日志中看出，服务创建时首先执行的是 onCreate()方法，服务启动时执行 onStartCommand()方法。需要注意的是，onCreate()方法是在服务创建时执行，而 onStartCommand()方法是在每次启动服务时调用。

接着点击“关闭服务”按钮，服务执行 onDestroy()方法销毁。

需要注意的是，以上通过 startService()方法开启的服务，如果不调用 stopService()或 stopSelf()方法，会长期在后台运行，除非用户强制停止程序。

Note

本实例运行结果如图 12-5 所示。

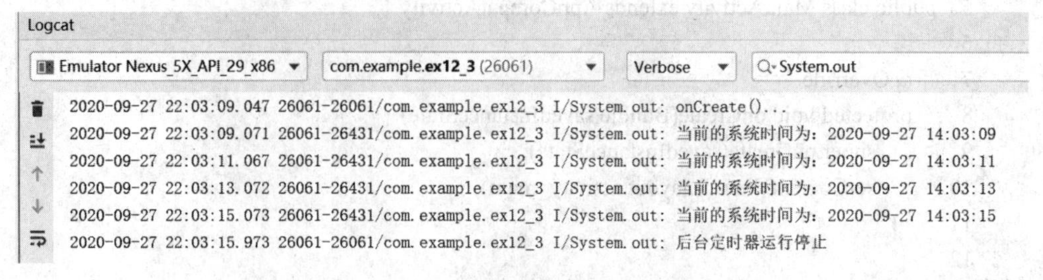

图 12-5　startService()方法启用服务

调用 startService()，再调用 stopService()，这种情况适用于直接使用 Service，不需要外部调用服务内部的方法。

12.2.3　Bind 方式启动 Service 实例

客户端通过调用 bindService()方法能够绑定服务，然后 Android 系统会调用服务的 onBind()回调方法，这个方法会返回一个跟服务端交互的 IBinder 对象。这个绑定是异步的，bindService()方法立即返回，并且不给客户端返回 IBinder 对象。要接受 IBinder 对象，客户端必须创建一个 ServiceConnection 类的实例，并且把这个实例传递给 bindService()方法。

注意

只有 Activity、Service 和内容提供者（content provider）能够绑定服务，广播接收器是不能绑定服务的。

通过绑定服务来实现功能有以下几个步骤。

（1）实现一个 ServiceConnection 接口，并重写里面的 onServiceConnected()和 onServiceDisconnected()两个方法，其中，前者是在服务已经绑定成功后回调的方法，后者是在服务发生异常终止时调用的方法。

（2）在客户端，通过 bindService()方法来异步地绑定一个服务对象，如果绑定成功，则会回调 ServiceConnection 接口方法中的 onServiceConnected()方法，并得到一个 IBinder 对象。

（3）服务端通过创建一个*.aidl 文件来定义一个可以被客户端调用的业务接口，同时，服务端还需要提供一个业务接口的实现类，并实现*.aidl 中定义的所有方法，通常让这个实现类去继承 Stub 类。

注意

创建*.aidl 文件时要注意以下几点。

① 定义的方法前面不能有修饰符，类似于接口的写法。

② 支持的类型有：8 大基本数据类型，CharSequence，String，List<String>，Map，以及自定义类型。

（4）通过 Service 组件来暴露业务接口。

（5）通过 Service 的 onBind()方法来返回被绑定的业务对象。

（6）客户端如果绑定成功，就可以像调用自己的方法一样去调用远程的业务对象方法。

下面通过一个实例进行说明，开发步骤如下。

（1）创建 EX11_4 项目。项目的构成如图 12-6 所示。

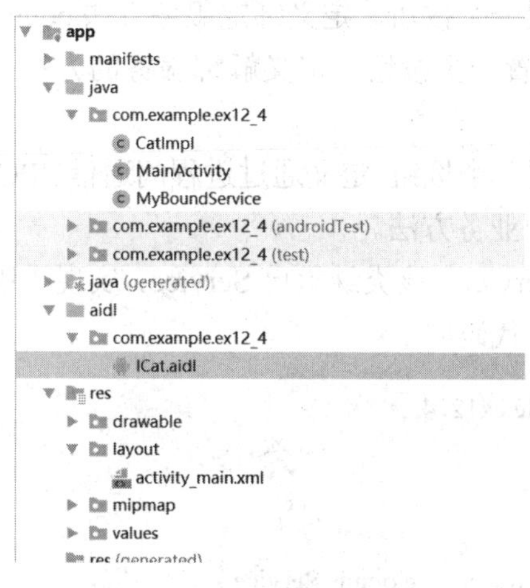

图 12-6　EX11_4 项目构成

（2）布局文件 activity_main.xml。源代码如下：

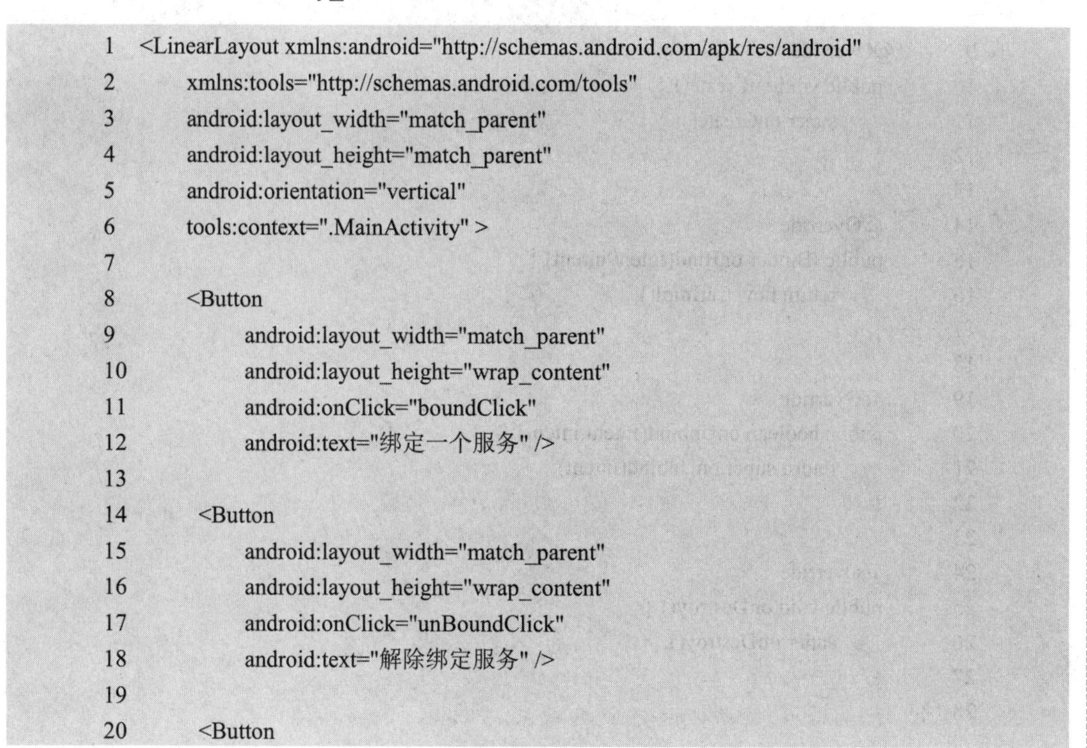

```
1  <LinearLayout xmlns:android="http://schemas.android.com/apk/res/android"
2      xmlns:tools="http://schemas.android.com/tools"
3      android:layout_width="match_parent"
4      android:layout_height="match_parent"
5      android:orientation="vertical"
6      tools:context=".MainActivity" >
7
8      <Button
9          android:layout_width="match_parent"
10         android:layout_height="wrap_content"
11         android:onClick="boundClick"
12         android:text="绑定一个服务" />
13
14      <Button
15         android:layout_width="match_parent"
16         android:layout_height="wrap_content"
17         android:onClick="unBoundClick"
18         android:text="解除绑定服务" />
19
20      <Button
```

```
21              android:layout_width="match_parent"
22              android:layout_height="wrap_content"
23              android:onClick="callClick"
24              android:text="通过 IPC 调用业务方法" />
25   </LinearLayout>
```

Note

说明：

- 第 8～12 行：设置一个按钮，定义绑定服务方法 boundClick()，用于绑定服务。
- 第 14～18 行：设置一个按钮，定义解绑服务的方法 unBoundClick()，用于解绑服务。
- 第 20～24 行：设置一个按钮，定义通过进程间通信（IPC）调用业务方法 callClick，用于通过 IPC 调用业务方法。

（3）编写服务类 MyService，该类继承自 Service，实现了绑定服务生命周期中三个方法以及自定义的一个方法，代码如下：

```
1   package com.example.ex12_4;
2
3   …//省略导包
4
5   public class MyBoundService extends Service {
6       public MyBoundService() {
7       }
8
9       @Override
10      public void onCreate() {
11          super.onCreate();
12      }
13
14      @Override
15      public IBinder onBind(Intent intent) {
16          return new CatImpl();
17      }
18
19      @Override
20      public boolean onUnbind(Intent intent) {
21          return super.onUnbind(intent);
22      }
23
24      @Override
25      public void onDestroy() {
26          super.onDestroy();
27      }
28  }
```

说明：

- 第 9～12 行：重写服务生命周期的 onCreate()方法。
- 第 14～17 行：重写服务生命周期的 onBind ()方法，返回 CatImpl 对象。
- 第 19～22 行：重写服务生命周期的 onUnbind ()方法。

（4）编写 MainActivity 的类文件，代码如下：

```
1   package com.example.ex12_4;
2
3   …//省略导包
4
5   public class MainActivity extends AppCompatActivity {
6       private ICat cat;
7       private boolean isBound = false;
8
9       @Override
10       protected void onCreate(Bundle savedInstanceState) {
11           super.onCreate(savedInstanceState);
12           setContentView(R.layout.activity_main);
13       }
14
15       private ServiceConnection conn = new ServiceConnection() {
16           @Override
17           public void onServiceConnected(ComponentName name, IBinder service) {
18               cat = ICat.Stub.asInterface(service);
19               isBound = true;
20               Toast.makeText(MainActivity.this, "绑定成功", Toast.LENGTH_SHORT)
21                       .show();
22           }
23
24           @Override
25           public void onServiceDisconnected(ComponentName name) {
26               isBound = false;
27           }
28       };
29
30       public void boundClick(View view) {
31           Intent intent = new Intent(this, MyBoundService.class);
32           bindService(intent, conn, Context.BIND_AUTO_CREATE);
33       }
34
35       public void unBoundClick(View view) {
36           if (isBound) {
37               unbindService(conn);
38               cat=null;
39               Toast.makeText(MainActivity.this, "解除绑定成功",
```

```
                                Toast.LENGTH_SHORT).show();
40          }
41      }
42
43      public void callClick(View view) {
44          if (cat == null) {
45              return;
46          }
47          try {
48              cat.setName("黑猫警长");
49              Toast.makeText(this, cat.desc() + "\n", Toast.LENGTH_LONG) .show();
50          } catch (RemoteException e) {
51              e.printStackTrace();
52          }
53      }
54  }
```

Note

说明：

- ❒ 第 7 行：判断是否绑定。
- ❒ 第 15 行：实现一个 ServiceConnection 接口。
- ❒ 第 17 行：重写 onServiceConnected()方法，为服务已经绑定成功后回调的方法。
- ❒ 第 25 行：重写 onServiceDisconnected()方法，为服务发生异常终止时调用的方法。
- ❒ 第 30 行：绑定服务的方法。
- ❒ 第 32 行：这个绑定是异步的，绑定成功后会回调 onServiceConnected()方法。
- ❒ 第 35 行：解除绑定的方法。
- ❒ 第 38 行：只要使用了 bindService()，不管之后是否解绑和停止服务，都可以调用服务中的方法。将 cat 赋值为 null 可以终止调用服务中的方法。
- ❒ 第 43 行：通过进程间通信（IPC）调用业务方法。

（5）创建*.aidl 文件，在项目的包（package）com.example.ex12.4 上面单击右键，选择 New/AIDL/AIDL File 命令，创建一个*.aidl 文件。默认生成的*.aidl 都是 interface。代码如下：

```
1  package com.example.ex12_4;
2
3  interface ICat {
4      void setName(String name);
5      String desc();
6  }
```

说明：

- ❒ 第 3 行：定义 interface ICat。
- ❒ 第 4、5 行：定义接口 ICat 的两个方法 setName(String name)和 desc()。

（6）业务接口的具体实现类 CatImpl，代码如下：

```
1   package com.example.ex12_4;
2
3   import android.os.RemoteException;
4   import com.example.ex12_4.ICat.Stub;
5
6   class CatImpl extends Stub {
7       private String name;
8
9       @Override
10       public void setName(String name) throws RemoteException {
11           this.name = name;
12       }
13
14       @Override
15       public String desc() throws RemoteException {
16           return "嗨！我的名字是" + name + "," + "我是一名警察！";
17       }
18  }
```

说明：

- 第 6 行：实现类 CatImpl 继承 Stub 类，而 Stub 类是继承于 Binder 类的，也就是说 Stub 实例就是 Binder 实例。
- 第 10～12 行：setName()方法的实现。
- 第 15～17 行：desc()方法的实现。

（7）工具自动在 AndroidManifest.xml 中注册服务，因为服务也是 Android 的四大组件之一。

```
1   <service
2       android:name=".MyBoundService"
3       android:enabled="true"
4       android:exported="true">
5   </service>
```

运行程序，单击“绑定一个服务”按钮，观察输出的结果，如图 12-7 所示。当绑定成功时，会调用 onServiceConnected()表明 Activity 和 Service 连接成功。

接着单击“解除绑定服务”按钮，会触发 onUnbind()和 onDestory()方法表明解除绑定和销毁服务。注意 onServiceDisconnected()不会在解除绑定时回调，和 onServiceConnected()不是严格对应的，unbindService()调用后（即使服务端已经销毁了），客户端代码仍然通过缓冲的 binder 引用调用服务端代码，如图 12-8 所示。

最后单击“通过 IPC 调用业务方法”按钮，客户端如果绑定成功，就可以像调用自己的方法一样去调用远程的业务对象方法。如图 12-9 所示。

Note

图 12-7　绑定成功

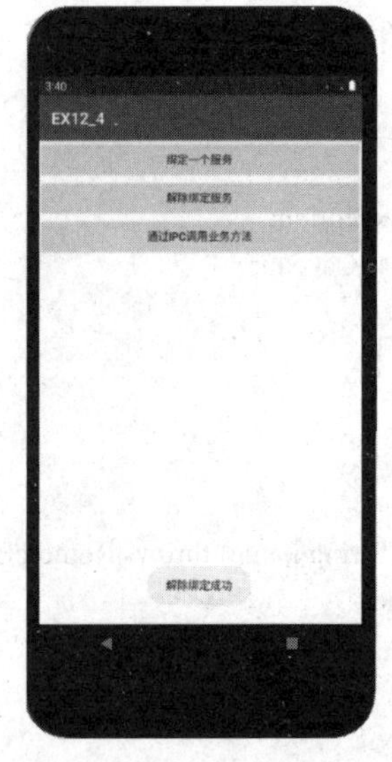

图 12-8　解绑成功

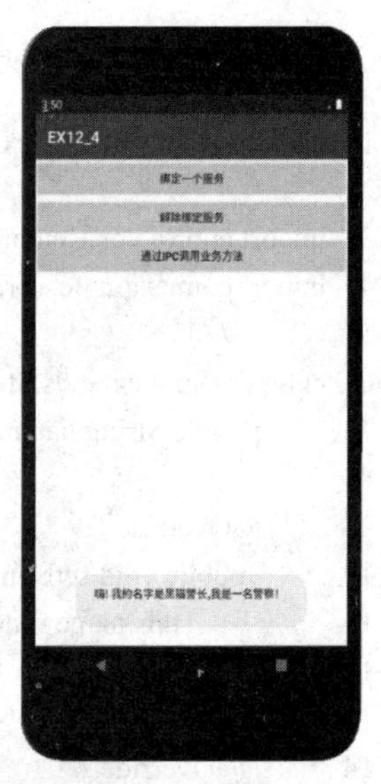

图 12-9　调用业务方法

12.3　服务和广播综合实例

本实例是一个基于 Service 组件的音乐播放器，程序的音乐将会由后台的 Service 组件负责播放，当后台的播放状态改变时，程序将会通过发送广播通知前台 Activity 更新界面；当用户点击前台 Activity 的界面按钮时，系统通过发送广播通知后台 Service 来改变播放状态和播放指定的音乐。本实例开发步骤如下。

（1）创建 EX12_5 项目。

（2）修改主 Activity 的布局文件 activity_main.xml。源代码如下：

```
1  <LinearLayout xmlns:android="http://schemas.android.com/apk/res/android"
2      android:layout_width="fill_parent"
3      android:layout_height="wrap_content"
4      android:orientation="horizontal" >
5
6      <ImageButton
7          android:id="@+id/start"
8          android:layout_width="wrap_content"
9          android:layout_height="wrap_content"
10         android:src="@drawable/png2" />
11
12      <ImageButton
13         android:id="@+id/stop"
14         android:layout_width="wrap_content"
15         android:layout_height="wrap_content"
16         android:src="@drawable/png1" />
```

```
17
18     <LinearLayout
19         android:layout_width="fill_parent"
20         android:layout_height="fill_parent"
21         android:orientation="vertical" >
22
23         <TextView
24             android:id="@+id/textView1"
25             android:layout_width="wrap_content"
26             android:layout_height="wrap_content"
27             android:layout_weight="1"
28             android:text="我的梦"
29             android:textSize="95px" />
30
31         <TextView
32             android:id="@+id/textView2"
33             android:layout_width="wrap_content"
34             android:layout_height="wrap_content"
35             android:layout_weight="1"
36             android:gravity="center_vertical"
37             android:text="张靓颖"
38             android:textSize="65px" />
39     </LinearLayout>
40 </LinearLayout>
```

说明：

- 第 6～10 行：设置一个图片按钮 ImageButton，作为播放器的音乐的播放和暂停按钮。
- 第 12～16 行：设置一个图片按钮 ImageButton，作为播放器的音乐的停止按钮。
- 第 23～29 行：设置一个文本标签，设置播放音乐的曲目。
- 第 31～38 行：设置一个文本标签，设置音乐的演唱者或作者。

（3）编写 MainActivity 的类文件，代码如下：

```
1  package com.example.ex12_5;
2  ...//省略导包
3  public class MainActivity extends AppCompatActivity implements OnClickListener {
4      private ImageButton start;
5      private ImageButton stop;
6      ActivityReceiver activityReceiver;
7      int status = 1;
8
9      @Override
10     protected void onCreate(Bundle savedInstanceState) {
11         super.onCreate(savedInstanceState);
12         setContentView(R.layout.activity_main);
```

Note

```
13
14      start = (ImageButton) this.findViewById(R.id.start);
15      stop = (ImageButton) this.findViewById(R.id.stop);
16      start.setOnClickListener(this);
17      stop.setOnClickListener(this);
18
19      activityReceiver = new ActivityReceiver();
20      IntentFilter filter = new IntentFilter();
21      filter.addAction("mymusic.update");
22      registerReceiver(activityReceiver, filter);
23      Intent intent = new Intent(this, MyService.class);
24      startService(intent);
25    }
26
27    public class ActivityReceiver extends BroadcastReceiver {
28      @Override
29      public void onReceive(Context context, Intent intent) {
30        int update = intent.getIntExtra("update", -1);
31        switch (update) {
32        case 1:
33          start.setImageResource(R.drawable.png2);
34          status = 1;
35          break;
36        case 2:
37          start.setImageResource(R.drawable.png3);
38          status = 2;
39          break;
40        case 3:
41          start.setImageResource(R.drawable.png2);
42          status = 3;
43          break;
44        }
45      }
46    }
47
48    public void onClick(View v) {
49      Intent intent = new Intent("mymusic.control");
50      switch (v.getId()) {
51      case R.id.start:
52        intent.putExtra("ACTION", 1);
53        sendBroadcast(intent);
54        break;
55      case R.id.stop:
56        intent.putExtra("ACTION", 2);
57        sendBroadcast(intent);
58        break;
```

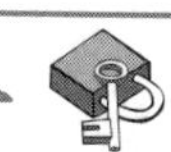

```
59              }
60          }
61  }
```

说明：

- ❒ 第 7 行：定义当前播放状态。没有声音播放为 1，正在播放声音为 2，暂停为 3。
- ❒ 第 14 行：实例化播放、暂停按钮。
- ❒ 第 15 行：实例化停止按钮。
- ❒ 第 16、17 行：为播放和停止按钮添加监听。
- ❒ 第 19 行：创建自定义广播接收者 ActivityReceiver 的对象。
- ❒ 第 20 行：创建 IntentFilter 过滤器对象。
- ❒ 第 21 行：添加 Action，指定了广播事件类型为 mymusic.update。
- ❒ 第 22 行：用 registerReceiver()函数动态注册监听。
- ❒ 第 23 行：创建 Intent 对象。
- ❒ 第 24 行：启动后台 Service。
- ❒ 第 27 行：自定义广播接收者为 ActivityReceiver。
- ❒ 第 29 行：重写的 onReceive()方法。
- ❒ 第 30 行：获得 intent 中的数据。若未获取到，则取 defaultValue 的值-1 赋给变量。
- ❒ 第 31 行：分支判断。
- ❒ 第 32～35 行：没有声音播放，更换按钮图片，设置当前播放状态为 1。
- ❒ 第 36～39 行：正在播放声音，更换按钮图片，设置当前播放状态为 2。
- ❒ 第 40～43 行：暂停中，更换按钮图片，设置当前播放状态为 3。
- ❒ 第 48 行：实现接口 OnClickListener 中的 onClick()方法。
- ❒ 第 49 行：创建 Intent 对象，使用 Intent(String action)构造函数指定广播事件类型为 mymusic.control。
- ❒ 第 50 行：分支判断。
- ❒ 第 51～54 行：按下播放、暂停按钮，设置键 ACTION 对应的值为 1，发送广播。
- ❒ 第 55～58 行：按下停止按钮，设置键 ACTION 对应的值为 2，发送广播。

（4）编写服务类 MyService，该类继承自 Service，实现了绑定服务生命周期中三个方法以及一个自定义广播接收者，代码如下：

```
1   package com.example.ex12_5;
2   ...//省略导包
3   public class MyService extends Service {
4           private MediaPlayer mp;
5             ServiceReceiver serviceReceiver;
6             int status = 1;
7
8       @Override
```

Note

```
9      public IBinder onBind(Intent intent) {
10         return null;
11     }
12
13     @Override
14     public void onCreate() {
15         status = 1;
16         serviceReceiver = new ServiceReceiver();
17         IntentFilter filter = new IntentFilter();
18         filter.addAction("mymusic.control");
19         registerReceiver(serviceReceiver, filter);
20         super.onCreate();
21     }
22
23     @Override
24     public void onDestroy() {
25         unregisterReceiver(serviceReceiver);
26         super.onDestroy();
27     }
28
29     public class ServiceReceiver extends BroadcastReceiver {
30         @Override
31         public void onReceive(Context context, Intent intent) {
32             int action = intent.getIntExtra("ACTION", -1);
33             switch (action) {
34             case 1:
35                 if (status == 1) {
36                     mp = MediaPlayer.create(context, R.raw.mydream);
37                     status = 2;
38                     Intent sendIntent = new Intent("mymusic.update");
39                     sendIntent.putExtra("update", 2);
40                     sendBroadcast(sendIntent);
41                     mp.start();
42                 } else if (status == 2) {
43                     mp.pause();
44                     status = 3;
45                     Intent sendIntent = new Intent("mymusic.update");
46                     sendIntent.putExtra("update", 3);
47                     sendBroadcast(sendIntent);
48                 } else if (status == 3) {
49                     mp.start();
50                     status = 2;
51                     Intent sendIntent = new Intent("mymusic.update");
52                     sendIntent.putExtra("update", 2);
53                     sendBroadcast(sendIntent);
54                 }
```

```
55                break;
56            case 2:
57                if (status == 2 || status == 3) {
58                    mp.stop();
59                    status = 1;
60                    Intent sendIntent = new Intent("mymusic.update");
61                    sendIntent.putExtra("update", 1);    // 存放数据
62                    sendBroadcast(sendIntent);          // 发送广播
63                }
64            }
65        }
66    }
67 }
```

说明：

- 第 6 行：定义当前播放状态。没有声音播放为 1，正在播放声音为 2，暂停为 3。
- 第 9～11 行：重写的 onBind()方法。
- 第 14 行：重写的 onCreate()方法。
- 第 15 行：设置当前播放状态。
- 第 16 行：创建自定义的广播接收者 ServiceReceiver 的对象。
- 第 17 行：创建过滤器对象。
- 第 18 行：添加 Action，指定广播事件类型 mymusic.control。
- 第 19 行：用 registerReceiver()函数动态注册监听。
- 第 24 行：重写的 onDestroy()方法。
- 第 25 行：用 unregisterReceiver ()函数取消注册。
- 第 29 行：自定义广播接收者为 ServiceReceiver。
- 第 31 行：重写的响应方法 onReceive()。
- 第 32 行：获得 intent 中的数据。若未获取到，则取 defaultValue 的值-1 赋给变量。
- 第 33 行：分支判断。
- 第 34 行：按下播放、暂停按钮。
- 第 35 行：如果当前没有声音播放。
- 第 36 行：媒体播放器 MediaPlayer 对象从指定的资源 ID 所对应的资源文件中装载音乐文件。
- 第 37 行：改变播放状态为播放。
- 第 38 行：创建 Intent 对象，使用 Intent(String action) 构造函数指定广播事件类型为 mymusic.update。
- 第 39～40 行：设置键 update 对应的值为 2，发送广播。
- 第 41 行：播放音频文件。
- 第 42 行：如果正在播放声音。

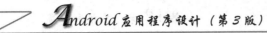

- 第43行：播放声音停止。
- 第44行：改变播放状态为停止。
- 第45～47行：创建Intent对象，使用Intent(String action)构造函数指定广播事件类型为mymusic.update。设置键update对应的值为3，发送广播。
- 第48行：如果播放暂停中。
- 第49行：播放声音。
- 第50行：改变播放状态为播放。
- 第51～53行：创建Intent对象，使用Intent(String action)构造函数指定广播事件类型为mymusic.update。设置键update对应的值为2，发送广播。
- 第56行：按下停止按钮。
- 第57行：如果在播放中或暂停中。
- 第58行：停止播放。
- 第59行：改变播放状态为没有声音播放。
- 第60～62行：创建Intent对象，使用Intent(String action)构造函数指定广播事件类型为mymusic.update。设置键update对应的值为1，发送广播。

（5）工具自动在AndroidManifest.xml中注册服务，因为服务也是Android的四大组件之一。

```
1   <service
2           android:name=".MyService"
3           android:enabled="true"
4           android:exported="true">
5   </service>
```

运行程序，点击“播放”按钮，音乐播放，按钮变为“暂停”状态；如要暂停播放，点击“暂停”按钮，按钮变为“无播放”状态，再次点击，音乐会继续播放；如要停止播放，点击“停止”按钮，按钮变为“无播放”状态。音乐播放器的运行界面如图12-10所示。

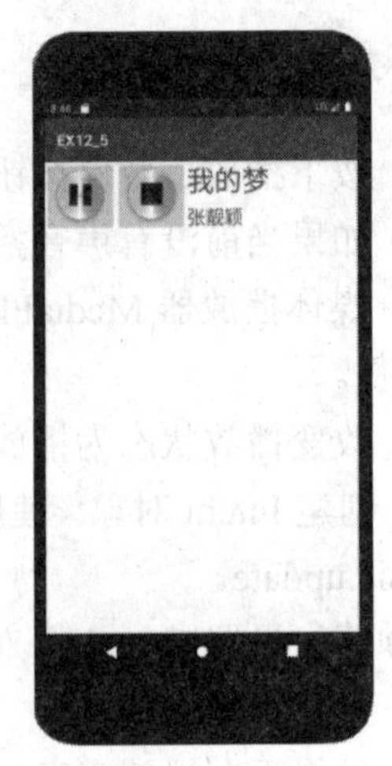

图12-10　音乐播放器的运行界面

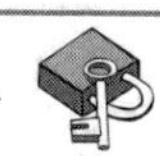

Note

12.4 习　　题

1．下面不是 Android 四大组件之一的是（　　）。

A．BroadCast Recevicer　B．Intent　C．Service　D．Content Provider

2．下面关于广播叙述正确的是（　　）。（多选）

A．广播接收者是 Android 四大组件之一

B．BroadcastReceiver 有两种注册方式：静态注册和动态注册

C．静态注册需要在 Manifest.xml 中配置

D．动态注册需要在应用退出时结束广播的注册

3．下面关于 BroadcastReceiver 的说明错误的是（　　）。

A．BroadcastReceiver 有两种注册方式：静态注册和动态注册

B．BroadcastReceiver 必须在 AndroidManifest 文件中声明

C．BroadcastReceiver 的使用，一定有一方发送广播，有一方监听注册广播，onReceive()方法才会被调用

D．广播发送的 Intent 都是隐式启动

4．下列不属于 Service 生命周期的方法是（　　）。

A．onCreate()　B．onDestroy()　C．onStop()　D．onStart()

5．关于 Service 生命周期的 onCreate()和 onStart()方法说法正确的是（　　）。（多选）

A．当第一次启动的时候先后调用 onCreate()和 onStart()方法

B．当第一次启动的时候只会调用 onCreate()方法

C．如果 Service 已经启动，将先后调用 onCreate()和 onStart()方法

D．如果 Service 已经启动，只会执行 onStart()方法，不再执行 onCreate()方法

6．如果通过 bindService()方法启用服务，那么服务的生命周期是（　　）。

A．onCreate()→onStart()→onBind()→onDestroy()

B．onCreate()→onBind()→onDestroy()

C．onCreate()→onBind()→onUnbind()→onDestroy()

D．onCreate()→onStart()→onBind()→onUnBind()→onDestroy()

7．下面关于 Service 的描述中，错误的是（　　）。

A．Service 没有用户可见的界面，不能与用户交互

B．Service 可以通过 Context.startService()来启动

C．Service 可以通过 Context.bindService()来启动

D．Service 无须在清单文件中进行配置

8．下面关于 Service 的方法描述中，错误的是（　　）。

A．onCreate()表示第一次创建服务时执行的方法

B．调用 startService()方法启动服务时执行的方法是 onStartCommand ()

C．调用 bindService()方法启动服务时执行的方法是 onBind()

D．调用 startService()方法断开服务绑定时执行的方法是 onUnBind()

9．使用 aidl 完成远程 Service 方法调用下列说法不正确的是（　　）。

A．aidl 对应的接口名称不能与 aidl 文件名相同

B．aidl 文件的内容类似 Java 代码

C．创建一个 Service（服务），在服务的 onBind(Intent intent)方法中返回实现了 aidl 接口的对象

D．aidl 对应的接口的方法前面不能加访问权限修饰符

10．关于通过 startService()和 bindService()启动服务，以下说法错误的是（　　）。

A．通过 startService()启动服务，会调用如下生命周期方法：onCreate()→onStart()→onDestory()

B．采用 startService()方法启动服务时，访问者与服务是没有绑定在一起的，访问者退出，服务还在运行

C．如果是调用 bindService()启动服务，会调用如下生命周期方法：onCreate()→onBind→onDestory()→onUnBind()

D．采用 bindService()方法启动服务时，访问者与服务是绑定在一起的，即访问者退出，服务也就终止，解除绑定

▶▶ 第3篇

综合篇

第 13 章 基于高德地图的物流车辆轨迹 App

【本章内容】

- ❑ 基于位置服务（LBS）
- ❑ 高德地图 API
- ❑ 基于高德地图的物流车辆轨迹 App 的设计
- ❑ 物流车辆轨迹 App 的编码实现

在本章之前，介绍了 Android 手机软件开发的相关知识，利用这些知识可以完成一些简单的安卓应用程序设计。对于现在的手机应用软件，位置服务成为当前的热点，也成为大部分应用 App 的不可缺少的一部分，如打车软件、O2O 软件、QQ、微信等。目前提供位置服务的地图厂商很多，如百度地图、高德地图、腾讯地图等。本章将以高德地图的物流车辆轨迹 App 为例，介绍在 Android 应用程序中如何使用高德地图，从而让读者了解基于位置服务的手机软件的开发过程。

13.1 基于位置服务

基于位置服务（LBS），是通过电信移动运营商的无线电通信网络（如 3G 网络、4G 网络）或外部定位方式（如 GPS）获取移动终端用户的地理坐标位置信息，在地理信息系统（GIS）平台的支持下，为用户提供相应服务的一种增值业务。它包括两层含义：首先是确定移动设备或用户所在的地理位置；其次是提供与位置相关的各类信息服务，即与定位相关的各类服务系统，简称“定位服务”，也称为“移动定位服务”系统，例如找到手机用户的当前地理位置，然后寻找手机用户当前位置处 1 千米范围内的宾馆、影院、图书馆、银行、加油站等的名称和地址。所以 LBS 就是要借助互联网或无线网络，在固定用户或移动用户之间，完成定位和服务两大功能。1994 年，美国学者 Schilit 首先提出了位置服务的三大目标：你在哪里（空间信息）、你和谁在一起（社会信息）、附近有什么资源（信息查询），这也成为 LBS 最基础的内容。

总体上看 LBS 由移动通信网络和计算机网络结合而成，两个网络之间通过网关实现交互。移动终端通过移动通信网络发出请求，经过网关传递给 LBS 服务平台；服务平台根据用户请求和用户当前位置进行处理，并将结果通过网关返回给用户。其中移动终端可以是移动电话、个人数字助理（Personal Digital Assistant，PDA）、手持计算机（Pocket PC），也可以是通过 Internet 通信的台式计算机（desktop PC）。服务平台主要包括 Web 服务器

（Web Server）、定位服务器（Location Server）和 LDAP（Lightweight Directory Access Protocol）服务器。

目前，常用的基于位置服务的应用包括附近搜索、LBS+团购、优惠信息推送服务、会员卡与票务模式、定位导航、公交乘车路线，等等。

13.2　高德地图 API

高德地图是高德提供的一项网络地图搜索服务，覆盖了国内近 400 个城市、数千个区县。在高德地图里，用户可以查询街道、商场、楼盘的地理位置，也可以找到距用户最近的所有餐馆、学校、银行、公园等。高德地图拥有导航功能、实时公交到站信息功能、优化路线算法功能、实时路况功能；与此同时，高德地图还提供丰富的周边生活信息，自动定位团购、优惠信息，查外卖，呈现丰富的商家信息。

高德地图可以在 Web、Android、iOS 等不同的开发平台上使用。在这里主要介绍在 Android 平台上的使用，主要有以下几个方面。

（1）定位功能。高德地图 Android 定位 SDK 是为 Android 移动端应用提供的一套简单易用的 LBS 定位服务接口，专注于为广大开发者提供最好的综合定位服务，通过使用高德地图定位 SDK，开发者可以轻松为应用程序实现智能、精准、高效的定位功能。

（2）鹰眼轨迹。高德鹰眼轨迹 Android SDK 是一套基于 Android 2.1 及以上版本设备的轨迹服务应用程序接口。配合鹰眼轨迹产品，可以开发适用于移动设备的轨迹追踪应用，轻松实现实时轨迹追踪、历史轨迹查询、地理围栏报警等功能。

（3）导航功能。高德 Andriod 导航 SDK 为 Android 移动端应用提供了一套简单易用的导航服务接口，适用于 Android 2.1 及以上版本。专注于为广大开发者提供最好的导航服务，通过使用高德导航 SDK，开发者可以轻松为应用程序实现专业、高效、精准的导航功能。

（4）基础地图。高德地图 Android SDK 是一套基于 Android 2.1 及以上版本设备的应用程序接口。可以使用该套 SDK 开发适用于 Android 系统移动设备的地图应用；通过调用地图 SDK 接口，可以轻松访问高德地图服务和数据，构建功能丰富、交互性强的地图类应用程序。

（5）LBS 云检索。高德地图 LBS 云是高德地图针对 LBS 开发者全新推出的平台级服务，不仅适用 PC 应用开发，同时适用移动设备应用的开发。使用 LBS 云，可以实现移动开发者存储海量位置数据的服务器零成本及维护压力，且支持高效检索用户数据，实现地图展现。检索 LBS 云内开发者自有数据有三个步骤：①数据存储。首先开发者需要将待检索数据存入 LBS 云。②检索。利用 SDK 为开发者提供接口检索自己的数据。③展示。开发者可根据自己的实际需求以多种形式（如结果列表、地图模式等）展现自己的数据。

（6）检索功能。目前高德地图 SDK 所集成的检索服务包括 POI 检索、公交信息查询、线路规划、地理编码、在线建议查询等。

（7）计算工具。高德地图 SDK 目前提供的工具有。调启高德地图、空间计算、坐标转换、空间关系判断、收藏夹等，帮助开发者实现丰富的 LBS 功能。

（8）全景功能。高德 Android 全景 SDK 是为 Android 移动平台提供的一套全景图服务接口，面向广大开发者提供全景图的检索、显示和交互功能，从而更加清晰方便地展示目标位置的周边环境。

Note

13.3 系统总体设计

对于物流公司来说，如何有效地管理每一辆物流车辆，了解车辆的形式轨迹，从而有效地进行车辆的调度，是一件非常重要的事情。对于 PC 端的管理系统，已经日渐丰富、成熟，但是 PC 端系统的使用受限于移动性差，不能随时随地查看掌握。而随着智能手机及 4G/5G 网络的发展，通过手机实时查看、掌握物流车辆轨迹成为现实，也成为目前系统的极大需求。

13.3.1 系统结构设计

基于高德地图的物理车辆轨迹 App 的功能主要包括用户登录、车辆监控、车辆轨迹回放、里程统计等。

（1）用户登录：用来检测是否为合法用户。

（2）车辆监控：在高德地图中显示车辆位置，并且每 10 秒自动刷新车辆位置；能够按照车牌号或者 Sim 号查询车辆。

（3）车辆轨迹：根据时间段查询某一辆车的轨迹，在地图中画出车辆行驶的轨迹，并且能够进行回放。

（4）里程统计：对某个车队或者单位在一定时间段内行驶的里程进行统计。

本系统结构图如图 13-1 所示。

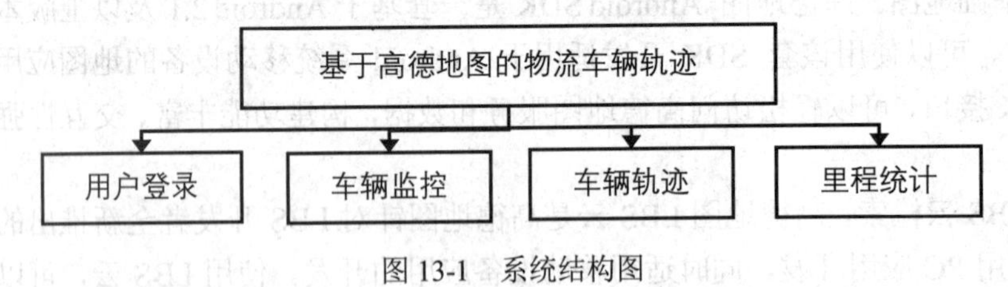

图 13-1 系统结构图

13.3.2 系统网络设计

本系统针对 Android 手机进行开发，通过本 App 进行物流车辆轨迹跟踪。为了满足本 App 的实际需求，需要对系统的网络架构进行良好的设计。本系统的网络结构设计如下。

（1）数据库服务器：存放本系统的数据库。

（2）WebService 服务器：通过 WebService 访问数据库服务器，获取车辆及车辆轨迹

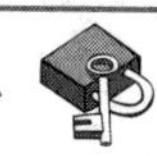

的数据；提供访问数据库的接口函数。

（3）手机 App：手机 App 通过 3G/4G/5G 网络访问 WebService 服务器，调用 WebService 提供的数据库访问接口获取数据，然后在手机 App 中显示数据。

本系统网络结构设计如图 13-2 所示。

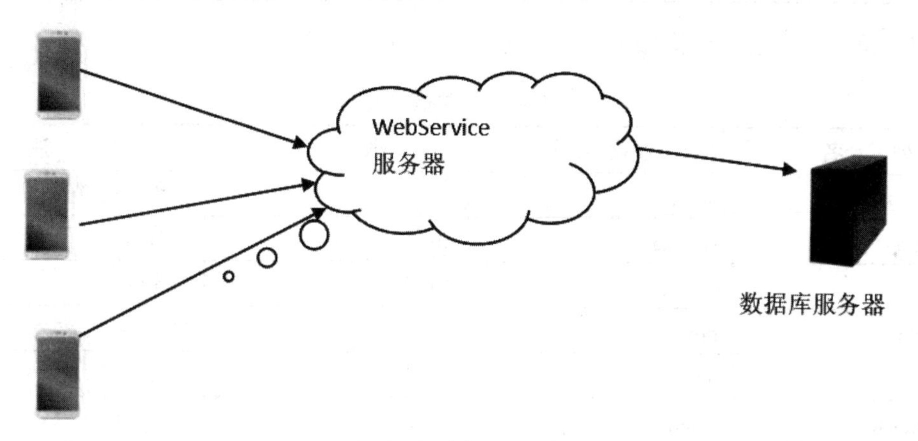

图 13-2　系统网络结构设计图

13.3.3　数据库设计

根据系统需求，对系统的数据库设计如下。

（1）用户表，结构如表 13-1 所示。

表 13-1　用户表

列　　名	数 据 类 型	长　　度	备　　注
userID	Int		用户 ID，主键
userName	nvarchar	20	用户姓名
password	nvarchar	50	密码
Company	nvarchar	50	用户单位
phoneNum	nvarchar	15	电话号码
Email	nvarchar	20	电子信箱

（2）组织结构表，结构如表 13-2 所示。

表 13-2　组织机构表

列　　名	数 据 类 型	长　　度	备　　注
CATEGORY_ID	Int		主键，机构 ID
PARENT_CATEGORY_ID	Int		上级机构 ID

Note

续表

列　名	数据类型	长　度	备　注
CATEGORY_NAME	nvarchar	255	机构名称
TOP_CATEGORY_ID	int		最上级机构 ID

（3）位置信息表，结构如表 13-3 所示。

表 13-3　位置信息表

列　名	数据类型	长　度	备　注
locationID	bigint		主键，自增列
vehicleno	varchar	30	车牌号
simNo	varchar	20	Sim 号
longitude	float		经度
latitude	float		纬度
locationDate	datetime		定位时间
tMileage	float		总里程

（4）车辆信息表，结构如表 13-4 所示。

表 13-4　车辆信息表

列　名	数据类型	长　度	备　注
vehicleID	Int		主键，自增列
simNo	nvarchar		Sim 号
vehicleNo	nvarchar		车牌号
vehicleUnit	Int		车辆所在单位编号

13.4　申请高德地图 Key

高德地图 Android SDK 是一套地图开发调用接口，供开发者在自己的 Android 应用中加入地图相关的功能。开发者可以轻松地开发出地图显示与操作、室内外一体化地图查看、兴趣点搜索、地理编码、离线地图等功能。在使用高德地图之前，需要先申请相应的 Key。

申请高德地图 Key 的过程如下：

（1）按照高德地图官方网站说明，注册成为高德地图用户。

（2）注册成功后，按照提示申请成为高德开发者。

（3）申请 Key。

① 创建应用，如图 13-3 所示。

图 13-3　创建应用

② 为应用添加 Key，如图 13-4 所示。

图 13-4　为应用添加 Key

注意

① 在 Android Studio 的 Terminal 中，输入命令 keytool -v -list -keystore 以及 keystore 文件路径（keystore 文件在 build/Generated Signed Apk 下创建 keystore，选定生成文件夹、Alias、password 等信息，完成创建），然后按 Enter 键，出现输入密钥库密码的提示，输入自己所设置的密码，即可看到发布版的 SHA1，如图 13-5 所示。

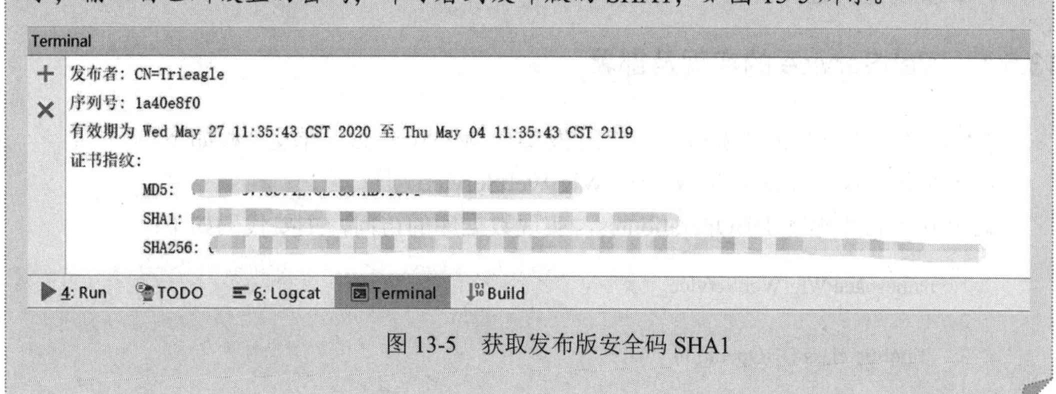

图 13-5　获取发布版安全码 SHA1

Note

② 调试版安全码 SHA1 获取方法。可以打开 Android studio 中 LogisticStrail 项目，要求项目能构建成功而没有错误。单击 Android studio 软件右侧的工具栏 Gradle，依次单击“项目名”/:app/Tasks/Android，双击 signingReport，在工具栏 Gradle console（一般在 Android studio 软件底部）看到调试版的 SHA1，结果如图 13-6 所示。图中的 SHA1 便是调试版的 SHA1。

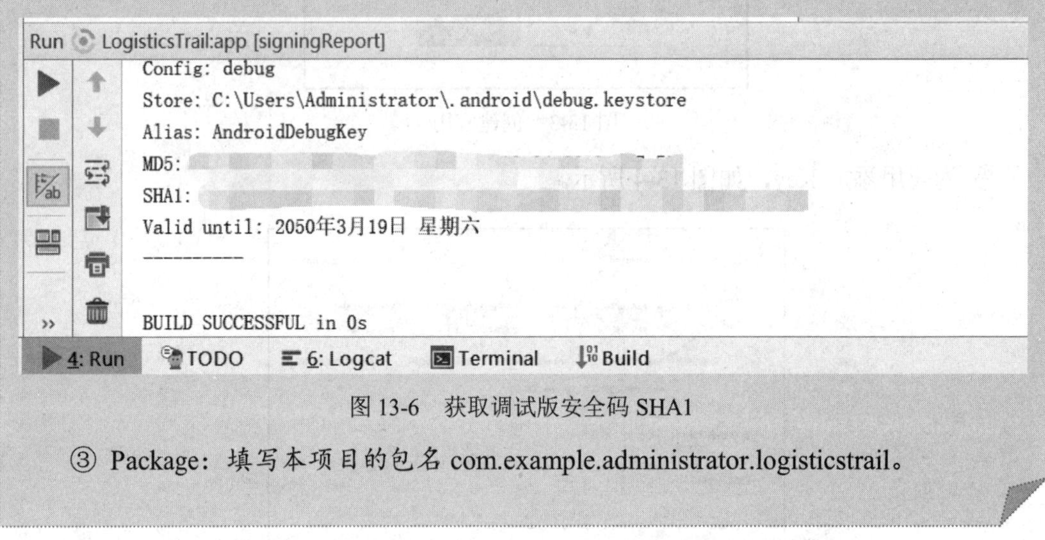

图 13-6 获取调试版安全码 SHA1

③ Package：填写本项目的包名 com.example.administrator.logisticstrail。

13.5 系统实现

在经过上面的总体设计后，本节开始系统的实现工作。在开发实现过程中，主要完成以下工作：

（1）WebService 的开发实现及部署。

（2）将高德地图加入项目中。

（3）实现数据库访问类。

（4）实现手机客户端。

13.5.1 WebService 的实现及部署

在本项目中使用 Visual Studio 2017 开发实现 WebService。开发过程如下。

（1）使用 Visual Studio 2017 创建 WlgjWebService 项目。

（2）在项目中增加 DBOperation.cs，实现数据库的访问，主要代码如下：

```
1  namespace WlgjWebService
2  {
3    public class DBOperation
4    {
5       public SqlConnection sqlCon;  //用于连接数据库
```

```
6         private String ConServerStr = ConfigurationManager.ConnectionStrings["SqlConnStr"].
                                        ConnectionString;
7         //默认构造函数
8         public DBOperation()
9         {
10         }
11         //连接数据库
12         public void ConnectDb()
13         {
14             sqlCon = new SqlConnection();
15             sqlCon.ConnectionString = ConServerStr;
16             sqlCon.Open();
17         }
18         //根据用户名和密码查询验证用户合法
19         public Boolean QueryUserInfo(string userName,string password)
20         {
21             Boolean flag=false;
22             try
23             {
24                 ConnectDb();
25                 string sql = "select userName from userInfo where userName='" + userName +
                           "'and password='" + password + "'";
26                 SqlCommand cmd = new SqlCommand(sql,sqlCon);
27                 SqlDataReader reader = cmd.ExecuteReader();
28                 while (reader.Read())
29                 {
30                     flag= true;
31                 }
32                 reader.Close();
33                 sqlCon.Close();
34             }
35             catch(Exception e)
36             {
37                 flag= false;
38                 sqlCon.Close();
39             }
40             return flag;
41         }
42         //根据机动车号或者 Sim 号查询车牌号
43         public List<string> QueryVehicleInfo(string simNo,string vehicleNo)
44         {
45             List<string> list = new List<string>();
46             try
47             {
48                 ConnectDb();
49                 string sql = "select vehicleNo,simNo,latitude,longitude from locationInfo"+
```

Note

```
50                    " where (vehicleNo is not null) and (latitude between -90 and 90) "+
51                    " and (longitude between -180 and 180) and (simNo like '%"+simNo+
                          "%' or vehicleNo like '%"+vehicleNo+"%')";
52              SqlCommand cmd = new SqlCommand(sql, sqlCon);
53              SqlDataReader reader = cmd.ExecuteReader();
54              while (reader.Read())
55              {
56                  list.Add(reader[0].ToString());
57                  list.Add(reader[1].ToString());
58                  list.Add(reader[2].ToString());
59                  list.Add(reader[3].ToString());
60              }
61              reader.Close();
62              sqlCon.Close();
63          }
64          catch (Exception e)
65          {
66              list.Add(e.Message);
67          }
68          return list;
69      }
70      //根据 Sim 号查询车辆轨迹
71      public List<string> QueryTrailInfo(string simNo,string beginDate,string endDate)
72      {
73          List<string> list = new List<string>();
74          try
75          {
76              ConnectDb();
77              SqlCommand cmd = new SqlCommand();
78              cmd.CommandType = CommandType.StoredProcedure;
79              cmd.CommandText = "p_QueryTrailInfo";
80              cmd.Connection = sqlCon;
81              cmd.Parameters.Add(new SqlParameter("@simno", simNo));
82              cmd.Parameters.Add(new SqlParameter("@begindate", beginDate));
83              cmd.Parameters.Add(new SqlParameter("@enddate", endDate));
84              SqlDataReader reader = cmd.ExecuteReader();
85              while (reader.Read())
86              {
87                  //将结果集信息添加到返回向量中
88                  list.Add(reader[].ToString());
89                  list.Add(reader[1].ToString());
90                  list.Add(reader[2].ToString());
91              }
92              reader.Close();
93              sqlCon.Close();
94          }
```

```
95          catch (Exception e)
96          {
97              list.Add(e.Message);
98          }
99          return list;
100     }
101     //查询企业单位
102     public List<string> QueryTopOrganize()
103     {
104         List<string> list = new List<string>();
105         try
106         {
107             ConnectDb();
108         string sql = "select CATEGORY_ID,CATEGORY_NAME from organizestruct
                    where   PARENT_CATEGORY_ID=0 ";
109             SqlCommand cmd = new SqlCommand(sql, sqlCon);
110             SqlDataReader reader = cmd.ExecuteReader();
111             while (reader.Read())
112             {
113                 list.Add(reader[0].ToString());
114                 list.Add(reader[1].ToString());
115             }
116             reader.Close();
117             sqlCon.Close();
118         }
119         catch (Exception e)
120         {
121             list.Add(e.Message);
122         }
123         return list;
124     }
125     //查询企业车队
126     public List<string> QueryOrganize(String parentID)
127     {
128         List<string> list = new List<string>();
129         try
130         {
131             ConnectDb();
132             string sql = "select CATEGORY_ID,CATEGORY_NAME from organizestruct
                        where   PARENT_CATEGORY_ID= '" + parentID+"'";
133             SqlCommand cmd = new SqlCommand(sql, sqlCon);
134             SqlDataReader reader = cmd.ExecuteReader();
135             while (reader.Read())
136             {
137                 list.Add(reader[0].ToString());
138                 list.Add(reader[1].ToString());
```

Note

```
139                 }
140                 reader.Close();
141                 sqlCon.Close();
142             }
143             catch (Exception e)
144             {
145                 list.Add(e.Message);
146             }
147             return list;
148         }
149         //查询车队里程
150         public List<string> QueryOrganizeMile(int category_id,int days)
151         {
152             List<string> list = new List<string>();
153             try
154             {
155                 ConnectDb();
156                 SqlCommand cmd = new SqlCommand();
157                 cmd.CommandType = CommandType.StoredProcedure;
158                 cmd.CommandText = "p_cntMile";
159                 cmd.Connection = sqlCon;
160                 cmd.Parameters.Add(new SqlParameter("@org_category_id", category_id));
161                 cmd.Parameters.Add(new SqlParameter("@day",days));
162                 SqlDataReader reader = cmd.ExecuteReader();
163                 while (reader.Read())
164                 {
165                     list.Add(reader[0].ToString());
166                     list.Add(reader[1].ToString());
167                     list.Add(reader[2].ToString());
168                 }
169                 reader.Close();
170                 sqlCon.Close();
171             }
172             catch (Exception e)
173             {
174                 list.Add(e.Message);
175             }
176             return list;
177         }
178     }
179 }
```

说明：

- 第 6 行：从 WebConfig 中获取数据库连接字符串。
- 第 19～41 行：根据用户名和密码验证用户是否合法，如果合法，返回真，否则返

回假。其中，第 24 行调用 ConnectDb()方法，连接数据库。

- 第 43～69 行：根据机动车号或者 Sim 号查询车牌号，通过 SqlDataReader 读取查询结果放到 List 中进行返回。第 53 行执行第 49 行的 SQL 命令。
- 第 71～100 行：调用存储过程 p_QueryTrailInfo 查询车辆轨迹，参数为 Sim 号，并将查询结果放入 List 中进行返回。
- 第 102～124 行：查询企业单位信息，并将查询结果放入 List 中进行返回。
- 第 126～148 行：根据企业单位的 ID 号，查询其所属车队，并将查询结果放入 List 中进行返回。
- 第 150～178 行：根据单位 ID（企业或者车队）调用存储过程 p_cntMile 统计车辆里程，并将统计结果放入 List 中进行返回。

（3）在 DBOperateService.asmx 文件中，进行函数接口声明，主要代码如下所示：

```
1   namespace WlgjWebService
2   {
3       [WebService(Namespace = "http://tempuri.org/")]
4         [WebServiceBinding(ConformsTo = WsiProfiles.BasicProfile1_1)]
5       [System.ComponentModel.ToolboxItem(false)]
6       public class DBOperateService : System.Web.Services.WebService
7       {
8               DBOperation dbOperation = new DBOperation();
9               [WebMethod(Description = "根据用户名与密码获取用户信息")]
10              public Boolean QueryUserInfo(string userName, string password)
11              {
12                  return dbOperation.QueryUserInfo(userName,password);
13              }
14              [WebMethod(Description = "根据车牌号或 Sim 号获取车辆信息")]
15              public List<string> QueryVehicleInfo(string simNo, string vehicleNo)
16              {
17                  return dbOperation.QueryVehicleInfo(simNo,vehicleNo);
18              }
19              [WebMethod(Description = "根据车牌号查询 7 天内车辆轨迹")]
20              public List<string> QueryTrailInfo(string simNo, string beginDate, string endDate)
21              {
22                  return dbOperation.QueryTrailInfo(simNo,beginDate,endDate);
23              }
24              [WebMethod(Description = "查询企业")]
25              public List<string> QueryTopOrganize()
26              {
27                  return dbOperation.QueryTopOrganize();
28              }
29              [WebMethod(Description = "查询车队")]
30              public List<string> QueryOrganize(String parentID)
31              {
```

```
32                  return dbOperation.QueryOrganize(parentID);
33              }
34              [WebMethod(Description = "统计车队里程")]
35              public List<string> QueryOrganizeMile(int category_id, int days)
36              {
37                  return dbOperation.QueryOrganizeMile(category_id, days);
38              }
39          }
40      }
```

Note

（4）在 WebConfig 文件的<connectionStrings>节点中，增加数据库连接字符串的声明，代码如下：

```
<connectionStrings>
    <add name="SqlConnStr" connectionString="Data Source=(localhost);Initial Catalog=
logisticstrail;Persist Security Info=True;User ID=sa;Password=123456" />
</connectionStrings>
```

（5）将该项目发布在 IIS 服务器中。

13.5.2 将高德地图加入项目中

将高德地图加入项目的步骤如下。

（1）下载开发包。

从网站下载相关开发包并解压：

① 3D 地图包解压后得到：3D 地图显示包 AMap_3DMap_VX.X.X_时间.jar 和库文件夹（包含 armeabi、arm64-v8a 等库文件）。

② 2D 地图包解压后得到：2D 地图显示包 AMap_2DMap_VX.X.X_时间.jar。

③ 搜索包解压后得到：AMap_Search__VX.X.X_时间.jar。

（2）申请 API Key。

为保证服务可以正常使用，开发人员需要注册成开发者并申请 Key。每个账户最多可以申请 30 个 Key。

（3）配置工程。

在开发工程中新建 libs 文件夹，将地图包（2D 或 3D）、搜索包复制到 libs 的根目录下。若选择 3D 地图包，还需要将各库文件夹一起复制。复制完成后的工程目录（以 3D V2.2.0 为例）如图 13-7 所示。

注意

若在 Eclipse 上使用 adt22 版本插件，则需要在 Eclipse 上进行如下配置：选中 Eclipse 的工程，右击选择 Properties/Java Build Path/Order and Export，选中 Android Private Libraries。

```
∨ LogisticsTrail  G:\AndroidStudioProjects\LogisticsTrail
  > .gradle
  > .idea
  ∨ app
    > build
    ∨ libs
      > AMap_3DMap_V2.3.1.jar
      > AMap_Services_V2.4.0.jar
      > android-support-v4.jar
      > Android_2DMapApi_V2.4.1.jar
      > Android_Location_V1.3.2.jar
      > BASE64Encoder.jar
      > sun.misc.BASE64Decoder.jar
```

图 13-7　工程目录

（4）配置 AndroidManifest.xml。

① 添加用户 Key。在工程的 AndroidManifest.xml 文件中添加前面申请的用户 Key，代码如下：

```
<application android:icon="@drawable/icon" android:label="@string/app_name">
    <meta-data android:name="com.amap.api.v2.apikey" android:value="请输入您的用户
            Key"></meta-data>
    <activity android:name="com.amap.map3d.demo.MainActivity">
      <intent-filter>
        <action android:name="android.intent.action.MAIN">
        <category android:name="android.intent.category.LAUNCHER">
      </category></action></intent-filter>
    </activity>
</application>
```

② 添加所需权限。在工程的 AndroidManifest.xml 文件中进行添加，代码如下：

```
<uses-permission android:name="android.permission.INTERNET" />
<uses-permission android:name="android.permission.WRITE_EXTERNAL_STORAGE" />
<uses-permission android:name="android.permission.ACCESS_NETWORK_STATE" />
<uses-permission android:name="android.permission.ACCESS_WIFI_STATE" />
<uses-permission android:name="android.permission.READ_PHONE_STATE" />
<uses-permission android:name="android.permission.ACCESS_COARSE_LOCATION" />
//定位包、导航包需要的额外权限（基础权限也需要）
<uses-permission android:name="android.permission.ACCESS_FINE_LOCATION" />
<uses-permission
    android:name="android.permission.ACCESS_LOCATION_EXTRA_COMMANDS" />
<uses-permission android:name="android.permission.ACCESS_MOCK_LOCATION" />
<uses-permission android:name="android.permission.CHANGE_WIFI_STATE" />
```

Note

③ 在布局xml文件中添加地图控件，代码如下：

```
<com.amap.api.maps.MapView
    android:id="@+id/map"
    android:layout_width="match_parent"
    android:layout_height="match_parent">
</com.amap.api.maps.MapView>
```

13.5.3 实现数据库访问类

在13.5.1节中，实现了本系统所需要的WebService。本数据库访问类的作用是通过调用该WebService的数据库访问接口，来访问数据库。在本节需要增加两个类：HttpConnSoap与DBUtil类。HttpConnSoap类将DBUtil类中方法传递的参数以POST方法访问WebService提供的接口，同时对返回的结果进行解析，获取数据。

在创建数据库访问类时，在项目中增加com.example.DbUtil包，在该包中增加HttpConnSoap.java与DBUtil.java类文件。其中DBUtil类文件代码如下：

```
1 package com.example.DbUtil;
2 import java.sql.Connection;
3 import java.util.ArrayList;
4 import java.util.HashMap;
5 import java.util.List;
6 public class DBUtil {
7     private ArrayList<String> arrayList = new ArrayList<String>();
8     private ArrayList<String> brrayList = new ArrayList<String>();
9     private ArrayList<String> crrayList = new ArrayList<String>();
10     private HttpConnSoap Soap = new HttpConnSoap();
11     public static Connection getConnection() {
12         Connection con = null;
13         try {
14         } catch (Exception e) {
15             //e.printStackTrace();
16         }
17         return con;
18     }
19     public int QueryUserInfo(String userName,String password)
20     {
21         int flag=;
22         try
23         {
24             arrayList.clear();
25             brrayList.clear();
26             crrayList.clear();
27             arrayList.add("userName");
28             arrayList.add("password");
```

```
29                 brrayList.add(userName);
30                 brrayList.add(password);
31                 crrayList=Soap.GetWebServre("QueryUserInfo", arrayList, brrayList);
32                 if(crrayList.get().toString().equals("false"))
33                 {
34                     flag=;
35                 }
36                 else if(crrayList.get().toString().equals("true"))
37                 {
38                     flag=1;
39                 }
40                 else if(crrayList.get().toString().contains("ConnectNetworkFail"))
41                 {
42                     flag=2;
43                 }
44             }
45             catch(Exception e){
46                 System.out.println(e.getMessage());
47                 flag=2;
48             }
49             return flag;
50         }
51         public  List<HashMap<String, String>>  QueryVehicleInfo(String value)
52         {
53             List<HashMap<String, String>> list = new ArrayList<HashMap<String, String>>();
54             arrayList.clear();
55             brrayList.clear();
56             crrayList.clear();
57             list.clear();
58             arrayList.add("simNo");
59             arrayList.add("vehicleNo");
60             brrayList.add(value);
61             brrayList.add(value);
62             crrayList=Soap.GetWebServre("QueryVehicleInfo", arrayList, brrayList);
63             if(crrayList!=null)
64             {
65                 for (int j = ; j < crrayList.size(); j +=4) {
66                     HashMap<String, String> hashMap = new HashMap<String, String>();
67                     hashMap.put("vehicleNo", crrayList.get(j));
68                     hashMap.put("simNo", crrayList.get(j+1));
69                     hashMap.put("latitude", crrayList.get(j + 2));
70                     hashMap.put("longitude", crrayList.get(j + 3));
71                     list.add(hashMap);
72                 }
73             }
74             return list;
```

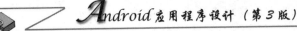

Note

```
75    }
76    public  List<HashMap<String, String>>  QueryTrailInfo( String simNo,String beginDate,
          String endDate)
77    {
78        List<HashMap<String, String>> list = new ArrayList<HashMap<String, String>>();
79        arrayList.clear();
80        brrayList.clear();
81        crrayList.clear();
82        list.clear();
83        arrayList.add("simNo");
84        arrayList.add("beginDate");
85        arrayList.add("endDate");
86        brrayList.add(simNo);
87        brrayList.add(beginDate);
88        brrayList.add(endDate);
89        crrayList=Soap.GetWebServre("QueryTrailInfo", arrayList, brrayList);
90        if(crrayList!=null)
91        {
92            for (int j = ; j < crrayList.size(); j +=3) {
93                HashMap<String, String> hashMap = new HashMap<String, String>();
94                hashMap.put("locationDate", crrayList.get(j));
95                hashMap.put("latitude", crrayList.get(j + 1));
96                hashMap.put("longitude", crrayList.get(j + 2));
97                list.add(hashMap);
98            }
99        }
100       return list;
101   }
102   public List<HashMap<String, String>> QueryTopOrganize()
103   {
104       List<HashMap<String, String>> list = new ArrayList<HashMap<String, String>>();
105       arrayList.clear();
106       brrayList.clear();
107       crrayList.clear();
108       crrayList=Soap.GetWebServre("QueryTopOrganize", arrayList, brrayList);
109        if(crrayList!=null)
110          {
111              for (int j = 0; j < crrayList.size(); j +=2) {
112
113                  HashMap<String, String> hashMap = new HashMap<String, String>();
114                  hashMap.put("CATEGORY_ID", crrayList.get(j));
115                  hashMap.put("CATEGORY_NAME", crrayList.get(j + 1));
116                  list.add(hashMap);
117              }
118          }
```

```
119          return list;
120      }
121      public List<HashMap<String, String>> QueryOrganize(String parentID)
122      {
123          List<HashMap<String, String>> list = new ArrayList<HashMap<String, String>>();
124          arrayList.clear();
125          brrayList.clear();
126          crrayList.clear();
127          arrayList.add("parentID");
128          brrayList.add(parentID);
129          crrayList=Soap.GetWebServre("QueryOrganize", arrayList, brrayList);
130           if(crrayList!=null)
131              {
132                  for (int j = 0; j < crrayList.size(); j +=2) {
133                      HashMap<String, String> hashMap = new HashMap<String, String>();
134                      hashMap.put("CATEGORY_ID", crrayList.get(j));
135                      hashMap.put("CATEGORY_NAME", crrayList.get(j + 1));
136                      list.add(hashMap);
137                  }
138              }
139          return list;
140      }
141      public ArrayList <String> QueryOrganizeMile(String category_id,String days)
142      {
143          arrayList.clear();
144          brrayList.clear();
145          crrayList.clear();
146          arrayList.add("category_id");
147          arrayList.add("days");
148          brrayList.add(category_id);
149          brrayList.add(days);
150          crrayList=Soap.GetWebServre("QueryOrganizeMile", arrayList, brrayList);
151          return crrayList;
152      }
153  }
```

说明：

- 第 7～9 行：定义三个 ArrayList 对象，其中 arrayList、brrayList 用来传递调用 WebService 方法所需要的参数，crrayList 存放返回的结果。
- 第 10 行：定义 HttpConnSoap 对象，用来调用 WebService()方法。
- 第 19～50 行：根据用户名与密码验证用户是否合法。其中，第 24～26 行清空三个字符串 List，避免以前传递的参数影响程序的执行；第 27～30 行将参数加入字符串 List 中，其中 27、28 行为参数的名字和密码，第 29、30 行为参数对应的值；

第 31 行通过 Soap 对象调用 WebService()的方法 QueryUserInfo；第 32～44 行根据 WebService()方法的返回值进行相应的处理。

- 第 51～75 行：查询车辆位置信息。第 62 行调用 WebService()的方法 QueryVehicleInfo。从 13.5.1 节可以看到，QueryVehicleInfo()方法将车辆信息的查询结果（包含机动车号、Sim 号、经度、纬度）放到一个 List 中，即在 List 中四项表示一个完整车辆位置信息，所以在第 65 行循环的增量为 4。第 65～72 行从 List 中取四项形成一个车辆位置信息的 hashMap，并将该 haspMap 加入 List 中。
- 第 76～101 行：根据 Sim 号、开始时间、结束时间查询车辆的轨迹信息。详细的实现过程与查询车辆位置信息相似，不再详述。
- 第 102～120 行：查询企业单位信息。
- 第 121～140 行：查询企业单位下所属车队信息。
- 第 141～152 行：查询单位及其下属车队的里程统计信息。

13.5.4 手机客户端实现

在手机客户端中主要实现的功能包括用户登录、系统主界面、车辆监控、轨迹回放及里程统计。下面对每一个功能模块进行介绍，并对其中的核心代码进行解释说明。

1. 用户登录

本模块主要对登录用户进行身份验证，用户输入用户名和密码后，通过调用 DBUtil 类的 QueryUserInfo()方法对用户进行身份验证。在 13.5.3 节中可以看到 DBUtil 调用了 WebService 的 QueryUserInfo()方法，并根据执行情况返回三种不同的结果，如果返回 0，说明验证成功；返回 1，说明验证失败；返回 2，说明网络连接失败。主要代码如下：

```
1   bt_Login.setOnClickListener(new Button.OnClickListener()
2       {
3           @Override
4           public void onClick(View arg0) {
5               try
6               {
7                   EditText et_userName=(EditText)findViewById(R.id.et_userName);
8                   EditText et_password=(EditText)findViewById(R.id.et_password);
9                   String userName=et_userName.getText().toString();
10                  String password=et_password.getText().toString();
11                  if(userName.equals("") || password.equals(""))
12                  {
13                    Toast.makeText(LoginActivity.this, "请输入用户名与密码",
                              Toast.LENGTH_LONG).show();
14                    return;
15                  }
16                  else
17                  {
```

```
18                  if(dbUtil.QueryUserInfo(userName, pwd)==1)
19                  {
20                      Intent intent=new Intent();
21                      intent.setClass(LoginActivity.this,MainActivity.class);
22                      startActivity(intent);
23                  }
24                  else if(dbUtil.QueryUserInfo(userName, pwd)==0)
25                  {
26                    Toast.makeText(LoginActivity.this, "用户名密码错误",
                                              Toast.LENGTH_LONG).show();
27                      return;
28                  }
29                  else if(dbUtil.QueryUserInfo(userName, pwd)==2)
30                  {
31                      Toast.makeText(LoginActivity.this, "网络连接失败",
                                              Toast.LENGTH_LONG).show();
32                      return;
33                  }
34              }
35          }
36          catch(Exception e)
37          {
38              System.out.println(e.getMessage());
39          }
40      }
41  });
```

说明：

第 18～33 行：调用数据库访问类 DBUtil 的 QueryUserInfo()方法。

登录界面运行结果如图 13-8 所示。

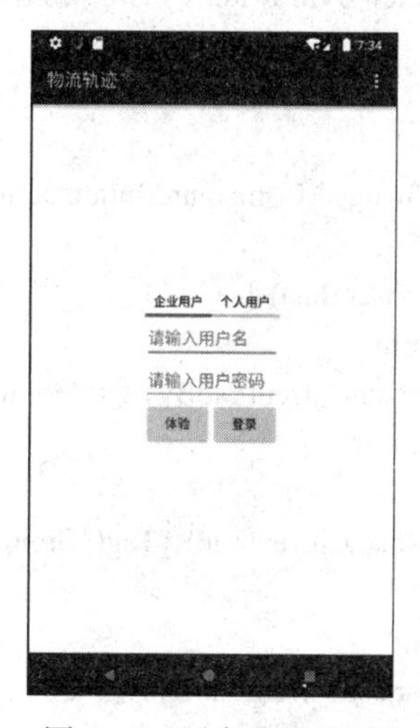

图 13-8 用户登录界面

Note

2．系统主界面

本系统主界面采用时下流行的选项卡来完成，类似于微信界面，方便在不同的功能界面之间进行切换。在主界面中，实现了四个选项卡：监控、分组、统计、更多。对于本系统来说，要实现的功能在“监控”与“统计”选项卡中。在主界面中，点击屏幕底部的选项卡标签（使用 RadioButton 实现），显示相应选项卡的界面，默认显示的是“监控”界面。主界面主要代码如下：

```
1   package com.example.logisticstrail;
2
3   public class MainActivity extends TabActivity implements OnCheckedChangeListener{
4       private TabHost mTabHost;
5       private Intent monitorIntent;
6       private Intent groupIntent;
7       private Intent countIntent;
8       private Intent moreIntent;
9     /** Called when the activity is first created. */
10    @Override
11    public void onCreate(Bundle savedInstanceState) {
12        super.onCreate(savedInstanceState);
13        requestWindowFeature(Window.FEATURE_NO_TITLE);
14        setContentView(R.layout.mainactivity);
15        this.monitorIntent = new Intent(this,MonitorActivity.class);
16        this.groupIntent = new Intent(this,GroupActivity.class);
17        this.countIntent = new Intent(this,CountActivity.class);
18        this.moreIntent = new Intent(this,MoreActivity.class);
19        ((RadioButton) findViewById(R.id.rb_monitor)).setOnCheckedChangeListener(this);
20        ((RadioButton) findViewById(R.id.rb_group)).setOnCheckedChangeListener(this);
21        ((RadioButton) findViewById(R.id.rb_count)).setOnCheckedChangeListener(this);
22        ((RadioButton) findViewById(R.id.rb_more)).setOnCheckedChangeListener(this);
23        setupIntent();
24    }
25    @Override
26    public void onCheckedChanged(CompoundButton buttonView, boolean isChecked) {
27        if(isChecked){
28            switch (buttonView.getId()) {
29            case R.id.rb_monitor:
30                this.mTabHost.setCurrentTabByTag("Monitor_TAB");
31                break;
32            case R.id.rb_group:
33                this.mTabHost.setCurrentTabByTag("Group_TAB");
34                break;
35            case R.id.rb_count:
36                this.mTabHost.setCurrentTabByTag("Count_TAB");
37                break;
```

```
38              case R.id.rb_more:
39                  this.mTabHost.setCurrentTabByTag("More_TAB");
40                  break;
41              }
42          }
43      }
44      private void setupIntent() {
45          this.mTabHost = getTabHost();
46          TabHost localTabHost = this.mTabHost;
47          localTabHost.addTab(buildTabSpec("Monitor_TAB", "监控", R.drawable.icon_1_n,
                                        this.monitorIntent));
48          localTabHost.addTab(buildTabSpec("Group_TAB", "分组",R.drawable.icon_2_n,
                                        this.groupIntent));
49          localTabHost.addTab(buildTabSpec("Count_TAB","统计", R.drawable.icon_3_n,
                                        this.countIntent));
50          localTabHost.addTab(buildTabSpec("More_TAB", "更多",R.drawable.icon_4_n,
                                        this.moreIntent));
51      }
52      private TabHost.TabSpec buildTabSpec(String tag, String label, int resIcon, final Intent
            content)
53      {
54                  return this.mTabHost.newTabSpec(tag).setIndicator(label,getResources().
                            getDrawable(resIcon)).setContent(content);
55      }
56 }
```

说明：

- 第 13 行：requestWindowFeature(featrueId)的功能是启用窗体的扩展特性。参数是 Window 类中定义的常量，常量取值如下。①DEFAULT_FEATURES：系统默认状态，一般不需要指定；②FEATURE_CONTEXT_MENU：启用 ContextMenu，默认该项已启用，一般无须指定；③FEATURE_CUSTOM_TITLE：自定义标题，。当需要自定义标题时必须指定，如标题是一个按钮时；④FEATURE_INDETERMINATE_PROGRESS：不确定的进度；⑤FEATURE_LEFT_ICON：标题栏左侧的图标；⑥FEATURE_NO_TITLE：没有标题；⑦FEATURE_OPTIONS_PANEL：启用“选项面板”功能，默认已启用；⑧FEATURE_PROGRESS：进度指示器功能；⑨FEATURE_RIGHT_ICON：标题栏右侧的图标。
- 第 26～43 行：实现 RadioButton 的 OnCheckedChange 监听事件，点击 RadioButton 将相应的 Activity 设置为当前选项卡的界面。
- 第 44～51 行：为 TabHost 增加选项卡。通过调用 buildTabSpec()方法（第 52～55 行），为选项卡设置图标、标题等。

系统主界面运行结果如图 13-9 所示。

图 13-9　系统主界面

3．车辆监控

本模块主要对车辆的位置进行跟踪，并在地图中显示车辆的位置。为了能够跟踪、显示车辆的位置，每 1 分钟对车辆的位置进行刷新。由于需要获取的车辆数据较多，在本模块中，通过后台线程进行网络访问，从而能够提高读取数据的效率。除了动态显示车辆位置之外，还支持通过车牌号或者 Sim 号查找车辆，并显示该车辆的位置。本模块的主要代码如下：

（1）通过在线程中访问网络，获取车辆位置信息，在 handler 类接收数据。

```
1     Handler handler = new Handler() {
2             public void handleMessage(Message msg) {
3                 if (msg.what == 1) {
4                     SearchVechicle(str_search);
5                 }
6             };
7         };
8     class ThreadShow extends Thread implements Runnable {
9         public boolean stopFlag = false;
10          @Override
11          public void run() {
12              // TODO Auto-generated method stub
13              while (!stopFlag) {
14                  try {
15                      Thread.sleep(60000);
16                      Message msg = new Message();
17                      msg.what = 1;
18                      handler.sendMessage(msg);
```

```
19                  } catch (Exception e) {
20                      // TODO Auto-generated catch block
21                      e.printStackTrace();
22                  }
23              }
24          }
25          public void stopShow() {
26              stopFlag = true;
27          }
28          public void ReShow() {
29              stopFlag = false;
30          }
31      }
```

说明：

- 第 4 行：调用 SearchVechicle()方法，搜索车辆位置。
- 第 15 行：线程休息 1 分钟，即线程每分钟获取 1 次数据，动态刷新车辆位置。

（2）根据输入的车牌号或者 Sim 号搜索车辆。

```
1   private void SearchVechicle(String str_search)
2   {
3           vehicleList = dbUtil.QueryVehicleInfo(str_search);
4           if(vehicleList.size()!=0)
5           {
6               addMarkersToMap(vehicleList);
7           }
8           else
9           {
10                  Toast.makeText(MonitorActivity.this, "没有获取到数据",
                                    Toast.LENGTH_LONG).show();
11          }
12  }
```

说明：

- 第 3 行：调用 DBUtil 类的 QueryVehicleInfo()方法，根据所输入的车牌号或者 Sim 号搜索车辆位置信息，并返回 vehicleList。QueryVehicleInfo()方法详细代码参见 13.5.3 节。
- 第 6 行：调用 addMarkersToMap()，根据车辆的位置在地图中增加车辆图标。

（3）在地图中增加车辆标记。

```
1   private void addMarkersToMap(List<HashMap<String, String>> list) {
2       try
3       {
4           aMap.clear();
5           for(Map<String,   String> q :list)
```

```
6            {
7                LatLng   latlng = new LatLng(Double.parseDouble(q.get("latitude").toString()),
                                  Double.parseDouble(q.get("longitude").toString()));
8                Marker marker = aMap.addMarker(new MarkerOptions()
9                        .position(latlng)
10                       .title(q.get("vehicleNo"))
11                       .icon(BitmapDescriptorFactory.fromResource(R.drawable.qiche))
12                       );
13               marker.showInfoWindow();
14               marker.setSnippet(q.get("simNo"));
15           }
16           LatLng latlng2=new
LatLng(Double.parseDouble(list.get(0).get("latitude").toString()),
                                  Double.parseDouble(list.get(0).get("longitude").toString()));
17           aMap.moveCamera(CameraUpdateFactory.changeLatLng(latlng2));
18       }
19       catch(Exception e)
20       {
21           System.out.println(e.getMessage());
22       }
23   }
```

说明：

- 第 4 行：清空地图原有标记。
- 第 7 行：生成坐标位置（经纬度）。
- 第 8 行：根据第 7 行的坐标位置在地图上增加汽车标记，同时设置标记的 title 及 icon。
- 第 13 行：点击汽车标记，在 InfoWindow 显示汽车的车牌号。
- 第 14 行：将 Sim 号设置为 InfoWindows 的 Snippet 属性。
- 第 16 行：生成第一辆车的坐标位置。
- 第 17 行：将地图的中心点移动到第一辆车的位置。

（4）为 InfoWindows 增加单击事件，将车辆的 simNo 作为参数，传递到时间选择界面，用来查询某个车辆在某段时间的轨迹。

```
1   public void onInfoWindowClick(Marker arg0) {
2       // TODO Auto-generated method stub
3       Intent intent=new Intent();
4       intent.setClass(this, SelectDateActivity.class);
5       Bundle b=new Bundle();
6       b.putString("simNo", arg0.getSnippet());
7       intent.putExtras(b);
8       startActivity(intent);
9   }
```

说明：

- ❒ 第 4 行：为 intent 设置类，用于跳转到时间选择界面。
- ❒ 第 6 行：在前面将 simNo 设置为 InfoWindow 的 Snippet 属性，所以通过 getSnippet() 可以获取车辆的 simNo 值。

本模块运行结果如图 13-9 所示（主界面的默认界面为车辆监控）。

4．轨迹回放

在监控界面，选择一个车辆并选择时间段后，可以显示该车辆在该时间段内的轨迹（用红色线条表示），并且可以回放该车辆的行驶轨迹。在读取车辆轨迹数据时，需要获取大量的位置数据，这需要较长的时间。为了避免长时间的获取数据对主程序造成影响，获取车辆的轨迹数据放在后台进程中进行。本模块主要代码如下：

（1）获取数据。

```
1  private void InitTrailList(final String simNO,final String begindatetime,final String enddatetime)
2      {
3          mapview.getMap().clear();
4          progressDialog = ProgressDialog.show(TrailActivity.this, "请稍等...",
                                              "获取数据中...", true);
5          new Thread(new Runnable(){
6              @Override
7              public void run() {
8                  trailList=dbUtil.QueryTrailInfo(simNO,begindatetime,enddatetime);
9                  ShowTrail(trailList);
10                 progressDialog.dismiss();
11             }}).start();
12     }
```

说明：

- ❒ 第 3 行：清空地图。
- ❒ 第 4 行：在获取数据期间，显示进度条对话框，避免界面长时间没有反应，导致用户误以为程序停止运行。
- ❒ 第 5～11 行：在线程中，获取车辆轨迹数据。其中，第 8 行调用 QueryTrailInfo() 获取车辆轨迹信息；第 9 行显示轨迹信息；第 10 行数据获取完毕后，隐藏进度条对话框。

（2）在后台线程更新轨迹回放进度条。

```
1  private Runnable runnable=new Runnable() {
2      @Override
3      public void run() {
4          ReplayTrailhandler.sendMessage(Message.obtain(ReplayTrailhandler, 1));
5      }
```

```
6       };
7       private Handler ReplayTrailhandler =new Handler()
8       {
9           public void handleMessage(android.os.Message msg) {
10              if(msg.what==1)
11              {
12                  int curProgress=processBar.getProgress();
13                  if(curProgress!=processBar.getMax())
14                  {
15                      processBar.setProgress(curProgress+1);
16                      timer.postDelayed(runnable, 500);
17                  }else
18                  {
19                      processBar.setProgress(0);
20                      Button button = (Button) findViewById(R.id.btn_replay);
21                      button.setText(" 回放 ");
22                  }
23              }
24          };
25      };
```

说明：

- 第4行：调用ReplayTrailhandler类的sendMessage()方法，发送线程信息。
- 第7～25行：实现ReplayTrailhandler，并根据所接收的消息值决定是否进行轨迹回放。轨迹回放的过程是：轨迹回放暂停结束后，从当前进度继续回放；当轨迹回放完毕，将按钮重新设置为“回放”。

（3）显示轨迹。

```
1   public void ShowTrail(final List<HashMap<String, String>> tl){
2           handler.post(new Runnable() {
3           public void run() {
4               if(tl.size()==0)
5               {
6                   LatLng latlng2=new LatLng(34.259424,108.947038);
7                   aMap.moveCamera(CameraUpdateFactory.changeLatLng(latlng2));
8                   return;
9               }
10              LatLng latlng2=
                    new LatLng(Double.parseDouble(tl.get(0).get("latitude").toString()),
                        Double.parseDouble(tl.get(0).get("longitude").toString()));
11              aMap.moveCamera(CameraUpdateFactory.changeLatLng(latlng2));
12              for(int i=0;i<tl.size();i=i+3)
```

```
13                    {
14                        HashMap<String, String> temp=new HashMap<String, String>();
15                        temp=tl.get(i);
16                        list.add(new LatLng(Double.parseDouble(temp.get("latitude").toString()),
                                  Double.parseDouble(temp.get("longitude").toString())));
17                    }
18                    processBar.setMax(list.size());
19                    mapview.getMap().addPolyline(new PolylineOptions().addAll(list).
                                  color(Color.RED).width(3));
20                    if (list.size() > 0) {
21                        bt_replay.setText(" 停止 ");
22                        timer.postDelayed(runnable, 10);
23                    }
24                }
25            });
26        }
```

说明：

- 第 4～9 行：如果没有车辆的轨迹数据，则将地图的中心点设置为第 6 行的地理位置。
- 第 10 行：生成车辆轨迹的第一个地理位置。
- 第 11 行：将地图的中心点设置为第 10 行的地理位置。
- 第 12～17 行：形成车辆轨迹数据列表。因为轨迹数据较多，所以从三个轨迹数据中取出其中一条形成轨迹位置。
- 第 18 行：设置轨迹回放进度条的最大值。
- 第 19 行：在地图中增加折线显示轨迹线路，并设置折线颜色及宽度。

（4）“回放”按钮单击事件。

```
1   bt_replay.setOnClickListener(new View.OnClickListener() {
2       @Override
3       public void onClick(View arg0) {
4           if (bt_replay.getText().toString().trim().equals("回放")) {
5               if (list.size() > 0) {
6                   if (processBar.getProgress() == processBar.getMax()) {
7                       processBar.setProgress(0);
8                   }
9                   bt_replay.setText(" 停止 ");
10                  timer.postDelayed(runnable, 10);
11              }
12          } else {
13              timer.removeCallbacks(runnable);
14              bt_replay.setText("回放");
```

```
15            }
16        }
17    });
```

说明：

- 第4～15行：当按钮文字为“回放”时，开始回放车辆轨迹，并且10毫秒改变一次车辆的位置。当按钮文字为“停止”时，则将Runnable从消息队列中移除，停止车辆轨迹回放。

（5）根据进度条的进度，在地图中增加车辆标记，使车辆位置动态变化，从而达到车辆按照轨迹移动的效果。

```
1     public void onProgressChanged(SeekBar seekBar, int progress,boolean fromUser) {
2           if(progress!=0)
3           {
4               AddCarMarker(progress);
5           }
6           try {
7               Thread.sleep(100);
8           } catch (InterruptedException e) {
9               e.printStackTrace();
10          }
11
12      }
13      private void AddCarMarker(int current)
14      {
15          if(marker!=null)
16          {
17              marker.destroy();
18          }
19          LatLng position=list.get(current-1);
20          MarkerOptions markerOptions=new MarkerOptions();
21          markerOptions.position(position).visible(true).draggable(false).icon(BitmapDescrip
                        torFactory.fromResource(R.drawable.qiche)).anchor(0.5f, 0.5f);
22          marker=aMap.addMarker(markerOptions);
23          aMap.moveCamera(CameraUpdateFactory.changeLatLng(position));
24
25      }
```

说明：

- 第19行：获取位置信息。
- 第21行：形成车辆标注选项，设置了标注的位置、图标等。
- 第22行：在地图中增加车辆标注。
- 第23行：将车辆的当前位置设置为地图的中心点。

本模块运行结果如图 13-10 所示。

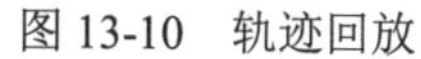

图 13-10　轨迹回放

5．里程统计

在统计里程时，先选择统计单位（某个单位或者单位下的某几个车队），然后进行统计。在本模块中，要显示所有的单位及其下属车队，需要使用 ExpandableListView 控件。对于 ExpandableListView 控件的使用，需要创建相应的适配器、Group 类及 Child 类，实现过程请参考系统源代码（可以自行下载）。同样为了避免长时间的获取数据对主程序造成影响，获取里程的统计数据放在后台进程中进行。本模块主要代码如下：

（1）初始化数据列表。

```
1    private void InitListView(final ArrayList<Group> checkedList,final int days)
2    {
3        progressDialog = ProgressDialog.show(CountResultActivity.this, "请稍等...",
                         "获取数据中...", true);
4        adapter=null;
5        listView.setAdapter(adapter);
6        new Thread(new Runnable(){
7            @Override
8            public void run() {
9            GetOrganizeMile(checkedList,days+"");
10             adapter = new ExpandableResultListViewAdapter(CountResultActivity.this, groups);
11             setListAdapter();
12             progressDialog.dismiss();
13             }})
14              .start();
15   }
```

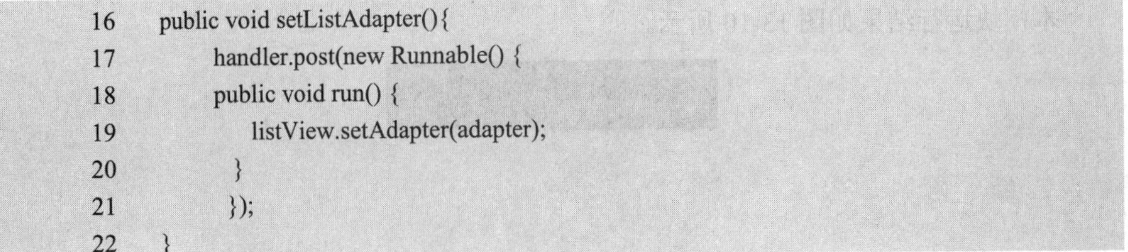

```
16    public void setListAdapter(){
17        handler.post(new Runnable() {
18        public void run() {
19            listView.setAdapter(adapter);
20          }
21        });
22    }
```

Note

说明：

- 第 9 行：调用 GetOrganizeMile()方法，获取单位里程统计结果。
- 第 10 行：生成 ExpandableResultListView 控件适配器。
- 第 11 行：调用 setListAdapter()方法，为 ExpandableResultListView 设置设配器。

（2）获取车队里程统计结果，然后某个公司所属车队的里程数进行相加，来获得该公司的里程统计结果。

```
1   private void GetOrganizeMile(ArrayList<Group> list,String days)
2   {
3     try
4     {
5       groups.clear();
6       for(Group q :list)
7       {
8           Group g=new Group();
9           float groupMile=0;
10          if(q.getChildrenCount()>0)
11          {
12              for(int i=0;i<q.getChildrenCount();i++)
13              {
14                  List<String> childMileList = new ArrayList<String>();
15                  childMileList=dbUtil.QueryOrganizeMile(q.getChildItem(i).getUserid(),days);
16                  Child c=new Child(childMileList.get(1),childMileList.get(2));
17                  groupMile=groupMile+Float.parseFloat(childMileList.get(2));
18                  g.addChildrenItem(c);
19              }
20              g.id=q.getTitle();
21              g.title=groupMile+"";
22          }
23          else
24          {
25              g.id=q.getTitle();
26              g.title=Float.parseFloat(dbUtil.QueryOrganizeMile(q.getId(),days).get(2))+"";
27          }
28          groups.add(g);
29      }
30  }
```

```
31      catch(Exception e)
32      {
33      }
34 }
```

说明：

- 第 12～22 行：获取公司下属的每个车队的里程统计结果。
- 第 15 行：调用 DBUtil 类的 QueryOrganizeMile()方法，获取车队的里程统计结果。其中 q.getChildItem(i).getUserid()为调用 Group 类的相应方法获取到车队的 ID 号。
- 第 16 行：调用 Child 类的构造函数，生成统计结果中 ExpandableResultListView 控件 Child 对象。
- 第 17 行：计算公司的里程（由其下属车队的里程数相加获得）。
- 第 18 行：将 16 行生成的 Child 对象加入 Group 对象中。

本模块运行结果如图 13-11 所示。

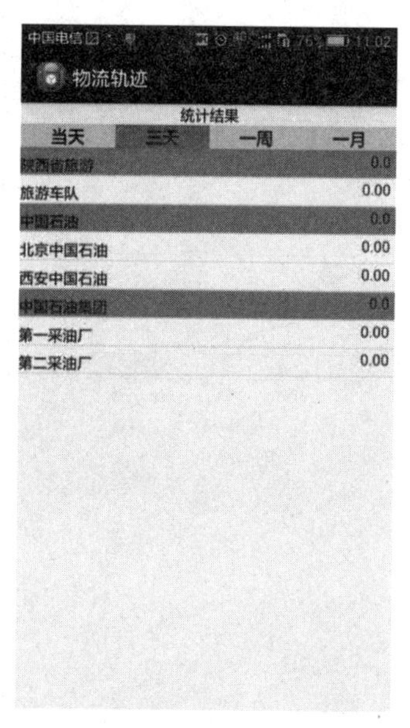

图 13-11　里程统计

13.6　本 章 小 结

在本章，通过物流轨迹跟踪 App 的开发，介绍了 Android 手机 App 通过 WebService 的方式访问远程数据库的方法以及高德地图在手机 App 中的使用。因为篇幅有限，不能将整个 App 的源代码进行展示，读者可以从清华大学出版社网站自行下载整个 App 的源代码进行学习。

参 考 答 案

参 考 文 献

[1] 王英强，陈绥阳，张文胜．Android应用程序设计[M]．2版．北京：清华大学出版社，2016.

[2] 赵克玲．Android Studio程序设计案例教程[M]．北京：清华大学出版社，2018.

[3] 肖琨，吴志祥，史兴燕，等．Android Studio移动开发教程[M]．北京：电子工业出版社，2019.

[4] 高德地图API文档：http://lbs.amap.com/api/android-sdk/summary/.

[5] CSDN博客：https://blog.csdn.net/qq_39312230/article/details/80314236.